普通高等教育“十一五”国家级规划教材

Java 程序设计

第2版

主　编　马世霞

副主编　郭祖华

参　编　戴　冬　李敬伟

李扬波　刘　丹

机 械 工 业 出 版 社

本书以 Java 2 技术为背景，由浅入深、通俗易懂地介绍了 Java 编程语言。

全书共分为 12 章，分别介绍了 Java 概论，Java 基本语法，面向对象编程，异常处理，Applet 程序设计，图形用户界面，输入与输出，多线程，集合框架，访问数据库，网络编程，游戏。本书附录中还提供了相关实验。

书中列举了许多实例，每章都有知识测试，帮助读者提高解决实际问题的能力。

本书以高职高专学生为主要对象，既可作为高职高专计算机类的教材及职业培训教材，也可作为其他专业的选学教材。

本书配有电子课件、习题答案、源代码、测试题库等相关资料，选用本书的老师可以登录机械工业出版社教育服务网 www.cmpedu.com 下载。咨询邮箱：cmpgaozhi@sina.com。咨询电话：010-88379375。

图书在版编目（CIP）数据

Java 程序设计/马世霞主编．—2 版．—北京：机械工业出版社，2014.1（2021.1 重印）
普通高等教育“十一五”国家级规划教材
ISBN 978-7-111-44702-3

Ⅰ．①J…　Ⅱ．①马…　Ⅲ．①JAVA 语言—程序设计—高等学校—教材
Ⅳ．①TP312

中国版本图书馆 CIP 数据核字（2013）第 265324 号

机械工业出版社（北京市百万庄大街 22 号　邮政编码 100037）
策划编辑：王玉鑫　责任编辑：李大国
责任校对：薛　娜　封面设计：张　静
责任印制：常天培
北京虎彩文化传播有限公司印刷
2021 年 1 月第 2 版・第 5 次印刷
184mm×260mm・15.25 印张・376 千字
7001—8000 册
标准书号：ISBN 978-7-111-44702-3
定价：39.00 元

电话服务　　网络服务
客服电话：010-88361066　机　工　官　网：www.cmpbook.com
010-88379833　机　工　官　博：weibo.com/cmp1952
010-68326294　金　　书　　网：www.golden-book.com
封底无防伪标均为盗版　　机工教育服务网：www.cmpedu.com

前　言

计算机网络技术正在以前所未有的速度迅猛发展，在网络程序设计应用领域，从电子商务、远程教学到网络游戏等都在纷纷使用 Java 技术。Java 手机编程和基于 Java 技术的各种芯片的应用在日常生活中也随处可见。Java 语言已成为目前最具吸引力且功能强大的程序设计语言之一。Java 语言是完全面向对象的，并且具有容易学习、功能强大、程序的可读性好等优点。Java 语言的编程技术正逐步成为计算机网络程序设计的主流。

Java 语言不仅可以用来开发大型的应用程序，而且在 Internet 上有着重要而广泛的应用。Java 具备了“一次撰写，到处运行”的特点，尤其是 Java Swing 的推出，使 Java 的功能更加强大。

由于教材是体现教学内容和教学方法的知识载体，是进行教学的基本工具，也是深化教育教学改革，全面推进素质教育，培养创新人才的重要保证，因此，本教材在内容的编排上做了精心的设置与选取，注重基本知识的理解与基本技能的培养。全书思路清晰、结构严谨，叙述由浅入深、循序渐进，用语规范，全面准确地讲述了基本语法和面向对象技术等理论内容，完整地介绍了 Java 2 面向对象程序设计的要点和难点。尤其在结构上特别注重前后内容的连贯性，做到了抓住关键、突出重点、分解难点，体现了“理论性、实用性、技术性”三者相结合的编写特色。同时，将实用性强的应用程序穿插在理论叙述中，以实例体现和巩固理论基础知识，并结合新技术的发展趋势，介绍了网络通信机制等内容。这些实例汇集了作者多年从事计算机教学和软件开发过程中的案例精品。

本书是一本实用教程，内容详尽，实例丰富，注重培养解决问题的能力。每章都附有知识测试题，便于教师教学和检验学生的学习效果。全书共分 12 章：Java 概论，Java 基本语法，面向对象编程，异常处理，Applet 程序设计，图形用户界面，输入与输出，多线程，集合框架，访问数据库，网络编程，游戏。本书在附录中提供了实验。

本书由马世霞任主编，郭祖华任副主编，参加本书编写的还有戴冬、李敬伟、李扬波、刘丹。

本书既可作为高等院校 Java 程序设计课程的教材和教学参考书，也可作为 Java 编程人员的参考书。

特别说明：本书中所有例程源代码之前的序号均是为了方便程序分析而另外加的，读者书写源程序时请务必将序号去掉。

编　者

目　录

前言
第一部分　基础篇
第 1 章　Java 概论……2
1.1　Java 产生的背景……3
1.2　Java 平台简介……3
1.3　Java 平台和虚拟机……3
1.4　运行环境安装与测试……4
1.5　初识两类 Java 程序……7
1.6　Java 编程规范……11
1.7　本章小结……11
1.8　知识测试……12
第 2 章　Java 基本语法……13
2.1　简单数据类型……14
2.2　控制语句……25
2.3　数组……34
2.4　本章小结……37
2.5　知识测试……38
第 3 章　面向对象编程……41
3.1　面向对象的思想……42
3.2　类……43
3.3　对象……48
3.4　继承与多态……51
3.5　抽象类和接口……57
3.6　包……62
3.7　系统常用类……63
3.8　本章小结……73
3.9　知识测试……73
第 4 章　异常处理……75
4.1　异常处理的概念……76
4.2　异常类……76
4.3　异常处理的方法……78
4.4　创建自己的异常类……84
4.5　本章小结……85
4.6　知识测试……85
第 5 章　Applet 程序设计……87
5.1　Applet 的生命周期和 Applet 的方法……88
5.2　Applet 标记……91
5.3　Applet 通信……92
5.4　Applet 程序示例……97
5.5　本章小结……99
5.6　知识测试……99
第 6 章　图形用户界面……101
6.1　Java GUI 概述……102
6.2　常用容器与组件……103
6.3　事件处理概述……108
6.4　布局管理器……118
6.5　复杂组件与事件处理……123
6.6　本章小结……131
6.7　知识测试……131
第 7 章　输入与输出……132
7.1　I/O 流概述……133
7.2　字节流……134
7.3　字符流……143
7.4　本章小结……148
7.5　知识测试……149
第二部分　提高篇
第 8 章　多线程……152
8.1　线程概述……153
8.2　线程的实现……155
8.3　线程的同步……158
8.4　本章小结……163
8.5　知识测试……163
第 9 章　集合框架……165
9.1　集合框架概述……166
9.2　Collection……166
9.3　List……170
9.4　Map……172
9.5　Set 常用方法……175
9.6　本章小结……178
9.7　知识测试……178
第 10 章　访问数据库……181
10.1　概述……182
10.2　JDBC 应用程序接口……183

10.3　配置 ODBC 数据源……185
10.4　数据库编程实例……188
10.5　知识测试……190

第 11 章　网络编程……191

11.1　网络编程的基本概念……192
11.2　传输层协议 TCP 和 UDP……193
11.3　Java 与统一资源定位符（URL）……194
11.4　Java 与 Socket 编程……199
11.5　本章小结……212
11.6　知识测试……212

第 12 章　游戏……213

12.1　打字游戏介绍……214
12.2　游戏实现……214

附录　实验……222

实验 1　熟悉 Java 编程环境和 Java 程序结构……223
实验 2　Applet 程序设计……224
实验 3　Java 基本语法……225
实验 4　面向对象基础……226
实验 5　异常处理……227
实验 6　图形用户界面……229
实验 7　输入/输出……230
实验 8　多线程……231
实验 9　图形、动画与多媒体……233
实验 10　数据库……234
实验 11　网络编程……235

参考文献……238

第一部分

基础篇

第 1 章 Java 概论

学习目标

- ◆ 掌握：Java 的安装、配置方法，Java 的工作原理。
- ◆ 理解：Java 的基本概念、特点。
- ◆ 了解：Java 的发展简史。

重点

- ◆ 理解：Java 虚拟机的概念。
- ◆ 熟练掌握：Java 运行环境设置和开发工具的使用。

难点

- ◆ 两类 Java 程序编写、调试、运行的区别。
- ◆ JDK 工具包的使用。

Java 是面向对象的程序设计语言，具有安全、跨平台、可移植、分布式应用等显著特点，因此得到了广泛的使用。同时，由于其与 Internet 的紧密结合，使它成为当今主要的网络应用开发工具之一。

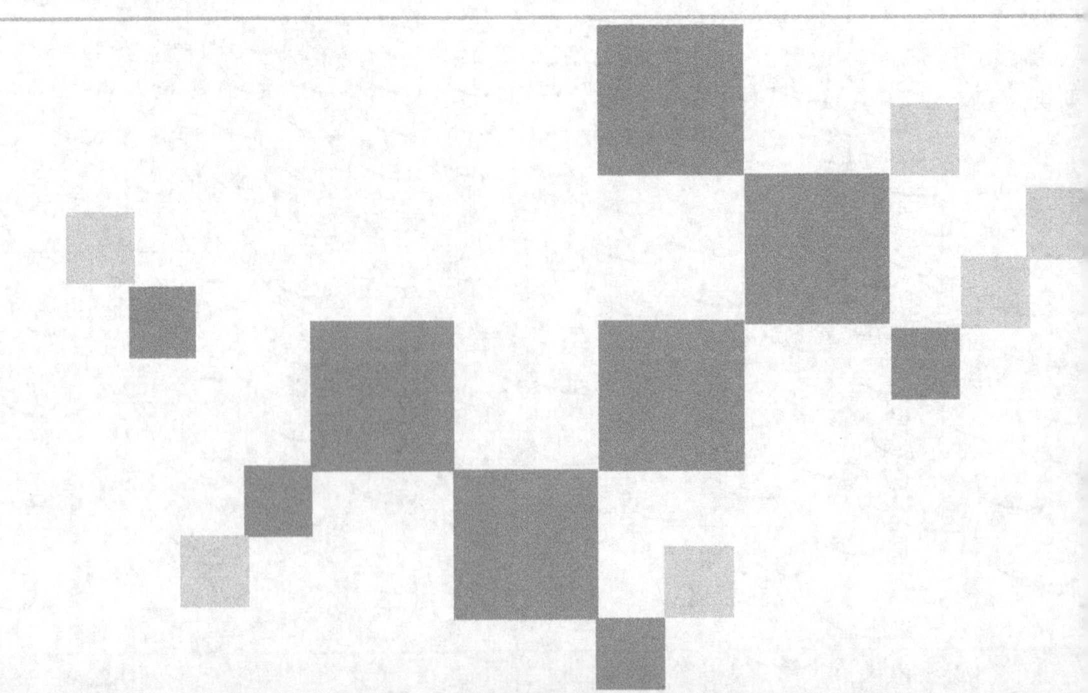

1.1 Java产生的背景

1990年，美国Sun公司启动了一个叫Green的项目，其原先的目的是为家用消费电子产品开发一个分布式代码系统，这样人们可以把信息发给电冰箱、烤面包机、微波炉、电视机等家用电器，对它们进行控制，和它们进行信息交流。

当时最流行的编程语言是C和C++，Sun公司的研究人员起初曾考虑是否可以采用C++来编写程序，但是研究表明，由于家电价格较低，而C++过于复杂和庞大，安全性又差，运行语言所需的内存和处理芯片的花费，已超过家电本身的成本，为了解决此问题，最后基于C++开发了一种新的语言Oak（橡树）。Oak是一种用于网络的精巧而安全的语言，但由于后来发现Oak已是Sun公司另一个语言的注册商标，所以才改名为Java。Java的取名也有一段趣闻。有一天，几位Java成员组的成员正在讨论给这个新的语言取什么名字，当时他们正在咖啡馆喝着Java咖啡（太平洋岛屿爪哇盛产的一种味道非常美妙的咖啡），有一个人灵机一动说就叫Java怎样，希望Java语言就像端到编程人员面前的热腾腾的咖啡一样，让人感觉很舒服。建议得到了其他人的赞赏，于是，Java这个名字就这样传开了。1995年5月，Sun公司对外正式发布了Java语言。

1.2 Java平台简介

1999年6月，Sun公司推出以Java2平台为核心的J2SE、J2EE和J2ME三大平台。

（1）J2SE，即Java2 Standard Edition是Java的标准版，用于小型程序。

（2）J2EE，即Java2 Enterprise Edition是Java的企业版，用于大型程序。

（3）J2ME，即Java2 Micro Edition是Java的微型版，用于手机等程序。

J2SE、J2EE、J2ME语言是相同的，只是捆绑的类库API不同。J2SE是基础；压缩一点，再增加一些CLDC等方面的特性就是J2ME；扩充一点，再增加一些EJB等企业应用方面的特性就是J2EE。本书主要讲述J2SE。

1.3 Java平台和虚拟机

平台是支持程序运行的软硬件环境。Java平台是指在Windows、Linux等系统平台支持下的一种Java程序开发平台，主要由Java虚拟机（JVM，Java Virtual Machine）和Java应用程序接口（Java API）两部分组成。Java虚拟机易于移植到不同硬件的平台上，是Java平台的基础；Java应用程序接口由大量已做好的Java组件（组件是一种类）构成，该接口提供了丰富的Java资源，使Java程序开发的效率比其他语言大大提高。

Java破解各机器使用不同的机器语言的策略就是它定义出自己的一套虚拟机，即Java虚拟机，它是分布在不同平台上的解释器。Java虚拟机的工作原理如图1-1所示。

为了实现将程序动态地转换成与平台无关的形式，Java编程人员在编写完软件后，首先通过Java编译器，将Java源程序编译为JVM的字节码（Byte Code），并生成以“.class”为扩展名的文件，同时在Java虚拟机上，有一个Java解释器用来解释Java字节码。Byte Code就是中介语言（一种共通语言），任何一台机器只要配备了Java解释器，都可读懂并运行这个程序。

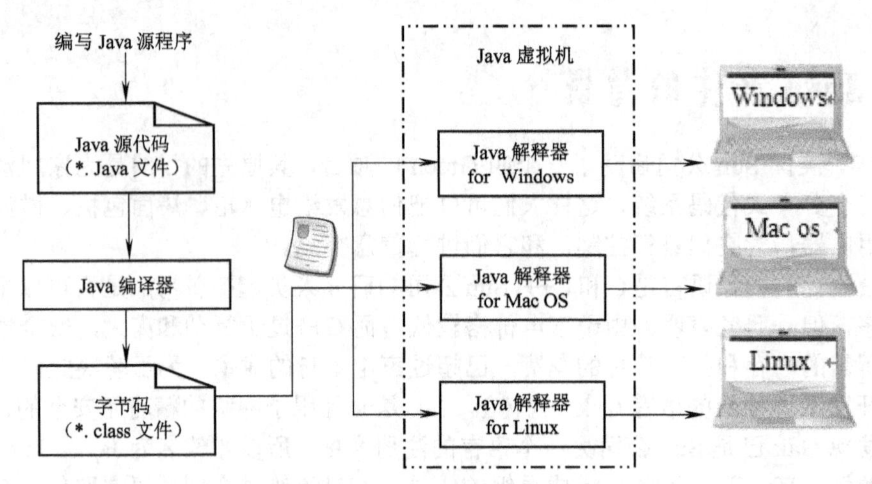

图 1-1　Java 虚拟机的工作原理图

编译器：对源代码进行半编译，生成与平台无关的字节码文件。

解释器：分布在网络中不同的操作系统平台上，用于对字节码文件解释执行。

解释就是取出一条指令并执行，有点像日常的口译；而编译有点像笔译，全部翻译以后才去执行。经过 Java 解释器的解释，平台就可以执行各种各样的 Java 程序。正因为如此，Java 程序才具有了“一次编写，到处运行”的特点，即 Java 的平台无关性。

1.4　运行环境安装与测试

Java 开发环境的基本要求非常低，只需一个 Java 开发工具包(JDK，Java Development Kit)，再加上一个纯文本编辑器即可。为了提高开发效率，可以使用功能强大的文本编辑工具，如记事本、UltraEdit 等。对于熟练的开发人员，为了进一步提高开发效率，还可以使用具有可视化功能的 Java 专用开发工具，如 Jbuilder、J++、NetBeans。本书程序以记事本为编辑工具。

1.4.1　Java 开发包的安装

Java 开发工具包(JDK)是一种开发环境，用于使用 Java 编程语言生成应用程序、Applet 和组件。不同的操作系统（如 Windows、UNIX / Linux、Mac OS）有相应的 Java 开发包安装程序。读者可以登录 http://www.oracle.com/technetwork/java/javase/downloads/index.html 获取 Java 开发包安装程序。本书中使用 Windows 操作系统环境下的 Java 开发包，所给的例子程序均在 JDK 1.6.0 环境下调试通过。

1. JDK 的内容

在 JDK 根目录下，有 bin，jre，lib，demo，include 子目录和一些文件，其功能如下：

（1）开发工具

开发工具位于 bin 子目录中，是指工具和实用程序，可进行 Java 程序开发、编译、运行、调试等。有关详细信息，请参见工具文档。

（2）运行时环境

运行时环境位于 jre 子目录中，是 J2SE 运行时环境的实现。该运行时环境包含 Java

虚拟机、类库以及其他文件，可支持执行以 Java 编程语言编写的程序。

（3）附加库

附加库位于 lib 子目录中，是开发工具需要的附加类库和支持文件。

（4）演示 Applet 和应用程序

demo 子目录中包含演示 Java Applet 和 Java 应用程序的示例，有含源代码的 Java 平台编程示例，包括使用 Swing 和其他 Java 基类以及 Java 平台调试器体系结构的示例。

（5）c 头文件

c 头文件位于 include 子目录中。包含支持使用 Java 本机界面、JVM^{TM} 工具界面以及 Java 平台的其他功能进行本机代码编程的头文件。

（6）源代码

源代码位于 src.zip 中。包含组成 Java 2 核心 API 的所有类的 Java 编程语言源文件（即 java.*、javax.*和某些 org.*包的源文件，但不包括 com.sun.*包的源文件）。此源代码仅用于提供信息，以便帮助开发者学习和使用 Java 编程语言。

2．JDK 的基本命令

JDK 包含用于开发和测试以 Java 编程语言编写并在 Java 平台上运行的程序的工具。这些工具被设计为从命令行使用。除了 appletviewer 以外，这些工具不提供图形用户界面。JDK 的基本命令包括 javac，java，jdb，javap，javadoc，appletviewer。

（1）javac：Java 编译器，用来将 Java 程序编译成字节码。

命令格式：javac [选项] 源程序名

（2）java：Java 解释器，执行已经转换成字节码的 Java 应用程序。

命令格式：java [选项] 类名 [参数]

（3）jdb：Java 调试器，用来调试 Java 程序。

启动 jdb 的方法有两种：第一种方法格式与 Java 解释器类似；第二种是把 jdb 附加到一个已运行的 Java 解释器上，该解释器必须是带-debug 项启动的。

（4）javap：反编译，将类文件还原回方法和变量。

命令格式：javap [选项] 类名

（5）javadoc：文档生成器，创建 HTML 文件。

命令格式：javadoc [选项] 源文件名

（6）appletviewer：小应用程序 Applet 浏览工具，用于测试并运行 Applet。

命令格式：appletviewer [选项]　URL

其中 URL 是包含被显示 Applet 的 HTML 文件的统一资源定位符，当 HTML 文件位于本地机上时，只需写出文件名。

3．Java 的安装与配置

JDK 的默认路径为“C:\\program Files\Java\jdk1.6.0”，用户可选择安装路径。具体安装步骤如下：

在得到 Java 开发包后，首先需要进行安装。双击 Java 开发包（JDK 1.6.0）安装程序，出现安装界面，随后，安装程序会弹出许可证协议界面如图 1-2 所示。单击“接受”按钮，继续安装。在弹出的图 1-3 所示的安装界面中单击“更改”按钮，设置安装路径为 D:\Java \jdk1.6.0，单击“下一步”按钮，弹出如图 1-4、图 1-5 所示画面，安装成功。

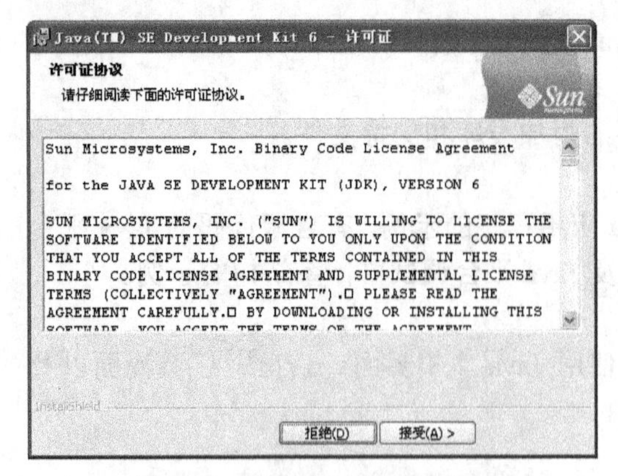

图 1-2　许可证协议阅读界面

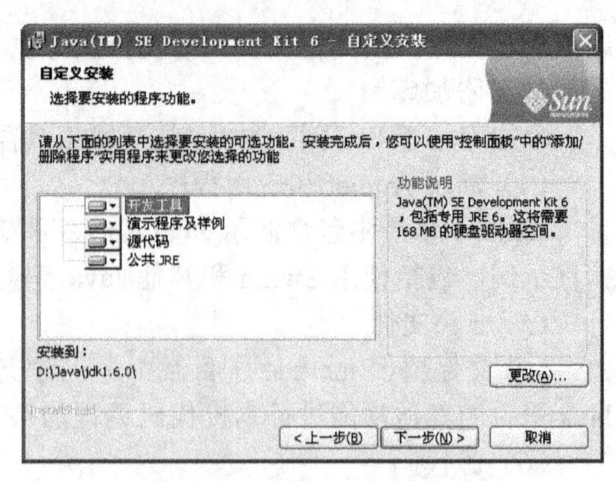

图 1-3　安装内容、安装路径

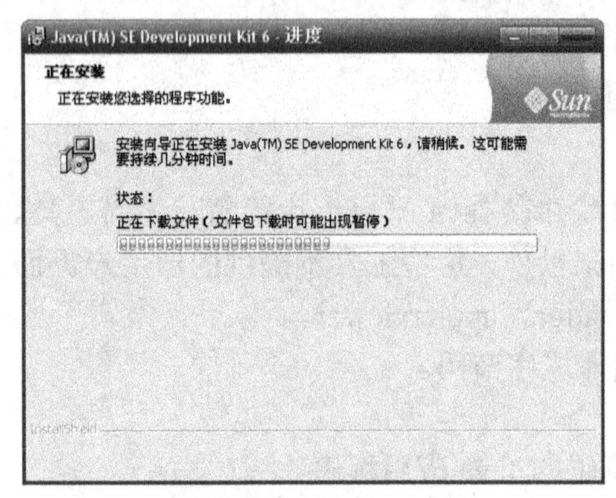

图 1-4　进度显示

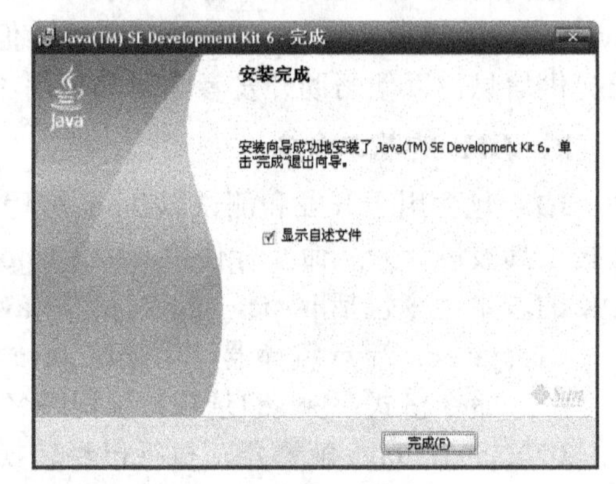

图 1-5　安装完成界面

在 bin 目录下有两个重要的文件：javac.exe、java.exe，分别是编译程序和 JVM。在使用这两个文件前，最好先设置变量 path，这样无论在哪个目录下都能编译和执行 Java 文件。

1.4.2　环境变量设定

设定环境变量是为了能够正常使用所安装的开发包，主要包括两个环境变量：Path 和 Classpath。Path 称为路径环境变量，用来指定 Java 开发包中的一些可执行程序（Java.exe、Javac.exe 等）所在的位置；Classpath 称为类路径环境变量。不同的操作系统上，设定环境变量的方法是不同的。

在 Windows XP 操作系统下，设置 Path 变量：右键单击“我的电脑”，在弹出的快捷菜单中选择“属性”，弹出“系统属性”对话框，在对话框中选择“高级”选项卡，在该页面单击“环境变量”按钮，打开“环境变量”对话框，如图 1-6 所示。

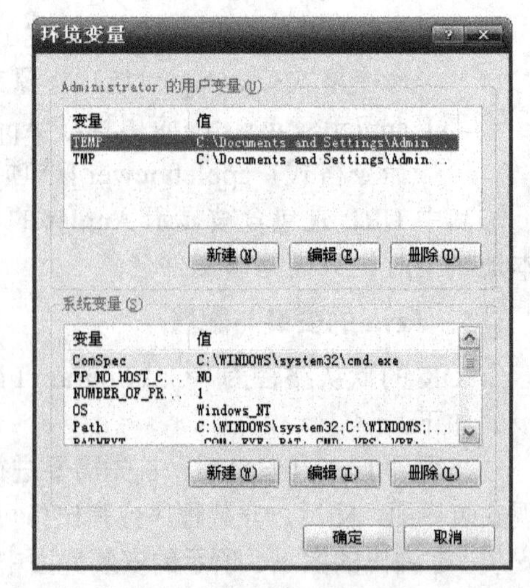

图 1-6　环境变量设置

找到变量 Path，双击该行就可以编辑该环境变量的值。在该变量已有的值后，再添加

";D:\Java\jdk1.6.0\bin"（注意：不包括引号，分号";"不能缺少），单击"确定"按钮进行保存工作，如图 1-7 所示。

设置 Classpath 类路径环境变量：在"系统变量"列表框里，单击"新建"按钮，在"新建系统变量"对话框里，添加 Classpath，并为设变量值为".;D:\Java\jdk1.6.0\jre\lib"（注意：不包括引号，".;"不能缺少），如图 1-8 所示。至此，完成环境变量的设定工作。

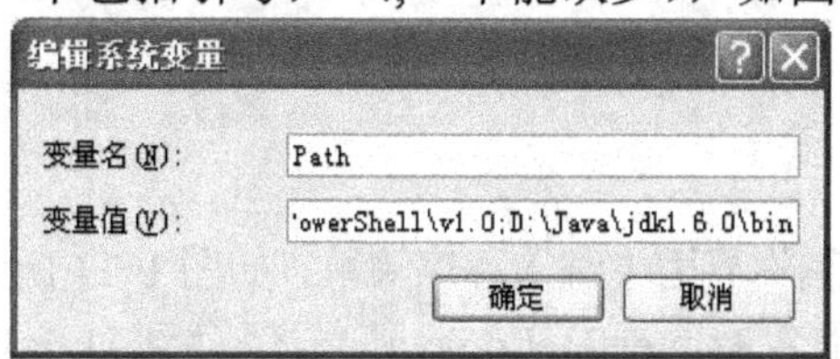

图 1-7　Path 环境变量设置

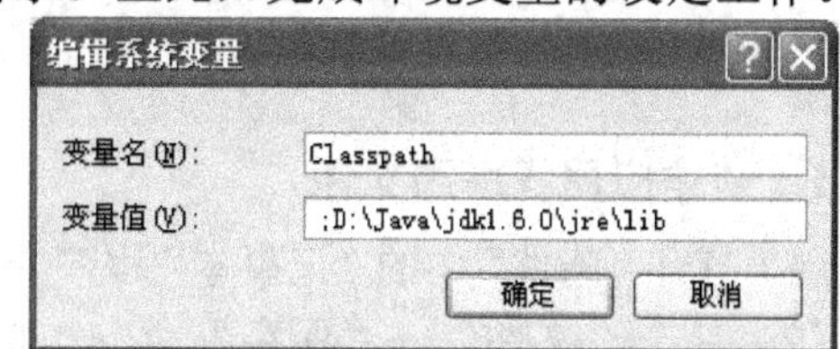

图 1-8　Classpath 环境变量设置

1.4.3　环境测试

单击"开始"→"程序"→"附件"→"命令提示符"命令，然后在 D:\Java>提示符下，输入以下两条命令，命令的实例演示如下：

（1）版本测试：java –version

结果显示 Java 版本如图 1-9 所示。否则需要重新安装 Java。

（2）环境测试：javac

若显示如图 1-10 所示，则说明 Path 设置有问题，需要修改系统变量 Path 的值。否则说明 Path 设置成功，现在可以编写 Java 程序了。

图 1-9　version 命令显示窗口

图 1-10　环境变量设置

1.5　初识两类 Java 程序

按照运行环境的不同，可将普遍使用的 Java 程序分为两种：Java 应用程序（Java Application）和 Java 小程序（Java Applet）。Java 应用程序在本机上由 Java 解释程序来激活 Java 虚拟机，而 Java 小程序则通过浏览器来激活 Java 虚拟机。此外，它们的程序结构也不相同。

1.5.1　Java 应用程序（Java Application）

Java 应用程序都是以类的形式出现的，程序中可以包含一个类，也可以包含多个类。

Java 源程序可以在任何一种文本编辑器上编辑，如记事本编辑器、UltraEdit 编辑器等，它不需要特定的编程环境，本书程序采用记事本编辑器。在记事本编辑器中书写 Java 源程序，并将其保存为扩展名为".java"的文件。

特别说明：本书中所有例程源代码之前的序号均是为了方便程序分析而另外加的，读者书写源程序时请务必将序号去掉。

【例 1-1】源程序名为“testHello.java”的程序，在屏幕上输出“Java 欢迎你！”。

```
1    public class testHello
2    {
3        public static void main (String arg[])
4        {
5          System.out.println("Java 欢迎你！");
6        }
7    }
```

1. 创建应用程序源文件

（1）打开“附件”中的“记事本”程序，在文本编辑界面中键入程序清单，如图 1-11 所示。

（2）单击“文件”→“保存”命令，将文件命名为“testHello.java”，保存到 D:\java> 目录下。注意：文件名必须和清单所声明的类名即“testHello”保持一致，而且 Java 是区分大小写的，且扩展名必须是“. java”。

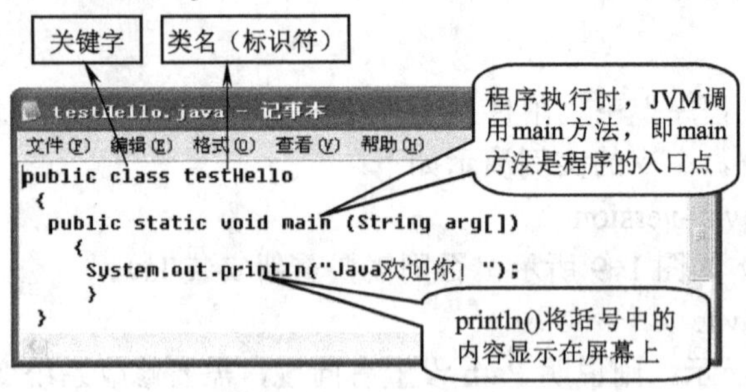

图 1-11　编写 java 代码的记事本界面

2. 编译

文件保存成功之后，从“命令提示符”窗口中进入到“D：\Java\jdk1.6.0>”目录。在此目录下，进行测试。依次输入命令：

（1）输入编译程序 javac 命令：javac testHello.java

（2）输入显示文件目录命令：dir

这时会发现目录下多了一个“testHello.class”文件，这是 Javac 编译器将源代码编译成字节代码生成类文件的结果。再由 Java 解释并执行“testHello.class”类文件。

3. 运行

输入运行程序命令：java testHello

运行结果如图 1-12 所示。

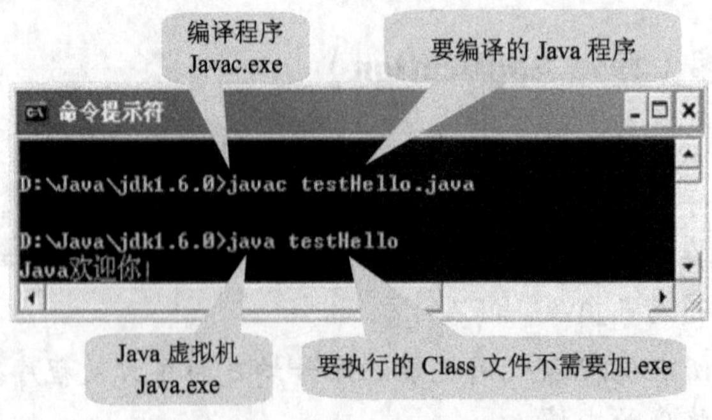

图 1-12　例 1-1 程序运行结果

4．程序分析

输出的“Java欢迎你！”，是Java编译器直接执行Java应用程序字节代码的结果。

第1句：类的声明，声明为“testHello”的类（class）。下面对每个单词进行分析：

public：说明类的属性为公共类。

class：声明一个类，代表以下的内容都是这个类的内容。

第2，7句：大括号是成对出现的，大括号所括起来的程序区域隶属于“testHello”类，“{”表示类“testHello”从这里开始，最后的结束是在“}”处。

第3句：是Java程序的一个特殊方法，又称main方法。对第3行每个单词进行分析：

public：访问控制符，表示main方法为公共的，不能省略。

static：是将main方法声明为静态的，在这里这个关键字也不能省略。

String arg[]：用来接收命令行传入的参数，String是声明arg[ ]可存储字符串数组。本程序中没用到这个参数，但这个参数不能省略，否则会出错。

第4，6句：大括号也必须是成对出现的。

第5句：是将println（）小括号中的内容“Java欢迎你！”显示到屏幕上。注意语句后面的“;”不能省略，它代表单一程序语句完成。

System.out.println的解释：System是Java中的System类，out是指System类中的一个变量，println是out变量的一个方法。

1.5.2 Java小程序（Java Applet）

Java小程序即Java Applet，它不能单独运行，必须通过HTML调入后，方能执行实现其功能，它既可以在Appletviewer下运行，也可以在支持Java的Web浏览器中运行。Applet程序中必须有一个类是Applet类或JApplet类的子类，也是Applet的主类。

【例 1-2】Applet小程序示例，源程序名为“Hello.java”。显示“你好 Java!”的Applet程序。程序清单如下：

1．创建Applet源文件

```
1    import java.applet. Applet;   //导入applet包的Applet类
2    import java.awt.Graphics;     //导入awt包的Graphics类
3    public class Hello extends Applet   //Applet的初始化事件
4    {
5      public void paint(Graphics f)
6      {
7        f.drawString("你好  Java!", 10, 50);   //显示"你好  Java!"
8      }
9 }
```

（1）打开“附件”中的“记事本”程序，在文本编辑界面中键入程序清单。

（2）单击“文件”→“保存”命令，将文件命名为“Hello.java”，保存到D:\java>目录下。

2．编译Applet小程序

Applet小程序Hello.java编写完成后，需对其进行编译，自动生成字节码文件Hello.class，其编译方法与 Java 应用程序相同。打开 DOS 窗口，输入“javac Hello.java”命令编译生成 Hello. class 文件，如图 1-13 所示。

图 1-13 Hello.java 的编译窗口

3. 编写 HTML 代码

对于 Applet 小程序的字节码程序 Hello.class 必须嵌入到 HTML 代码中，才可以完成其功能。所以，还必须为 Hello.class 编写一个 HTML 的代码文件，将字节码程序引入其中。下面是嵌入 Hello.class 代码的 HTML 程序示例，文件名为 Hello.html。

```
1   <HTML>
2       <HEAD>
3           <TITLE>Applet Program</TITLE>
4       </HEAD>
5       <BODY>
6           <APPLET CODE="Hello.class" width=400 height=150>
7           </APPLET>
8       </BODY>
9   </HTML>
```

4. 运行 HTML 代码程序

完成 HelloWorld.html 的编写后，Applet 小程序的运行有两种方式：一种是使用 Internet Explorer 浏览器（简称 IE）解释运行它。另一种是使用 appletviewer 命令运行它。

（1）在浏览器中执行 HTML 程序

双击 Hello.html 文件，在浏览器中执行小应用程序，运行结果如图 1-14 所示。

（2）打开 DOS 窗口，输入“appletviewer Hello.html”命令，即使用 Applet 阅读器（JDK 的 appletviewer）执行小应用程序，运行结果如图 1-15 所示。

图 1-14 Hello.html 在浏览器中的运行界面

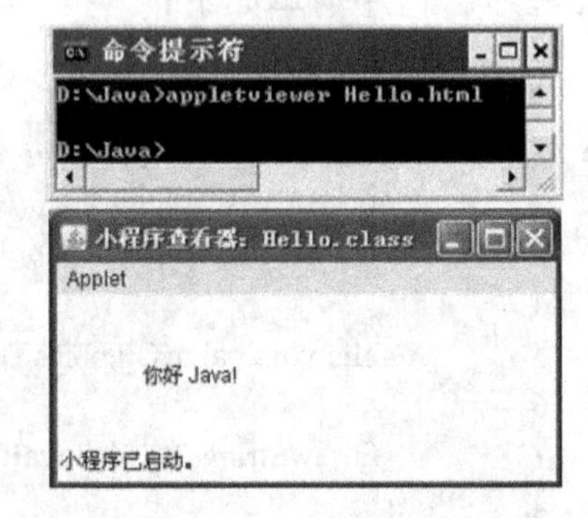

图 1-15 使用 appletviewer 运行 Hello.html 的界面

5. 程序分析

（1）Applet 源文件分析

第 1、2 句是 import 语句，指出本 Applet 程序所需要的 Applet 类、Graphics 类，编写 Applet 程序，通常都要导入 Applet 类。

第 3 句，由关键字 class 引入类的定义，Hello 为类名，关键字 extends 说明该类继承

Applet类，即定义的Hello类是Applet的子类，该类是public型。与Java应用程序一样，把一个public类存入文件时，定义的类名必须是文件名。编写好的程序存入Hello.java文件中。

第4、9句：括号要成对出现，所括起来的范围称为这个程序的区域。

第5句：表示程序中只有一个方法：其中参数f为Graphics类，表示当前作画的上下文。

第6、8句：括号要成对出现，所括起来的范围称为这个方法程序的区域。

第7句：在该方法中，f调用方法drawString( )，在坐标（10，50）处输出字符串"你好Java!"，其中坐标以像素为单位。

（2）HTML文件分析

HTML标记都是成对出现的，如<HTML>与</HTML>成对出现，它们表示HTML标记的起始和结束。而<APPLET CODE="Hello.class" width=400 height=150>语句是Applet的特殊HTML标记，用来告诉浏览器或Applet工具应装载的Applet，并设定显示窗口的宽度为400和长度为150。

1.6 Java编程规范

软件开发是一个集体协作的过程，程序员之间的代码是要经常进行交换阅读的，因此，Java源程序有一些约定俗成的命名规定，主要目的是为了提高Java程序的可读性。

如果在源程序中包含有公共类的定义，则源文件名必须与公共类的名字完全一致，字母的大小写都必须一样。这是Java语言的一个严格的规定。源文件的命名规则如下：

（1）包名：包名是全小写的名词，中间可以由点分隔开，如**java.awt.event**；

（2）类名：首字母大写，通常由多个单词合成一个类名，要求每个单词的首字母也要大写，如class **HelloWorld**；

（3）接口名：命名规则与类名相同，如interface **Collection**；

（4）方法名：往往由多个单词合成，第一个单词通常为动词，首字母小写，中间的每个单词的首字母都要大写，如**balanceAccount**，**isButtonPress**；

（5）变量名：全小写，一般为名词，如**length**；

（6）常量名：基本数据类型的常量名为全大写，如果是由多个单词构成，可以用下划线隔开，如int **YEAR**；int **WEEK_OF_MONTH**；

注意

编写程序时一定要用缩进格式，并加上注释。

1.7 本章小结

本章首先介绍了Java基本概念、特点、发展简史。Java是一种程序设计平台。既是开发环境，又是应用环境。Java语言的基本概念如下：

Java语言=面向对象的程序设计语言

+与机器无关的二进制格式的类文件

+Java 虚拟机（用以执行类文件）

+完整的软件程序包（跨平台的 API 和库）

其次详细讲述 Java 的安装过程和配置使用情况，并以简单的 Java 应用程序为案例，介绍了 JSDK 下几个基本的命令的含义。通过本章的学习，读者应掌握 Java 开发工具的使用，对 Java 程序从整体上有一个概括的了解和认识。

1.8 知识测试

1-1 判断题

1. 方法 System.out.println 只在命令窗口中显示（或打印）一行文字。（　　）
2. 声明变量时必须指定一个类型。（　　）
3. 注释的作用是使程序在执行时在屏幕上显示//之后的内容。（　　）
4. Java 认为变量 number 与 NuMbEr 是相同的。（　　）
5. Java 应用程序从 main 方法开始执行。（　　）

1-2 单项选择题

1. 下面选项中，Java 对类 Javaword 进行定义正确的是（　　）。

   A. public class javaword　　B. public class JavaWord

   C. public class java word　　D. public class Javaword

2. 对方法 main 的第 1 行定义正确的是（　　）。

   A. public main(String arg [ ])

   B. public void main(String arg [ ])

   C. public static void main(string arg [ ])

   D. public static void main(String args [ ])

3. 下面这些标识符哪些是错误的（　　）。

   A. MyGame　　B. _isHers　　C. 2JavaProgram　　D. +$abc

1-3 简答题

1. 简述 Java 的运行机制。
2. 简述 Java 应用程序的开发流程。

1-4 写出下面程序的运行结果

```
public class Demo
{
  public static void main(String[] args)
  {
    System.out.println("Good Luck!");
  }
}
```

第2章 Java基本语法

学习目标

- 掌握：Java的基本数据类型及运算符和表达式的使用。
- 掌握：流程控制语句、数组的使用方法。
- 理解：Java标识符、变量和常量的概念。

重点

- 掌握：三种常用的控制语句及一维数组。
- 熟记：Java的语法规范。

难点

- 理解：循环语句的执行过程。
- 掌握：多维数组的使用。

和其他的高级语言一样，Java语言有自己的语法结构和书写规范，但是与C、C ++语言却非常相似，读者如果已经对C及C++语言有所了解，那么学习Java语言会感到比较轻松。本章将从Java的关键字、变量、数据类型、语句、表达式、运算符和修饰符等基础入手，对Java语言进行简单介绍。

2.1 简单数据类型

为什么开发计算机语言的人要考虑数据类型呢？

比如住房，要买大房子就需要很多钱，不是每人都很有钱。为满足不同人的需求，市场出售有多种类型结构房屋，如四室二厅（100 多平方米）的，两室一厅（60 多平方米）的，还有公寓（10 多平方米）的。同样，在计算机中内存也不是无限大的，如计算 1+2=3 用整型的运算就够了，不需要开辟太大的适合小数运算的内存空间。于是计算机的设计者就考虑，要对数据进行分类，分出来多种数据类型，如整型、实型、字符型等。

数据类型是指程序中能够表示和处理哪些类型的数据。Java 将数据类型分为两大类：一类是基本数据类型，如整数类型、字符类型等；另一类是引用数据类型，如类和接口等。

2.1.1 标识符

在程序设计语言中的每个元素（如变量、常量、方法、类和包等）都需要有一个名字以标识它的存在和唯一性，这个名字就是标识符（Identifier）。标识符的命名规则如下：

（1）标识符必须以字母、下划线（_）或美元符号（$）开头，后面可以是字母、下划线、美元符号、数字（0～9），所有从 A～Z 的大写字母和 a～z 的小写字母，以及所有在十六进制 0xc0 之前的 ASCII 码。

（2）标识符不能包含运算符，如+，-等。

（3）标识符不能是关键字。关键字是已被 Java 占用的标识符，如 main，public，class，import 等。

（4）标识符不能是 true、false 和 null。

（5）标识符可有任意长度。

（6）标识符区分大小写，如 Mybook 与 mybook 是完全不同的两个标识符。

例如：

userName，User_Name，_sys_val，$change 为合法的标识符；

3mail room#，class，d+4，%asd，xyz.wcx 为非法的标识符。

非法标识符不符合命名规则，Java 编译器检查非法标识符并报告语法错误。

注意

描述性的标识符可使程序的可读性提高，如最大值用 max 表示。

2.1.2 关键字和保留字

关键字具有专门的意义和用途，不能当做一般的标识符使用。保留字为以后可能会转变成关键字而设置。Java 语言中的关键字均用小写字母表示。它们主要可以分为如下几类：

（1）访问控制：private，protected，public；

（2）类、方法和变量修饰符：abstract，class，extends，final，implements，interface，native，new，static，strictfp，synchronized，transient，volatile；

（3）程序控制语句：break，continue，return，do，while，if，else，for，instanceof，switch，case，default；

（4）错误处理：catch，finally，throw，throws，try；

（5）包相关：import，package；

（6）基本类型：boolean，byte，char，double，float，int，long，short；

（7）变量引用：super，this，void；

（8）语法保留字：null，true，false；

注意

关键字 goto 和 const 是 C++保留的关键字，在 Java 中不能使用。sizeof、String、大写的 NULL 也不是关键字。

2.1.3　注释

为增加程序的可读性，便于日后维护及修改，需要为程序添加注释。Java 的注释符有三种：一是行注释符，二是块注释符，三是文档注释符。

行注释符是“//”。以“//”开头到本行末的所有字符都为注释内容。

块注释符是“/*”和“*/”。其中“/*”标志注释的开始，“*/”标志注释的结束。“/*”和“*/”之间所有字符都是注释内容。注释内容可跨越多行。

文档注释符是“/**”和“*/”。其中“/**”标志文档注释的开始，“*/”标志文档注释的结束。文档注释将被 Java 自动文档生成器生成 HTML 代码文档。

2.1.4　常量

常量是在程序运行过程中其值始终保持不变的量。常量有整型、浮点型、字符型、布尔型和字符串等。例如，圆周率是一个常量。在程序设计时如果反复使用它，频繁地键入 3.14159 就显得麻烦，所以读者就需要为圆周率定义一个常量。Java 是用关键字 final 来定义常量。

1．常量定义

final 数据类型常量名=值；

例如：final int a=12；

Java 常用的整型常量、浮点常量说明如下：

（1）整型常量

1）十进制整数，如 123，–456，0。

2）八进制整数以“0”开头，如 0123 表示十进制数 83，－011 表示十进制数－9。

3）十六进制整数以“0x”或“0X”开头，如 0x123 表示十进制数 291，–0X12 表示十进制数–18。

（2）浮点型常量

1）十进制数形式，由数字和小数点组成，且必须有小数点，如 0.123, .123, 123.,123.0。

2）科学计数法形式，如 123e3 或 123E3，其中 e 或 E 之前必须有数字，且 e 或 E

后面的指数必须为整数。

（3）字符型常量

字符常量用于表示单个字符。要求用单引号把字符括起来，如'A'，'a'，'2'。

（4）字符串常量

字符串常量是用双引号（""）括起来的由 0 个或多个字符序列。如"student name"，"What？"。

（5）布尔型常量

布尔型常量数据只有真（true）、假（false）两种值。

2. 转义字符

转义字符代表一些特殊字符，如回车、换行等。转义字符主要通过在字符前加一个反斜杠“\”来实现。常用的转义字符见表 2-1。

表 2-1 常用的转义字符

转义字符	含义	转义字符	含义
'\b'	退格	'\a'	响铃
'\t'	水平制表符 tab	'\"'	双引号
'\v'	垂直制表符	'\''	单引号
'\n'	换行	'\\'	反斜线
'\f'	换页	'\ddd'	用 3 位 8 进制数表示字符
'\r'	回车	'\uxxxx'	用 4 位 16 进制数表示字符

2.1.5 变量

变量是在程序运行过程中其值可以被改变的量，通常用来记录运算中间结果或保存数据。变量包括变量名、变量值两部分。变量名就是用户为变量定义的标识符，而变量值则是存储在用变量名中的数据，修改变量的值仅仅是改变存储单元中存储的数据，而不是改变存储数据的位置，即存储数据的位置没有改变。例如，a=10 改为 a=5；等号左边的标识符 a 是变量名，标识 10 的存储位置，改变的只是 a 的存储的内容，由 5 变为 10。

变量必须先声明后使用。变量声明是要告诉编译器根据数据类型为变量分配合适的存储空间。变量声明包括为变量命名，指定变量的数据类型，如果需要还可以为变量指定初始数值。声明变量的格式如下：

```
数据类型 变量名 1[,变量名 2，…];
或：
数据类型 变量名 1 [=初值][,变量名 2 [=初值],…];
```

下面是几个变量声明的例子：

```
int   k;                            //声明一个存放整型且名是 k 的变量
float   x, y;                       //声明浮点型变量 x,y
String   studentname = 'WangXin';   //声明字符变量 studentname，其初值为 WangXin
double a=1.0, b=2.0; /              /声明变量 a、b 并分别赋值 1.0、2.0
```

【例 2-1】源程序名“ComputeArea.java”，计算半径为 10 的圆的面积，并显示结果。

```
1   public class ComputeArea
2
3       public static void main(String[] args)
4       {
5         final double PI=3.14159;
6         double area;
7         area=PI*10*10;
8         System.out.println("The area for the circle of 10 is "+area);
9         }
10  }
```

【运行结果】

例 2-1 运行结果如图 2-1 所示。

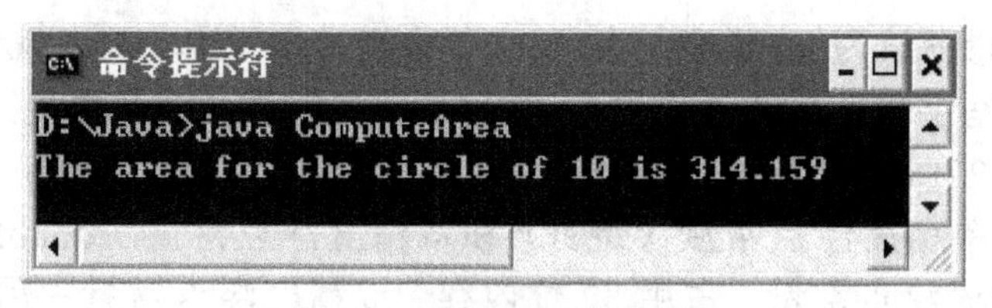

图 2-1　例 2-1 运行结果

【程序分析】

第 5 句：常量在使用前予以说明和初始化。常量 PI 不能改变它的值。

第 6 句：变量的使用，定义变量 area 是双精度类型。变量 area 在计算过程中可以随半径的改变而改变。

第 7 句：在程序运行时，给变量 area 赋值。

2.1.6　数据类型概述

每个数据类型都有一个值域，或者叫做范围。编译器根据变量或常量的数据类型对其分配存储空间。Java 为数值、字符值和布尔值数据提供了几种基本数据类型。Java 语言的数据类型划分如图 2-2 所示。在这里先介绍一下简单数据类型。

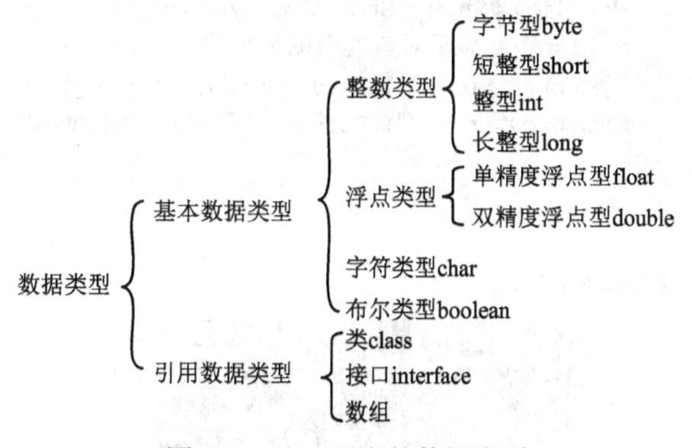

图 2-2　Java 语言的数据类型

1. 数值数据类型

Java 有 6 种数值类型：4 种整型和 2 种浮点数。数值数据类型以及它们的值域和所占存储空间见表 2-2。一个字节有 8 位，每位是 1 或 0，共有 28 种变化，但要分成正负，所以要除以 2，正负各有 27 个，负数为–27～–1，正数为 0～27–1（因为 0 占一个数）。

表 2-2　数值数据类型

数 据 类 型	所 占 位 数	数的取值范围
byte	8	$-2^{7} \sim 2^{7}-1$
short	16	$-2^{15} \sim 2^{15}-1$
int	32	$-2^{31} \sim 2^{31}-1$
long	64	$-2^{63} \sim 2^{63}-1$
float	32	$-3.4\times10^{38} \sim 3.4\times10^{38}$(精度为 6 到 7 位有效数字)
double	64	$-1.7\times10^{308} \sim 1.7\times10^{308}$(精度为 14 到 15 位有效数字)

说明：整型常量默认为 int 类型，占用 32 位内存，如 123，-123，027。如果在整型常量末尾添加一个大写字母 L 或小写字母 l，则为长整型常量（long 类型），占用 64 位内存，如 123L，-123L，027L。

浮点常量分为单精度浮点常量（float）和双精度浮点常量（double）两种。单精度浮点常量也称为一般浮点常量，占用 32 位内存。双精度浮点常量占用 64 位内存。为了区分两种浮点常量，用 F 或 f 表示单精度浮点常量，用 D 或 d 表示双精度浮点常量。如 0.123F，123F，12.3f，-123.0f，-12.3f 都是单精度浮点常量。0.123D，123D，-12.3d 都是双精度浮点常量。如果数值后没有标识精度的字母，则默认为双精度浮点常量，如 0.123，-12.3。

浮点常量用科学计数法表示，也可以在数据末尾写上表示精度的字母，如 1.23e2D，1.23e2F。没有精度字母，则默认为双精度浮点数。

【例 2-2】源程序名“TypeMaxValue.java”，数值数据类型的最大值示例。

```
1   public class TypeMaxValue
2   {
3       public static void main(String args[])
4       {
5           byte largestByte = Byte.MAX_VALUE;// 定义一个 byte 类型的变量
6           short largestShort = Short.MAX_VALUE;//定义一个 short 类型的变量
7           // 在屏幕上显示对应类型的最大值
8           System.out.println("最大的 byte 值是： " + largestByte);
9           System.out.println("最大的 short 值是： " + largestShort);
10      }
11  }
```

【运行结果】

例 2-2 运行结果如图 2-3 所示。

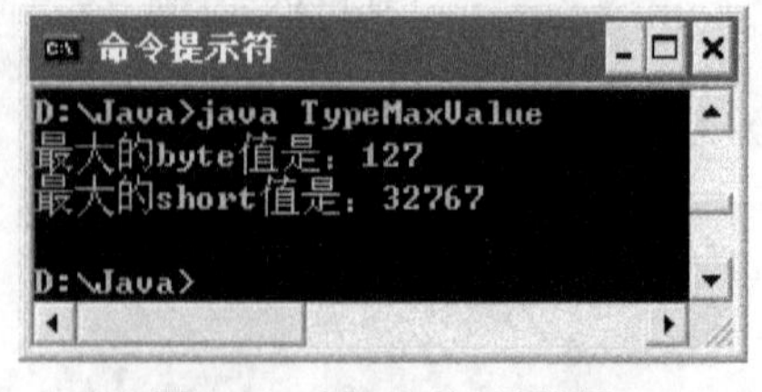

图 2-3　例 2-2 运行结果

【程序分析】

第 5～6 句：Java 中每种数据类型都封装为一个类，通过类型类的 MAX_VALUE 方法找到各种数值数据类型的取值最大值。

第 8～9 句：输出各种数值数据类型的取值最大值。

2．字符数据类型

字符数据类型 char 用于表示单个字符。一个字符的值由单引号括起来，如：

```
char    letter ='A';     //将字符 A 赋给了变量 letter
char    numChar ='4'; //将数字 4 赋给了变量 numChar
```

但是，如果'4'中的单引号去掉是非法的，因为在语句 char numChar=4；中，4 是一个数值，不能赋给 char 型变量。另外，char 型只表示一个字母，表示一串字符要用叫做 String 的数据结构。例如，下面的语句将 message 说明为 String 型，其初值为"Welcome to Java!"。

String message="Welcome to Java!";//字符串必须用双引号括住。

3．布尔数据类型

布尔数据类型的值域包括两个值：真（true）和假（false）。例如，下面一行代码给变量 doorOpen 赋值为 true，如：

```
Boolean doorOpen=true;
```

4．数值类型转换

当两个类型不同的运算对象进行二元运算时，有两种转换：

（1）自动转型：发生在数据类型范围小转换范围大的运算中。不同类型的数据先转化为同一类型，然后进行运算。

低------------------------------->高

```
byte, short,char—> int —> long—> float —> double
```

例：操作数 1（为 byte 型）+操作数 2（为 int 型）

转换类型如下：

操作数 1（为 int 型）+操作数 2（为 int 型）

Java 语言数据类型转换的具体情况见表 2-3 所示。

表 2-3　Java 语言数据类型转换

操作数 1 类型	操作数 2 类型	转换后的类型
byte、short、char	int	int
byte、short、char、int	long	long
byte、short、char、int、long	float	float
byte、short、char、int、long、float	double	double

（2）强迫转型：从数据类型较大范围转换为较小的范围，但会导致溢出或精度下降。如：

```
int i = 8;    byte b= (byte)i;
```

【例 2-3】源程序名“TypeTest.java”，数据类型转换示例。

```
1         public class TypeTest
```

```
2       {
3           public static void main (String args[ ])
4           {
5               int c;
6               long d=6000;
7               float f;
8               double g=123456789.987654321;
9               c=(int)d;
10              f=(float)g;     //导致精度的损失.
11              System.out.println("c=    "+c);
12              System.out.println("d=    "+d);
13              System.out.println("f=    "+f);
14              System.out.println("g=    "+g);
15          }
16  }
```

【运行结果】

例 2-3 运行结果如图 2-4 所示。

图 2-4　例 2-3 运行结果

【程序分析】

第 9 句：将 long 类型数据强制转换为 int 类型，有些情况可能导致数据溢出。

第 10 句：将 double 类型数据强制转换为 float 类型，将导致精度的损失，通过运行结果可以看出。

所以，进行数据类型的强制转换时一定要慎重。

【例 2-4】 源程序名"MathDemo.java"，调用 Java API 函数完成数值运算示例。

```
1   public class MathDemo
2   {
3       public static void main(String[] args)
4     {
5           System.out.println("abs(-5) = " + Math.abs(-5));
6           System.out.println("max(6.75, 3.14) = " + Math.max(6.75, 3.14));
7           System.out.println("min(100, 200) = " + Math.min(100, 200));
8           System.out.println("round(3.5) = " + Math.round(3.5));
9          System.out.println("round(-6.5) = " + Math.round(-6.5));
10          System.out.println("sqrt(2) = " + Math.sqrt(2));
11          System.out.println("pow(2, 5) = " + Math.pow(2, 5));
12          System.out.println("exp(2) = " + Math.exp(2));
13          System.out.println("log(2) = " + Math.log(2));
```

```
14          System.out.println("ceil(6.75) = " + (int) Math.ceil(6.75));
15          System.out.println("floor(6.75) = " + (int) Math.floor(6.75));
16          System.out.println("Pi = " + Math.PI);
17          System.out.println("sin(Pi / 4) = " + Math.sin(Math.PI / 4));
18          System.out.println("cos(1) = " + Math.cos(1));
19      }
20  }
```

【运行结果】

例 2-4 运行结果如图 2-5 所示。

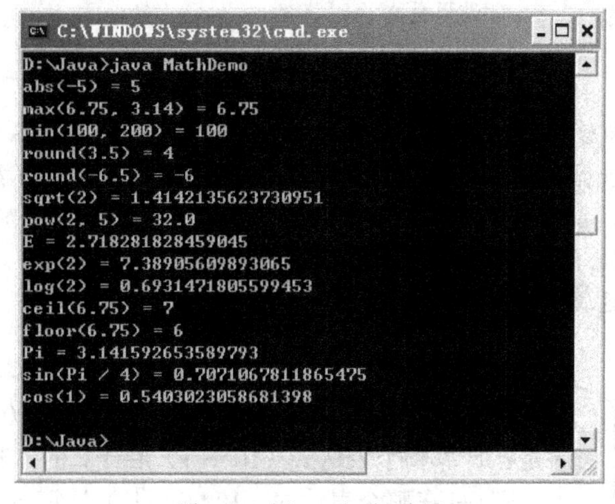

```
C:\WINDOWS\system32\cmd.exe
D:\Java>java MathDemo
abs(-5) = 5
max(6.75, 3.14) = 6.75
min(100, 200) = 100
round(3.5) = 4
round(-6.5) = -6
sqrt(2) = 1.4142135623730951
pow(2, 5) = 32.0
E = 2.718281828459045
exp(2) = 7.38905609893065
log(2) = 0.6931471805599453
ceil(6.75) = 7
floor(6.75) = 6
Pi = 3.141592653589793
sin(Pi / 4) = 0.7071067811865475
cos(1) = 0.5403023058681398

D:\Java>
```

图 2-5　例 2-4 运行结果

【程序分析】

第 5～7 句：演示求绝对值和求最大、最小值函数的用法。

第 8～9 句：演示四舍五入函数的用法。

第 10～11 句：演示求平方根和求幂函数的用法。

第 12～13 句：演示指数与对数函数的用法。

第 14～15 句：演示向上取整与向下取整函数的用法。

第 17～18 句：演示三角函数的用法。

2.1.7　运算符与表达式

运算符是表明作何种运算的符号。操作数是被运算的数据。表达式是由操作数和运算符组成的式子。表达式的运算结果称为表达式的值。Java 提供了很多运算符。

按操作数的数目来分，可有：

（1）一元运算符：需要一个操作数。如+ +i，−−i，+i，−i。

（2）二元运算符：需要二个操作数。如 a+b，a−b，a >b。

（3）三元运算符：需要三个操作数。如表达式 1？表达式 2:表达式 3。

三目表达式的运算规则是，如果表达式 1 的值为 true，则整个表达式的值取表达式 2 的值。如果表达式 1 的值为 false，则整个表达式的值取表达式 3 的值。例如，4>3 ? 4:3 表达式的值为 4。基本的运算符按功能划分，有下面几类。

1. 运算符

（1）算术运算符

数值类型的标准算术运算符包括加号（+）、减号（–）、乘号（*）、除号（/）和求余号（%）。例如下面的代码：

```
byte   i1=20%6;            //i1 的结果是 2
short   i2=100-36 ;        //i2 的结果是 64
int   i3=21*3 ;            //i3 的结果是 63
double   i4=1.0/2.0 ;      //i4 的结果是 0.5
int i5=1/2 ;               //i5 的结果是 0
```

注意

++和--，有前置和后置两种写法。增量运算++和减量运算符--可以用于所有的数值型数据。这些运算常用于循环语句。循环语句是控制一个操作或一系列操作连续执行多少次的结构。在表达式中，前置（++x，--x）和后置（x++，x--）是不同的。若运算符是前置于变量的，则变量先加 1 或减 1，再参与表达式中的运算。若运算符是后置于变量的，则变量先参与表达式的运算，再加 1 或减 1。

```
例如：
int i=10;
int n;
n=10*i++;
```

先算 10*i 即 10*10=100，再算 i++，i=11，n=100。在此例中，i++是在计算整个表达式（10*i++）后计算的。若将 i++换为++i，则++i 在整个表达式（10*（++i））计算之前进行计算。先算 i++，i=11，再算 10*i，n=10*11=110。

下面是另外一个例子：

```
double x=1.0;
double y=5.0;
double z=x-- +(+ +y);
```

三行都执行完后，y 变为 6.0，z 变为 7.0，而 x 变为 0.0。

注意：使用简捷赋值运算符虽然可以使表达式变短，但也使其更加复杂难懂。要避免使用这样简捷赋值运算符。

（2）关系运算符

关系运算又称比较运算，用来比较两个同类型数据的大小。关系运算符都是双目运算符。关系运算的结果是布尔值，即 true（真）或 false（假）。Java 提供的关系运算符见表 2-4。

表 2-4 关系运算符

运 算 符	名 称	例	结 果	运 算 符	名 称	例	结 果
<	小于	1<3	true	>=	大于等于	1>=2	false
= =	等于	1==2	false	<=	小于等于	1<=3	true
>	大于	1>2	false				

（3）逻辑运算符

逻辑运算又称布尔运算，是对布尔值进行运算，其运算结果仍为布尔值。常用的逻辑运算符见表 2-5。

表 2-5 常用逻辑运算符

运 算 符	名 称	举 例	描 述
!	非	!x	对 x 进行取反运算。例如，若 x 为 true，则结果为 false
&&	与	x&&y	只有 x 和 y 都为 true，结果才为 true
||	或	x||y	只有 x 和 y 都为 false，结果才为 false
^	异或	x^y	假设变量 x=1 和 y=2，则(x>1)^ (y= =2)的结果为 true

（4）位运算符

位运算符用于对二进制位（bit）进行运算。位运算符的操作数和结果都是整数。常用的位运算符见表 2-6。

表 2-6 常用的位运算符

运 算 符	名 称	应 用 举 例	运 算 规 则
~	按位取反	~x	对 x 每个二进制位取反
&	按位与	x&y	对 x，y 每个对应的二进制位做与运算
|	按位或	x|y	对 x，y 每个对应的二进制位做或运算
^	按位异或	x^y	对 x，y 每个对应的二进制位做异或运算
<<	按位左移	x<<a	将 x 各二进制位左移 a 位
>>	按位右移	x>>a	将 x 各二进制位右移 a 位
>>>	不带符号的按位右移	x>>>a	将 x 各二进制位右移 a 位，左面的空位要补 0

（5）赋值运算符

赋值运算符用于给变量或对象赋值。赋值运算符分为基本赋值运算符和复合赋值运算符两类。

赋值运算符的例子：

```
int i, j;
x=12.45;
y=2*x+1;
i=(int)x;
```

1）基本赋值运算符

基本赋值运算符“=”的使用格式如下：

变量或对象=表达式

基本赋值运算符“=”的作用是，把右边表达式的值赋给左边的变量或对象。

例如，j=k=i+2 的运算顺序是，先将 i 加 2 的值赋给 k，再把 k 的值赋给 j。

2）复合赋值运算符

复合赋值运算符是在基本赋值运算符前面加上其他运算符后构成的赋值运算符。Java 提供的各种复合赋值运算符见表 2-7。

表 2-7　复合赋值运算符

运算符	名称	举例	功能	运算符	名称	举例	功能
+=	加赋值运算符	a+=b	a=a+b	&=	位与赋值运算符	a&=b	a=a&b
-=	减赋值运算符	a-=b	a=a-b	|=	位或赋值运算符	a|=b	a=a|b
*=	乘赋值运算符	a*=b	a=a*b	^=	位异或赋值运算符	a^=b	a=a^b
/=	除赋值运算符	a/=b	a=a/b	<<=	算术左移赋值运算符	a<<=b	a=a<<b
%=	取余赋值运算符	a%=b	a=a%b	>>=	算术右移赋值运算符	a>>=b	a=a>>b

2. 表达式

表达式是由操作数和运算符按一定的语法形式组成的符号序列。最简单的表达式是一个常量或一个变量。当表达式中含有两个或两以上的运算符时，就称为复杂表达式。例如：

```
简单的表达式：x            3.14            num1+num2
复杂的表达式：a*(b+c) +d    x<= (y+z)       x&&y||z
```

在复杂表达式中运算按照运算符的优先顺序从高到低进行，同级运算符从左到右进行。例如，算术运算符的优先级高于关系运算符，对于表达式 2+3>5-4，要先计算加法和减法，然后再做比较计算。运算符的结合性决定了优先级相同运算符的运算顺序。例如，对于表达式 a+b-c，因为+和-的优先级相同且具有左结合性，所以等价于（a+b)-c。表 2-8 列出了 Java 中所有运算符的优先级顺序。

例：a>b&&c<d||e==f 的运算次序为((a>b)&&(c <d))||(e==f)

表 2-8　运算符的优先级顺序

优先级别	运算符
最高优先级	类型转换
↓	++、- -
	！(非)
	*，/(取商)，%(求余)
	+，-
	<,<=,>,>=
	= =,!=
	^
	&&
	||
最低优先级	=,+=,-=,*=,/=,%=

2.2　控制语句

流程控制语句用于控制程序中各语句的执行顺序。Java 提供的流程控制语句有选择语句、循环语句、跳移语句等。

2.2.1　简单 if 条件语句

简单 if 条件语句只在条件为真时执行，if 语句流程图如图 2-6 所示，其语法如下：

```
if（布尔表达式）
{
语句（块）;
}
```

若布尔表达式的值为真，则执行块内语句。

```
if (score>=60)
system.out.println("你及格了");
if (score<60)
system.out.println("你没有及格");
```

条件
True
语句（块）
False

图 2-6　if 语句流程图

注意

（1）在 if 子句末不能加分号（;）

（2）在 if 语句中，布尔表达式应该用括号括住。

（3）如果块中只有一条语句，花括号可以省略。但建议使用花括号以避免编程错误。

2.2.2　简单 if-else 条件语句

当指定条件为真时简单 if 语句执行一个操作，当条件为假时什么也不做。那么，如果需要在条件为假时选择一个操作，则可以使用 if-else 语句来指定不同的操作，if-else 语句流程图如图 2-7 所示。下面是这种语句的语法：

```
if（布尔表达式）
{
    布尔表达式为真时执行的语句 1（块）;
}
else
{
    布尔表达式为假时执行的语句 2（块）;
}
```

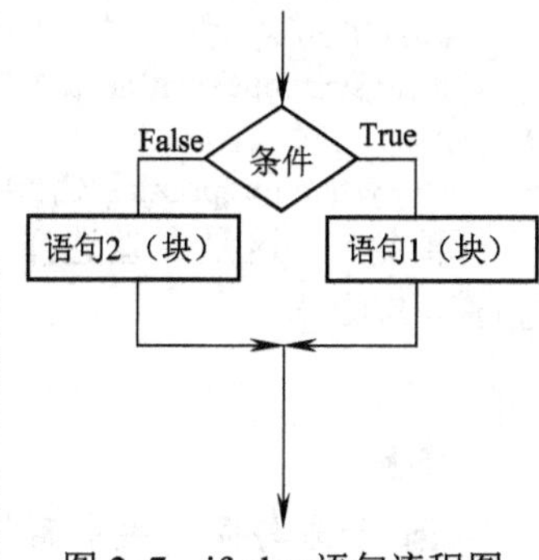

图 2-7　if-else 语句流程图

若布尔表达式计算为真，执行语句 1（块）（true 时执行），否则，执行语句 2（块）（false 时执行）。

```
if(score>=60)
{
    System.out.println("你及格了");
}
else
{
```

```
        System.out.println("你没有及格");
}
```

2.2.3 if 语句的嵌套

if 或 if-else 语句中的语句可以是任意合法的 Java 语句——包括其他 if 或 if-else 语句。内层的 if 语句称为嵌套在外层 if 语句中。内层 if 语句又可以包含另一个 if 语句，事实上，嵌套的深度没有限制。

```
if(Score<60)
    System.out.println("不及格");
else
if(Score<80)
    System.out.println("及格");
else
if(Score<90)
    System.out.println("良好");
else
    System.out.println("优秀:);
```

这个 if 语句的执行过程如下：测试第一个条件(Score<60)，若真，则显示"不及格"；若假，则测试第二个条件(Score<80)，若第二个条件为真，则显示"及格"；若假，则继续测试第三个条件(Score<90)，若第三个条件为真，则显示"良好"，否则显示"优秀"。注意，只有在前面的所有条件都为假时才进行测试下一个条件。

前面的 if 语句与下述语句等价：

```
if(score<60)
    System.out.println("不及格");
else if (score<80)
    System.out.println("及格");
else if (score<90)
    System.out.println("良好");
else
    System.out.println("优秀");
```

事实上，这是多重选择 if 语句比较好的书写风格。这个风格可以避免深层缩进，并使程序容易阅读。

注意

else 子句与同一块中离得最近的 if 子句相匹配。

2.2.4 switch 语句

switch 语句根据表达式的结果来执行多个可能操作中的一个。它的语法形式如下：

```
switch (表达式)
{
    case 常量 1: 语句块 1; [break;]
    case 常量 2: 语句块 2;[break;]
    …
    case 常量 n: 语句块 n ;[break;]
```

```
    [default: 默认处理语句;break;]
}
```

switch 语句中的每个"case 常量："称为一个 case 子句，代表一个 case 分支的入口。switch 语句的流程图如图 2-8 所示。

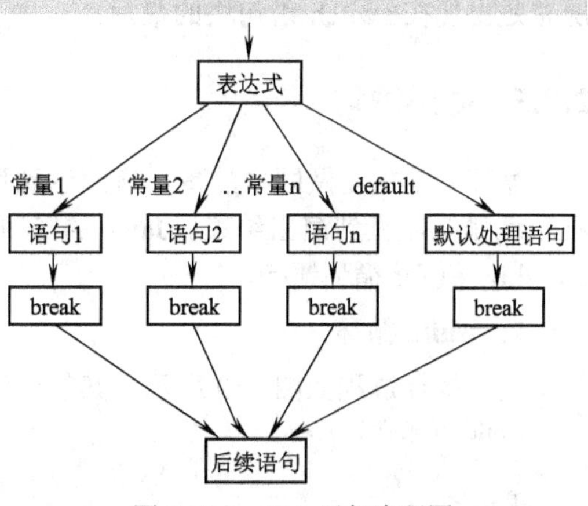

图 2-8　switch 语句流程图

在编程的过程中还经常会碰到需要测试指定的变量是否等于某一个值的现象，如果不匹配，则对其他的值进行再匹配，这一点很像 if-else-if-else 的形式。但是当值很多的时候，用这种形式将变得非常麻烦，而且使程序变得很难懂。例如分别判断 5 分制成绩的时候，用 if-else-if-else 的形式会是以下的情况：

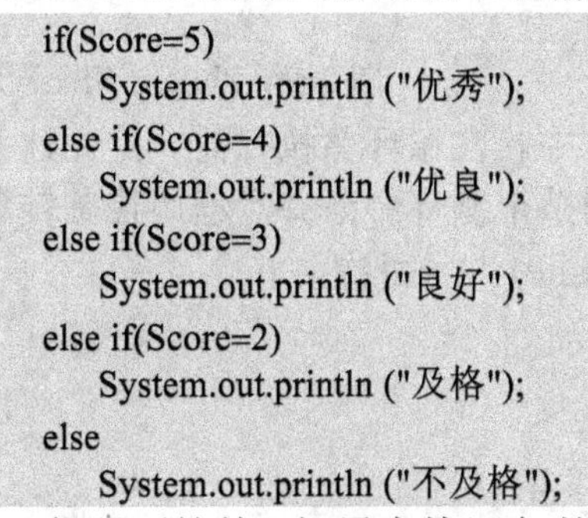

```
if(Score=5)
    System.out.println ("优秀");
else if(Score=4)
    System.out.println ("优良");
else if(Score=3)
    System.out.println ("良好");
else if(Score=2)
    System.out.println ("及格");
else
    System.out.println ("不及格");
```

代码不简练，如果有块语句的时候或者是条件不是 5 个而是 10 个甚至多个的时候，代码会更加不清晰。在 Java 中，可以用 switch 语句对操作进行分组。例如：

```
switch(Score)
  {
    case 1：System.out.println ("优秀");break;
    case 2：System.out.println ("优良");break;
    case 3：System.out.println ("良好");break;
    case 4：System.out.println ("及格");break;
    case 5：System.out.println ("不及格");break;
    default: System.out.println ("成绩不对");
             break;
  }
```

switch 要检查变量 Score 的值，与区块内 case 值比较

比较成功，就执行相应的程序代码，执行到 break,就会跳出 switch 的结束大括号

当上面 case 都没有配对成功，就执行 default 内代码

switch 语句遵从下述规则：

（1）switch 表达式必须能计算出一个 char、byte、short 或 int 型值，并且用括号括起来。

（2）value1…value n 必须与 switch 表达式的值具有相同的数据类型。当表达式的值与 case 语句的值相匹配时，执行该 case 语句中的语句。

（3）关键字 break 是可选的。break 语句终止整个 switch 语句。若 break 语句不存在，下一个 case 语句将被执行。

（4）默认情况（default）是可选的，它用来执行指定情况都不为真时的操作。默认情况总是出现在 switch 语句块的最后。

2.2.5 循环语句

循环就是重复做同样的事，直到达到目的。如演出节目前，不断地排练，直到演出结束。Java 的 3 种循环语句有 while、do-while 和 for 循环语句。

1．while 循环

它的执行过程如图 2-9 所示，其的语法如下：

```
while （条件）
{
循环体
}
```

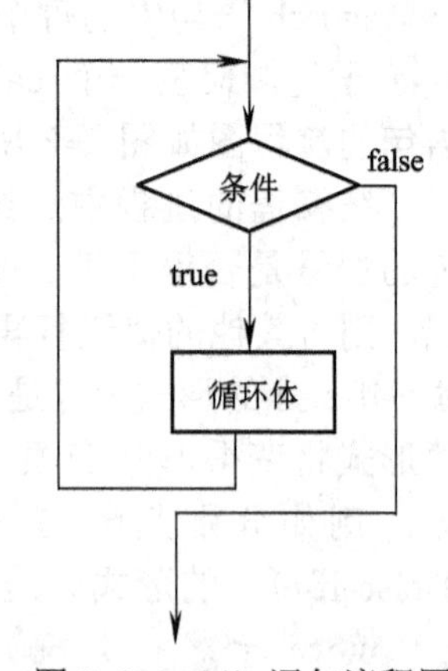

图 2-9　while 语句流程图

说明：循环条件是一个布尔表达式，它必须放在括号中。在循环体执行前一定先计算循环条件，若条件为真，则执行循环体，若条件为假，则整个循环中断并且程序控制转移到 while 循环后的语句。例如，用 while 循环打印“Welcome!”一百次。

```
int i=0;
while （i<100）
{
   System.out.println("Welcome! ");
   i++;
}
```

i 的初值为 0。循环检查（i<100）是否为真，若真，则执行循环体，打印消息“Welcome!”并使 i 加 1。这将重复执行，直到（i=100）为止。若（i<100）变为假，则循环中断并执行循环体之后的第一条语句。

【例 2-5】源程序 TestWhile.java 读入一系列整数并计算其和，输入 0 则表示输入结束。

```
1    import java.util. Scanner;
2    public class TestWhile
3    {
4       public static void main(String[] args)
5       {
6         int data;
7         int sum=0;
8         Scanner sc=new Scanner(System.in);
9         System.out.println("请输入一个整数");
10        data=sc.nextInt();
11        while(data!=0){
12             sum+=data;
13             System.out.println("请输入一个整数，输入 0 结束");
14             data=sc.nextInt();
15        }
16        System.out.println("结果="+sum);
17      }
18   }
```

【运行结果】

例 2-5 运行结果如图 2-10 所示。

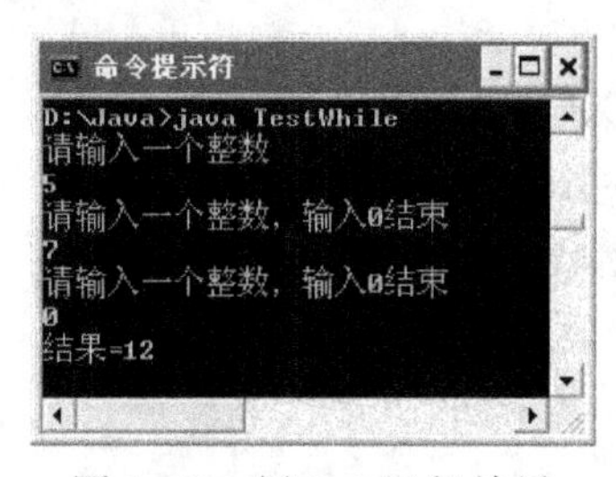

图 2-10　例 2-5 运行结果

【程序分析】

第 8 句：Scanner 是个简易扫描仪，new Scanner(System.in)代表构建一个扫描键盘的扫描仪。

第 10 句：执行 sc.nextInt()时，计算机开始等待键盘输入整形，如果类型不匹配会出现异常，直到按下<回车>键为止。

第 11～15 句：是 while 语句的应用。其中第 12～14 句是循环体语句。

第 12 句：while 循环中，若 data 非 0，则将它加到总和上并读取下一个输入数据。若 data 为 0，则不执行循环体并且 while 循环终止。特别地，若第一个输入值为 0，则不执行循环体，结果 sum 为 0。

注意

要保证循环条件最终可以变为假，以便程序能够结束。

2. do 循环语句

do 循环其实就是 while 循环的变体。它的执行过程如图 2-11 所示，其的语法如下：

```
do
{
//循环体;
}while（条件）;
```

注意

在 do 循环中 while 条件判断之后需要添加一个分号。

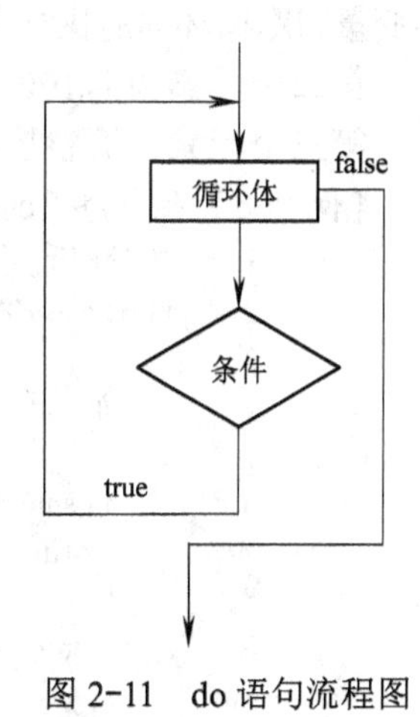

图 2-11　do 语句流程图

do-while 的循环流程是和 while 循环不一样的，两者的主要差别在于循环条件和循环体的计算顺序不同。例如，可将例 2-5 改写如下：

```
public class TestDo
{
 public static void main (String[] args)
 {
     int data
```

```
        int sum=0
        Scanner sc=new Scanner(System.in);
        do
        {
                              直接进入区块内执行

        data=sc.nextInt();
        sum+=data;            先执行第一次后，才会做条件判断
        while (data!=0);
        System.out.println(" The sum is" +sum
    }
}
```

3．for 循环语句

for 循环的执行过程如图 2-12 所示。一般地，它的语法如下：

```
for（循环变化初始条件；循环条件；变量）
{
    //循环体；
}
```

循环打印“Welcome!”一百次。

```
for (int i=0; i<100; i++)
{
    System.out.println("Welcome!");
}
```

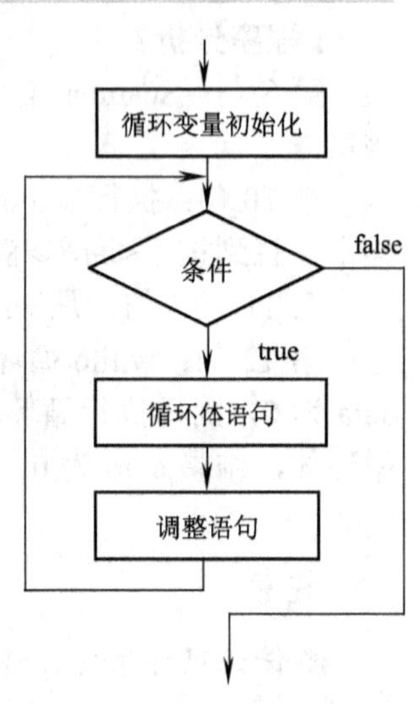

图 2-12　for 循环语句流程图

for 循环语句以关键字 for 开始，然后是由括号括住的三个控制元素，循环体括在大括号内。控制元素由分号分开，控制循环体的执行次数和终止条件。第一个元素为 i=0，初始化循环变量。循环变量跟踪循环体的执行次数，调整语句修改它的值。

第二个元素为 i<100，是布尔表达式，用作循环条件。

第三个元素是调整控制变量的语句，循环变量的值最终必须使循环条件变为假。

【例 2-6】源程序 TestSum.java，使用 for 循环计算从 1 到 100 的数列的和。

```
1   //本程序利用 for 循环计算 1 到 100 的和
2   public class TestSum
3   {
4       public static void main(String[] args)
5       {
6           int sum=0;
7           for (int i=1;i<=100;i++)
8           {
9               sum+=i;
10          }
11          System.out.println("The sum is "+sum);
12      }
13  }
```

①一开始变量i=1，i<=100条件为真，执行for循环体。
②执行到第10句大括号时，返回到第7句，i递增后与100比较，若满足条件则继续执行for循环体内的程序。
③当变量i递增到101时，终止循环。

【运行结果】

例 2-6 运行结果如图 2-13 所示。

图 2-13　例 2-6 运行结果

【程序分析】

第 7～10 句组成的 for 循环，变量 i 从 1 开始，每次增加 1，当 i 大于 100 时循环终止。

【例 2-7】 源程序 TestMulTable.java，使用嵌套的 for 循环打印九九乘法表。

```
1   //本程序打印九九乘法表
2   public class TestMulTable
3   {
4     public static void main(String[] args)
5     {
6       System.out.print("     ");
7       for (int j=1;j<=9;j++)
8         System.out.print("     "+j);
9         System.out.println("   ");
10      for (int i=1;i<=9;i++)
11        {
12          System.out.print(i+"    ");
13          for (int j=1;j<=i;j++)
14            {
15              if (i*j<10)
16                System.out.print("      "+i*j);
17              else
18                System.out.print("    "+i*j);
19            }
20            System.out.println();
21        }
22    }
23  }
```

【运行结果】

例 2-7 运行结果如图 2-14 所示。

```
命令提示符
D:\Java>java TestMulTable
      1   2   3   4   5   6   7   8   9
1     1
2     2   4
3     3   6   9
4     4   8  12  16
5     5  10  15  20  25
6     6  12  18  24  30  36
7     7  14  21  28  35  42  49
8     8  16  24  32  40  48  56  64
9     9  18  27  36  45  54  63  72  81

D:\Java>
```

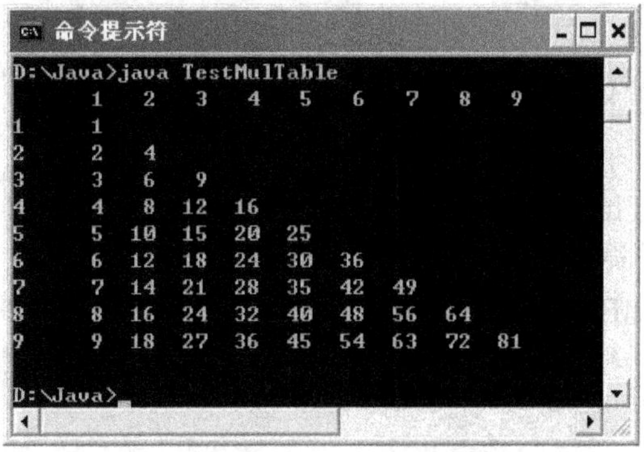

图 2-14　例 2-7 运行结果

【程序分析】

第 7～9 句组成的第一个循环显示数 1 到 9；

第 10～21 句是一个嵌套的 for 循环，对每个外循环的循环变量 i，内循环的循环变量 j 都要逐个取 1，2，…，9，并显示出 i*j 的值；

第 15～18 句是 if 语句，使结果数字每列右对齐，如 8 与 10 中的 0 对齐。

2.2.6 跳转语句

break 和 continue 语句用于分支语句和循环语句中，使得程序员更方便地控制程序执行的流程。如图 2-15 所示，一个人要表演 5 场节目，如果生小病，只有一场不能演出，病好后，以后的节目还可演出。但如果脚崴了，则会终止所有以后节目的演出。

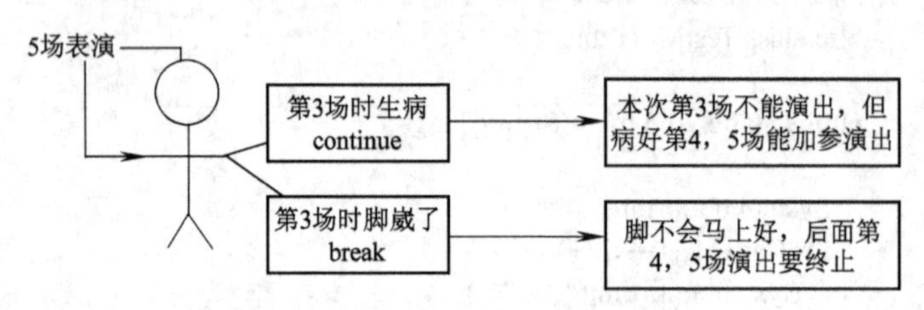

图 2-15 break 与 continue 区别

1. break 语句

break 有两种形式：break 和 break 标号。

一种是不带语句标号的 break，用于立刻终止包含它的最内层循环。如在 switch 语中，break 语句用来终止 switch 语句的执行。

另一种是带标号的 break，用于多重循环中，跳出它所指定的块（在 Java 中，每个代码块可以加一个括号和语句标号），并从紧跟该块的第一条语句处执行。

例如：下面 break 语句，是中断内层循环并把控制立即转移到外层循环后的语句。

```
outer:
for(int i=1; i<10; i++)
{
    inner:
    for(int j=1; j<10;j++）；
    {
        if(i*j>50)
        break outer;
        System.out.println(i*j);
    }
}
```

如果把上述语句中的 break outer 换成 break，则 break 语句终止内层循环，仍然留在外层循环中。如果想退出外循环，就要使用带标号的。

【例 2-8】源程序 TestBreak.java，测试 break 语句对程序结果的影响。

```
1   //本程序测试 break 语句
2   public class TestBreak
3   {
4      public static void main(String[] args)
```

```
5       {
6           int sum=0;
7           int item=0;
8           while(item<=5)
9           {
10              item++;
11              sum+=item;
12              if(sum>=6) break;
13          }
14          System.out.println("The sum is "+sum);
15      }
16  }
```

【运行结果】

例 2-8 运行结果如图 2-16 所示。

图 2-16　例 2-8 运行结果

【程序分析】

第 8～13 句的 while 循环中，如果不用 12 行的 if 语句，本程序计算从 1 到 5 的和。如果有了 if 语句，总和大于等于 6 时循环终止。

2．continue 语句

continue 语句用来结束本次循环，跳过循环体中下面尚未执行的语句，接着进行终止条件的判断，以决定是否继续循环。

【例 2-9】 源程序"TestContinue.java"，测试 continue 语句。

```
1   //本程序测试 continue 语句
2   public class TestContinue
3   {
4       public static void main(String[] args)
5       {
6           int sum=0;
7           int i=0;
8           while (i<5)
9           {
10              i++;
11              if(i= =2) continue;
12                  sum+=i;
13          }
14          System.out.println("The sum is "+sum);
15      }
16  }
```

【运行结果】

例 2-9 运行结果如图 2-17 所示。

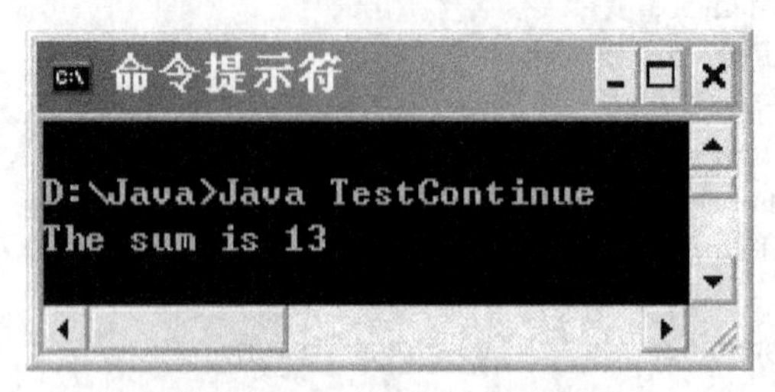

图 2-17　例 2-9 运行结果

【程序分析】

第 8～13 句的 while 循环中，continue 语句终止当前迭代，当 i 变为 2 时不再执行循环体的剩余语句，即不加到 sum 中。如果没有 if 语句，所有的项都加到 sum 中，包括 i=2。

2.3　数组

一个班的学生有 50 人，如果每人一个变量需要声明 50 个变量，太麻烦。Java 语言中，数组能解决大量数据问题。数组可以用一个统一的数组名和下标来唯一地确定数组中的元素，下标用[]封装，数组的元素数目称为数组长度。如 student[50]，数组有一维数组和多维数组。单一变量定义是将单一值存储在内存中，一个数组的定义是向系统要求一个区域至少存储一列数据，而非只存单一值。数组变量即整张表格的代名词。

2.3.1　一维数组

数组的定义和创建是有区别的，定义只需声明数组类型，没有数组长度的要求。创建是给数组分配空间，可用 new 运算符，也可用枚举初始化来创建。

1. 一维数组的定义

（1）数据类型[ ] 数组名;

（2）数据类型 数组名[ ];

数据类型可为 Java 中任意的数据类型，例如：

```
int[] intArray;
date[] dateArray;
```

2. 一维数组的创建

当一个数组被定义以后，就可以通过下面的语法用 new 操作符创建它：

数组名=new 数据类型[数组大小];

另外，定义和创建数组可以被合并在一个语句里，如下所示：

（1）数据类型[] 数组名=new 数据类型[数组大小];

（2）数据类型 数组名[]=new 数据类型[数组大小];

例如：int[] myArray= new int[10];

这条语句能够创建一个由 10 个 int 型元素构成的数组，为了指定数组中能够储存多少元素，给数组分配内存空间时，数组的大小必须事先给定。当一个数组创建完毕，不能再改变它的大小。

3．一维数组的初始化

（1）静态初始化

```
int[]   intArray = {1,2,3,4};
String   stringArray[]= {"abc", "How", "you"};
```

（2）动态初始化

1）简单类型的数组

```
int intArray[];
intArray = new int[5];
```

2）复合类型的数组

```
String stringArray[ ];
String stringArray = new String[3];      /*为数组中每个元素开辟引用空间(32 位) */
stringArray[0] = new String("How");    //为第一个数组元素开辟空间
stringArray[1] = new String("are");      //为第二个数组元素开辟空间
stringArray[2] = new String("you");      //为第三个数组元素开辟空间
```

4．一维数组元素的引用

数组元素的引用方式为：

数组名[下标]

数组下标，可以为整型常数或表达式，下标从 0 开始。每个数组都有一个属性 length 指明它的长度，数组下标从 0 到 length–1。例如：intArray.length 指明数组 intArray 的长度。数组元素分别是 intArray[0]、intArray[1]、…、intArray[intArray.length-1]。

【例 2-10】源程序 ArrayDemo.java，创建一个整型数组。

```
1    //本程序创建一个整型数组
2    class ArrayDemo
3    {
4       public static void main(String[] args)
5       {
6          int[] anArray;                      // 声明一个整型数组
7          anArray = new int[3];           //分配存储空间
8          anArray[0] = 100;                //初始化第一个元素
9          anArray[1] = 200;                // 初始化第二个元素
10         anArray[2] = 300;                // 初始化第三个元素
11         System.out.println("Element at index 0: " + anArray[0]);
12         System.out.println("Element at index 1: " + anArray[1]);
13         System.out.println("Element at index 2: " + anArray[2]);
14      }
15   }
```

【运行结果】

例 2-10 运行结果如图 2-18 所示。

【程序分析】

在第 6～13 句先创建了一个整型数组，然后输出其中元素的值。

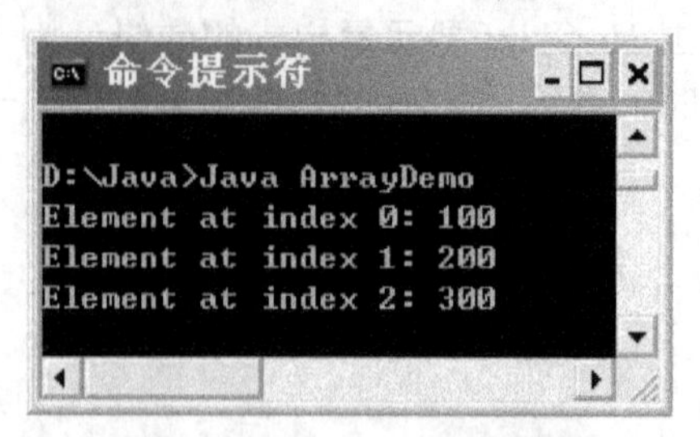

图 2-18　例 2-10 运行结果

2.3.2　多维数组

Java 语言中，多维数组被看做数组的数组。

1．二维数组的定义

（1）数组类型 数组名[ ][ ];

（2）数组类型[ ][ ] 数组名;

2．二维数组的初始化

（1）静态初始化

```
int intArray[ ][ ] ={{1,2},{2,3},{3,4,5}};
```

Java 语言中，由于把二维数组看做数组的数组，数组空间不是连续分配的，所以不要求二维数组每一维的大小相同。

（2）动态初始化

1）直接为每一维分配空间，格式如下：

```
arrayName = new type[arrayLength1][arrayLength2];
int a[ ][ ] = new int[2][3];
```

2）从最高维开始，分别为每一维分配空间：

```
arrayName = new type[arrayLength1][ ];
arrayName[0] = new type[arrayLength20];
arrayName[1] = new type[arrayLength21];
…
arrayName[arrayLength1-1] = new type[arrayLength2n];
```

3）例如，二维简单数据类型数组的动态初始化如下：

```
int a[ ][ ] = new int[2][ ];
a[0] = new int[3];
a[1] = new int[5];
```

对二维复合数据类型的数组，必须首先为最高维分配引用空间，然后再顺次为低维分配空间，而且，必须为每个数组元素单独分配空间。例如：

```
String s[ ][ ] = new String[2][ ];
s[0] = new String[2];                //为最高维分配引用空间
s[1] = new String[2];                //为最高维分配引用空间
s[0][0] = new String("Good");        //为每个数组元素单独分配空间
s[0][1] = new String("Luck");        //为每个数组元素单独分配空间
s[1][0] = new String("to");          //为每个数组元素单独分配空间
s[1][1] = new String("You");         //为每个数组元素单独分配空间
```

3. 二维数组元素的引用

对二维数组中的每个元素，引用方式为：

```
arrayName[index1][index2]
```

例如：num[1][0];

【例 2-11】源程序名 MultiDimArrayDemo，是一个二维数组的小例子。

```
1    //本程序演示了二维数组的用法
2   class MultiDimArrayDemo
3   {
4    public static void main(String[] args)
5    {
6       String[][] names = {{"Mr. ", "Mrs. ", "Ms. "}, {"Smith", "Jones"}};
8       System.out.println(names[0][0] + names[1][0]); //Mr. Smith
9       System.out.println(names[0][2] + names[1][1]); //Ms. Jones
10   }
11  }
```

【运行结果】

例 2-11 运行结果如图 2-19 所示。

图 2-19　例 2-11 运行结果

【程序分析】

本程序通过一个简单的小例子描述了二维数组的定义、初始化及其应用方法。需要注意的是数组中的下标是从 0 开始的。

2.4　本章小结

在本章中学习了标识符、变量和常量的概念和 Java 基本数据类型以及几种常用的程序控制语句，还介绍了数组的定义和使用。

标识符用于命名编程实体，如变量、常量、方法、类和包。变量是表示数据的符号，变量值在赋值语句中可以改变。所有变量在使用前必须用标识符和类型说明，引用变量前必须赋以初值。常量是表示程序中一直不变的量的符号，不能给常量赋一个新值。

Java 提供四种整型（byte、short、int、long）表示四种不同范围的整数，提供两种浮点型（float、double）表示两种不同范围的浮点数。字符型（char）表示单个字符，布尔型（boolean）有 true 或 false 两个值。

Java 提供数值操作的运算符：+（加法）、-（减法）、*（乘法）、/（除法）和%（求余）。整数除法（/）得整数解，求余运算（%）得除法的余数。

增量运算符（++）和减量运算符（--）给变量加 1 或减 1。若++i（或--i），则变量先加 1（或减 1），再用于表达式运算；若 i++（或 i--），则变量先参与表达式运算，再加 1（或减 1）。

程序控制指定了程序中语句执行的顺序。条件语句用于建立程序中的选择步骤。三种循环语句：while 循环、for 循环和 do 循环。

while 循环先检查循环条件。若条件为 true，则执行循环体；若条件为 false，则循环结束。do 循环与 while 循环类似，只是 do 循环先执行循环体，后检查循环条件，以确定继续还是终止。由于 while 循环和 do 循环包含依赖循环体的循环条件，所以重复的次数由循环体决定。因此，while 循环和 do 循环常用于不确定循环次数的情况。

for 循环一般用于预知执行次数的循环，执行次数不是由循环体确定的。循环控制由带初始值的控制变量、循环条件和调整语句组成。

Java 中的数据类型有简单数据类型和复合数据类型两种，其中简单数据类型包括整数类型、浮点类型、字符类型和布尔类型；复合数据类型包含类、接口和数组。条件语句、循环语句和跳转语句是 Java 中常用的控制语句。

数组是最简单的复合数据类型，数组中的每个元素具有相同的数据类型，可以用一个统一的数组名和下标来唯一地确定数组中的元素。Java 中，对数组定义时并不为数组元素分配内存，只有初始化后，才为数组中的每一个元素分配空间。已定义的数组必须经过初始化后，才可以引用。数组的初始化分为静态初始化和动态初始化两种。

2.5 知识测试

2-1 判断题

1. Java 语言支持无条件转移语句——goto 语句。 （ ）
2. continue 语句只结束当前迭代，将程序控制转移到循环的下一次迭代。 （ ）
3. while 循环和 do 循环常用于不确定循环次数的情况。 （ ）
4. 整数类型可分为 byte 型、short 型、int 型、long 型与 char 型。 （ ）
5. 在程序中使用数组，需要先声明数组和能够储存数组中元素的类型。 （ ）

2-2 选择题

1. 下列标识符中非法的是（ ）。
   A. true　　B. area
   C. _123　　D. $main
2. 下列符合表达式中的运算优先级顺序的一组是（ ）。
   A. +、-、()　　B. *、+、&
   C. &、&&、|　　D. +、*、()
3. 下列数据类型所占的字节数相同的一组是（ ）。
   A. 布尔类型和字符类型
   B. 整数类型和浮点数类型
   C. 字节类型和短整数类型
   D. 整数类型和双精度类型

4. 下列中 Java 的保留字是（　　）。

A. class　　B. Java

C. welcome　　D. CLASS

5.（　　）可以被用来中止循环语句的执行。

A. break　　B. continue

C. switch　　D. jump

2-3　简答题

1. 对下列变量进行说明：

（1）初始值为 1 的 int 变量。

（2）初始值为 1.0 的 float 变量。

（3）初始值为 12.34 的 double 变量。

（4）初始值为 true 的 boolean 变量。

（5）初始值为 0 的 char 变量。

2. 简述基本数据类型有哪些，其中数值数据类型分为哪六种？每一种的值域及存储大小分别是多少？

3. 在数值类型转换中，应该注意什么问题？

4. 设 x 的值为 1，写出下述表达式的结果。

（1）(x>1)&&(x++>1)。

（2）(x>0)||(x<0)。

（3）!(x>0)&&(x>0)。

（4）(x! =0)||(x= =0)。

5. 写出满足下列要求的布尔表达式。

（1）当数是正数或负数时其值为 true。

（2）当数是 1 到 100 之间时其值为 true。

6. 执行下列语句后，y 的值分别是多少？

（1）

```
x=0;
y= (x>0)?1:-1;
```

（2）

```
int y=0 ;
for (int x=0;x<10; ++x)
{
    y+=x;
}
```

（3）

```
x=3;
switch (x+3)
{
    case 6:y=1;
    default:y+=1;
}
```

2-4　编程题

1. 使用 while 循环改写下列 for 循环。

```
int y=0;
for(int x=1;y<10000;x++)
y=y+x;
```

2. 判断某一年份是否是闰年。（如果这个年份能被 4 整除，但不能被 100 整除；或者，如果这个年份能被 4 整除，又能被 400 整除；满足以上两个条件中的一个的年份就是闰年。）

3. 编写一个程序，其输出结果如图 2-20 所示：

```
*
***
*****
*******
```

图 2-20　输出结果

第 3 章　面向对象编程

学习目标

- 掌握：创建和使用类对象、使用包的基本方法。
- 理解：面向对象程序设计的基本思想和面向对象的概念。
- 了解：类的多态、接口的声明及实现方法。

重点

- 认识各种修饰符的作用，理解继承和复用的概念。
- 理解父类和子类。
- 学会 Java 类的定义和对象的创建。

难点

- 掌握扩展类编程。
- 理解多态性如何扩充和维护系统性能。
- 类多态的实现。

面向对象程序设计（OOP，Object Oriented Programming）是一种新兴的程序设计方法，其基本思想是使用对象、类、继承、封装、消息等基本概念来进行程序设计。类是 Java 程序中的最基本构件，Java 程序是一大堆类的集合。

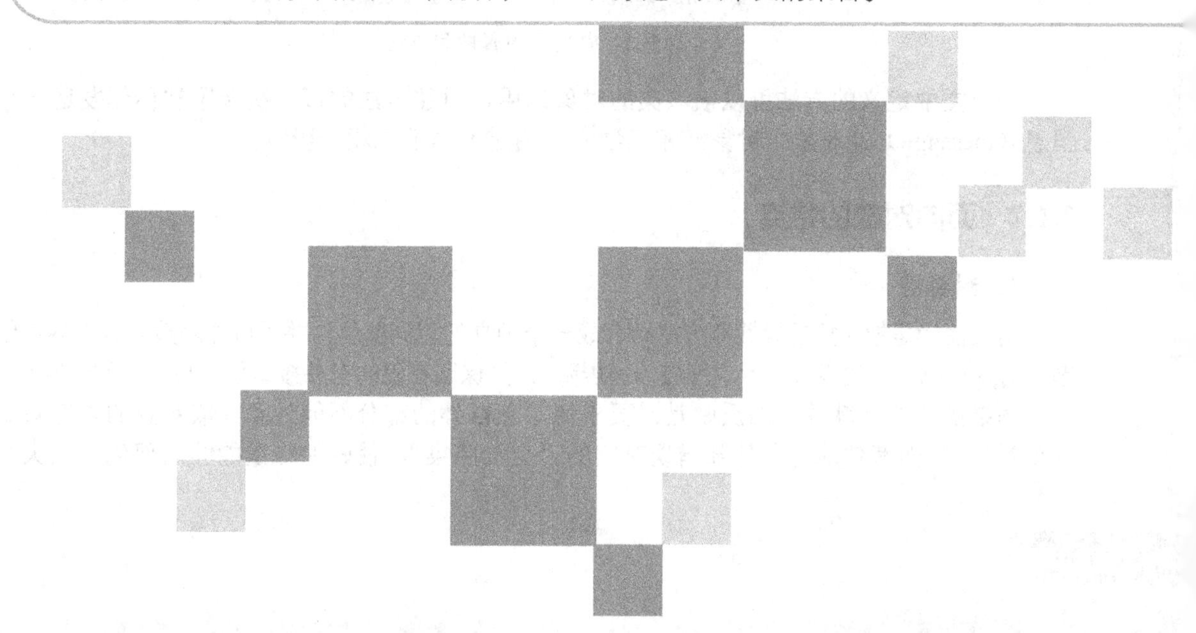

3.1 面向对象的思想

在面向过程的设计中，程序员只限于使用语句构建软件，即把语句集合起来组成方法（后面称之为函数或过程）。面向过程设计就像建筑师只限于使用木、水、土等原材料搭建房屋一样，工作量大，效率低；并且在房子需重新翻盖时，所有的原材料将废弃。但如果将水、土先烧成砖，木先制成门、窗等，则盖房时可使用砖、门、窗等成形的原料，只需考虑不同型号的门、窗放的位置；而且即使已建成的房屋需要重新翻盖，也无需从零开始，砖、门、窗等原材料都可重新使用，从而提高工作效率，降低成本。后面提到的这类工程设计就像面向对象的程序开发一样。

3.1.1 面向对象的基本概念

对象是具有某种特性和某种功能的东西。可以将同一种类型的对象归为一个类，以类的形式描述对象的状态和功能。例如，汽车是一类，其中小轿车、中型面包车、大货车等，可认为是对象。类是对象的抽象，对象是类的实例。判定某一对象是否是汽车，要看它是否具有这些属性，自行车不能叫汽车，因为它不具有发动机属性。

在面向对象的程序设计中，将类的特征和行为分别命名为属性和方法。例如，定义“电视机”这样一个类，如图 3-1 所示。

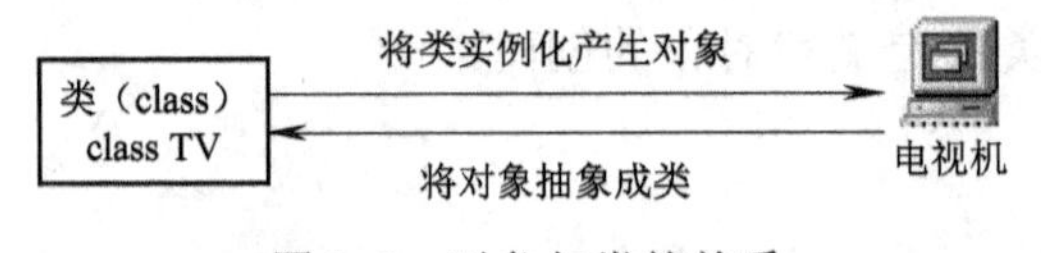

图 3-1 对象与类的关系

电视机的属性和方法如图 3-2 所示。

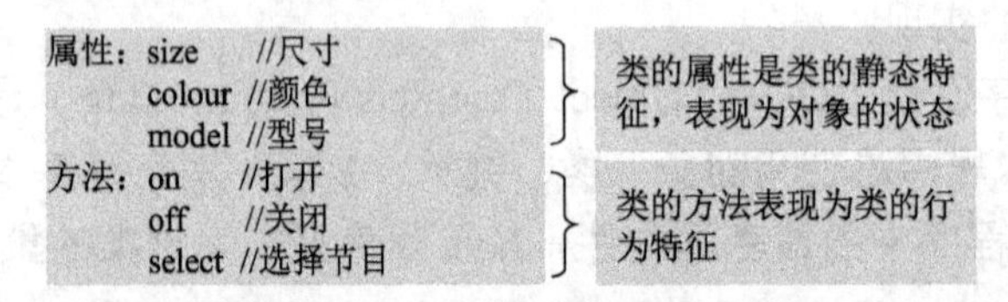

图 3-2 电视机的属性和方法

一个类中定义的方法可以被该类的对象调用，对象方法的每一次调用被称作发送一个消息（message）给对象。对象间相互独立，通过发送消息相互影响。

3.1.2 面向对象的特点

1. 封装性

封装性就是把对象的属性和方法结合成一个独立的相同单位，并尽可能隐蔽对象的内部细节。对外形成一个边界（或者说形成一道屏障），只保留有限的对外接口使之与外部发生联系。

封装的原则在软件上的反映是：要求使对象以外的部分不能随意存取对象的内部数据（属性），从而有效地避免外部错误对它的“交叉感染”，使软件错误能够局部化，大大减少查错和排错的难度。

2．继承性

特殊类的对象拥有其一般类的全部属性与方法，称作特殊类对一般类的继承。一个类可以从多个一般类中继承属性与方法，这称为多继承。在 Java 语言中，称一般类为父类（superclass，超类），称特殊类为子类（subclass）。

3．多态性

对象的多态性是指在一般类中定义的属性或方法被特殊类继承之后，可以具有不同的数据类型或表现出不同的行为。这使得同一个属性或方法在一般类及其各个特殊类中具有不同的语义。例如，“几何图形”的“绘图”方法，“椭圆”和“多边形”都是“几何图形”的子类，其“绘图”方法功能不同。

3.2　类

Java 程序由类组成。编写 Java 程序实质上就是定义类和使用类的过程。类由数据成员和方法组成。类封装了一类对象的状态和方法，方法定义了一类对象的行为或动作，即对象可执行的操作，是相对独立的程序模块，相当于程序、函数概念。

如定义一个学生类型，声明为：

```
class Student{
    int number;
    char name;
}
```

然后，可以用一个变量 jz 声明归属于 Student 类型，通过调用变量成员和（.）运算符来访问，类似 C 语言结构体。如：

Student jz;

jz.name ="李平";

在 Java 语言中，一个类的定义的一般形式为：

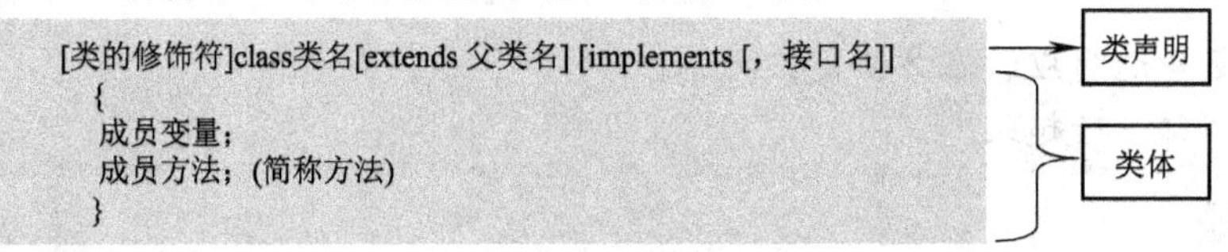

数据成员用于存储数据，表示一类对象的特性和状态。成员方法也称为成员函数，用于实现类的功能和操作。成员函数的编写与一般函数的编写相同。

注意

讲到这里，很多读者会有疑问，为什么 main()前面加这么多修饰词？

public static void main (String args[])

这是因为 main()方法要给外部的 JVM 程序调用，所以修饰符必须设为 public，当对象还没产生时，main()就已被 JVM 调用，所以必须为 static 方法（类方法）。建立 main()方法主要是执行程序，所以没必要有返回值，因此设为 void。main()方法的参数类型是 String 数组，args 是变量名称，可任取，执行时允许输入多个文字当做参数值，如 String args={"你好"}

3.2.1 类声明

Java类{ 系统定义类（系统提供的类）：已经定义好的类，可直接使用。
用户定义类（用户自己定义的类）：创建一个新类，即创建一个新的数据类型。

类通过关键词 class 来定义，一般形式为：

```
[修饰符] class 类名 [extends 父类名] [implements [，接口名]]
```

关于创建类的格式有如下说明：

（1）[ ]中的内容是可选项，根据需要选择或省略。

（2）class，extends，implements 都是 Java 关键字。class 表明定义类。extends 表明目前定义的类是父类继承而来的子类，该父类必须存在。implements 表明类要实现某个接口。各接口名之间用逗号“，”分隔。

（3）[修饰符]用于说明类的特征和访问权限，包括 public，abstract，final，friendly。各修饰符的含义见表 3-1。

表 3-1 修饰符的含义

修 饰 符	含 义
public	“公共”类，可被任何对象访问，一个程序的主类必须是 public 类
abstract	“抽象”类，不能用它实例化对象，只能被继承使用
final	“最终”类，其他类不能继承此类。final 与 abstract 不能复合使用
friendly	“友元”类，默认的修饰符，只有在相同包中的对象才能使用这样的类

3.2.2 类体

类体包含实现类功能的 Java 语言程序代码、成员变量、成员方法。

注意

（1）程序中，变量说明应放在方法定义之前。

（2）类体要用“{}”括起来。

1. 类的成员变量

（1）成员变量定义的一般形式为：

```
[public | private | protected]
[ static][final][transient][volatile]数据类型 成员变量[=初值];
```

（2）成员变量的修饰符

1）public：公共变量，允许任何程序包中的类访问，其作用域最广。

2）private：私有变量，只能被定义它的类中的方法访问。

3）protected：受保护变量，如学校信息可被校内的学生共享，但不能为校外人使用。

4）static：静态变量，也称为类变量，无 static 说明的变量为实例变量。

5）final：最终变量，即常量。在程序中不能改变其值。例如：final int aFinalVar = 0;

6）transient：定义暂时性变量，用于对象存档。

7）volatile：定义变量，用于并发线程的共享。

默认修饰符：也称隐含修饰符，如果一个变量没有显式地设置访问权限，即使用了默认修饰符。允许类自身以及在同一个包中的所有类的变量访问。

【例 3-1】 源程序名 Example.java，类变量可以直接使用，而实例变量则不行。

```
1     class Example
2     {
3      int i;                //实例变量
4      static int j;         //静态变量
5     public static void main(String args[])   //main 方法
6     {
7      Example a=new Example ();     //用 new 创建对象 a
8            a.j=3;                  //有效：通过实例访问静态变量
9      Example.j=2;                  //有效：通过类访问静态变量
10           a.i=4;                  //有效：通过实例访问实例变量
11     Example.i=5;                 //出错
12     }
13  }
```

【运行结果】

例 3-1 运行结果如图 3-3 所示。

图 3-3　例 3-1 运行结果

【程序分析】

第 11 句错误：i 是实例变量，不可以通过类访问。

2．类的成员方法

在 Java 语言中，加、减运算，以及接收和显示信息等逻辑处理称为方法。

（1）成员方法定义的一般形式为：

[方法修饰符] <方法返回值类型> <方法名>（[<参数列表>]）

{

方法体

}

（2）成员方法修饰符

主要有 public、private、protected、final、static、abstract 和 synchronized 七种，前三种的访问权限、说明形式和含义与成员变量一致。下面详细讲解后四种方法修饰符。

1）final：最终方法，指该方法不能在其所在类的子类中被重写，即在子类中只能继承该方法，不能自己重写一个同名的方法来代替它。

2）static：静态方法，也称为类方法。在使用这个方法时不需要初始化该方法所在的类。static 类型方法也不能被它的子类所重写。

3）abstract：抽象方法，该方法只有方法说明，没有方法体。方法体由该抽象方法所在类的子类中被具体实现。抽象方法所在的类被称为抽象类。

注意

在一个 static 方法中，只能访问被定义为 static 的类变量和类方法。一个 private 类型的方法最好定义为 final 方法，以避免被它的子类错误地重写。

4）synchronized：同步方法，主要用于多线程程序设计，用于保证在同一时刻只有一个线程访问该方法，以实现线程之间的同步。同步方法是实现资源之间的协商共享的保证方式。就像一个停车场内有多部车辆，但只有一把共享的钥匙。如果几个驾驶员（thread）要使用车辆，就只有一个人可以进去使用，而其余人必须等候，该驾驶员返回并归还钥匙后，下一位驾驶员才能进去使用。前面已对 Java 提供的各种特征修饰符作了说明，见表 3-2。

表 3-2　成员方法特征修饰符

特征修饰符	含　义
abstract（抽象）	修饰类和类的方法。不能用 new 运算符建立对象。
static（静态）	修饰类成员。类的静态成员通过类名访问，无需通过对象名访问
final（终止）	终止类不能有子类。终止变量是常量，终止方法不能被更改
synchronized（同步）	修饰类的方法。适用于多线程编程

（3）方法的返回值类型

在成员方法说明中必须指明方法返回值的类型。如果一个成员方法不需要返回值，则其返回值类型为 void。如果有返回值，用 return 语句来实现，return 语句中返回的数据类型必须与方法说明中的方法返回值类型一致。返回值类型可为任何数据类型。

（4）参数列表

成员方法的参数列表是由逗号分隔的类型及参数名组成，是可选项。

（5）方法体

方法体是一个方法定义的主要部分，包含了所有实现方法功能的 Java 语言程序代码。在方法体中可以定义局部变量，它的作用域仅在方法体内，当方法结束之后，该方法内部的所有局部变量也就失效了。局部变量不能与参数列表中参数名同名，如果一个方法带有名为 i 的参数实现，且方法内又定义一个名为 i 的局部变量，则会产生编译错误。方法体用“{ }”括起来。

【例 3-2】源程序 TestCir.java 定义一个圆类，通过方法得到圆的面积。

```
1    import java.util.Scanner;
2    class Circle{
3      int r;//半径
4      final double PI=3.1415926;//圆周率
5      public double getArea(){
6        return PI*r*r;
7      }
8    }
9    public class TestCir{
10     public static void main(String args[]){
11       Circle cir=new Circle();
12       Scanner sc=new Scanner(System.in);
```

```
13        System.out.println("请输入圆的半径");
14        cir.r=sc.nextInt();
15        System.out.println("圆的面积为："+cir.getArea());
16    }
17 }
```

【运行结果】

例 3-2 运行结果如图 3-4 所示。

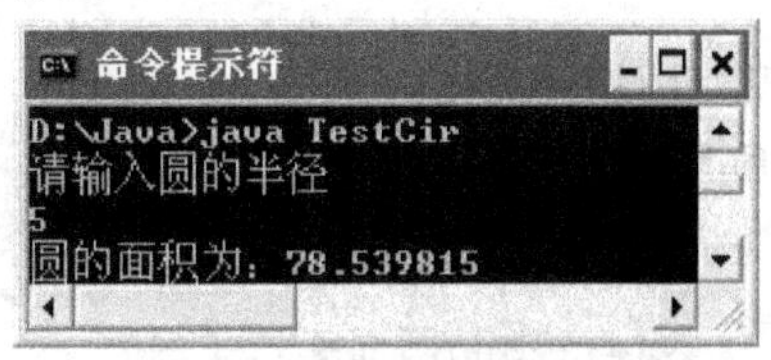

图 3-4 例 3-2 运行结果

【程序分析】

第 5～7 句：定义了一个方法 getArea，访问权限为 public，返回值类型为 double，且利用 return 语句返回面积值.

第 14 句：通过键盘给 r 赋值。

第 15 句：通过对象 cir，调用 getArea 方法得到圆的面积。

3.2.3 构造方法

创建对象时，需要用到构造方法，以对一个类以及变量进行实例化。构造方法是一种特殊的方法，其名称与类名相同。使用和未使用构造方法进行编程的对比见表 3-3。

表 3-3 使用和未使用构造方法进行编程的对比

未使用构造方法的烦人编程	构造方法重复利用的特性

Student Student1=new Student( );
Student.name= "李平";
Student.sex= "女";
Student.number= "1002001";
 	
Student Student2=new Student( );
Student.name= "葛新";
Student.sex= "女";
Student.number= "1002002";
 	
Student Student3=new Student( );
……
	Student (String name,String sex,int number)
	{ this.name=name;
	this.sex=sex;
	this.number=number;)
	}
	Student student1=new Student（"李平", "女", "1002001"）;
	
	Student student2=new Student（"葛新", "女", "1002001"）;

1．构造方法的特点

（1）构造方法没有返回值类型。

（2）构造方法不能从父类中继承。

（3）构造方法可以重载，一个类可以有任意多个构造方法。

（4）构造方法不能直接通过方法名引用，必须通过 new 运算符。

（5）在构造方法中可调用当前类和其父类的构造方法，但必须在方法体的第一条语句。

2．this 与 super 的区别

this 使用当前类的构造方法，super 使用其父类的构造方法。

this 用以指代一个对象自身，它的作用主要是将自己当成对象作为参数，传送给别的对象中的方法。super 可以访问父类的成员变量或方法，采用 super 加上点和成员变量或方法的形式。

【例 3-3】可以为例 3-2 加上构造方法。

```
1   import java.util.Scanner;
2   class Circle{
3     int r;//半径
4     final double PI=3.1415926;//圆周率
5     public Circle(int r){
6         this.r=r;//this 代表本身类
7      }
8     public double getArea(){
9         return PI*r*r;
10    }
11 }
12 public class TestCir1{
13    public static void main(String args[]){
14        Scanner sc=new Scanner(System.in);
15        System.out.println("请输入圆的半径");
16        Circle cir=new Circle(sc.nextInt());
17        System.out.println("圆的面积为："+cir.getArea());
18    }
19 }
```

【运行结果】

例 3-3 运行结果如图 3-5 所示。

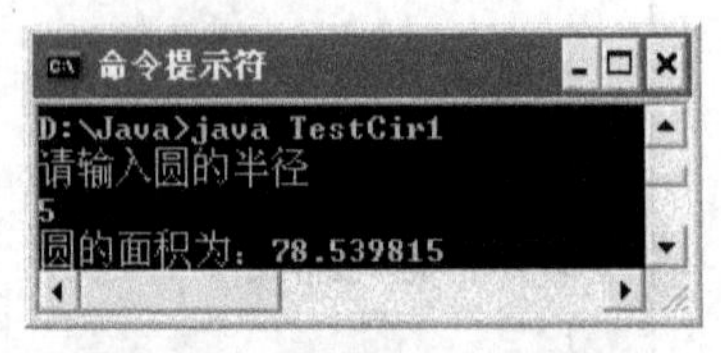

图 3-5　例 3-3 运行结果

【程序分析】

第 5 句：创建了一个有参的构造方法；

第 12 句：类名改为 TestCir1，与例 3-2 的类名 TestCir 区别。

第 16 句：调用构造方法。

3.3 对象

在 Java 语言中，对象是类的一个实例，创建一个对象就是创建类的一个实例，如新建的窗口、对话框、按钮，它们都是一个个的对象。对象即类的实例化。new 运算符用于创建一个类的实例并返回对象的引用。

3.3.1　对象的定义

为类创建对象，然后才能使用类。类只是抽象的数据模型，类对象才是具体可操作的实体。利用对象使用类提供的功能。对象定义形式如下：

```
<类名>  <对象名> = new <类名>（参数 1，参数 2，…）;
```

或者：

```
<类名>  <对象名>;
<对象名> = new <类名>（参数 1，参数 2，…）;
```

创建对象实际执行了三个操作：说明对象、实例化对象和初始化对象。

（1）说明对象

就是给对象命名，也称定义一个实例变量。

一般形式为：<类名> <对象名>；

例如：MethodOverLoad　mo;

　　　double　x;

（2）实例化对象

给对象分配存储空间，用来保存对象的数据和代码。new 运算符用来实现对象的实例化。

一般形式为：<对象名> = new <类名>（参数 1，参数 2，…）;

例如：mo=new MethodOverLoad();

另外，对象说明与分配内存可以一起进行，如上例中，调用构造方法创建一个对象 mo。

（3）初始化对象

例如：MethodOverLoad mo=new MethodOverLoad();

是通过调用该对象所在类的构造方法来实现的。构造方法所带的参数形式确定了对象的初始状态。将 mystring 的初始值为"This is a Test!"的语句如下：

String mystring=new String("This is a Test!")

3.3.2　对象的使用

对象不仅可以使用自己的变量，而且可以使用创建它的类中的方法。对象通过使用“.”运算符，访问对象中的实例变量和实例方法。实际上就是对象的引用，而对象引用就是操作对象实例。

（1）引用对象的变量一般形式：

```
<对象名>. <变量名>
```

（2）引用对象的方法一般形式：

```
<对象名>. <方法名>（[<参数 1>,<参数 1>,…]）;
```

注 意

在进行对象方法的引用时，方法中参数的个数、参数的数据类型与原方法中定义的要一致，否则编译器会出错。

【例 3-4】源程序名 Teacher Test. Java，创建一个教师类。

```
1    /*定义一个类 Teacher*/
2    class Teacher
```

```
3    {
4          private String name;     //定义属性（姓名）
5          private int age;     //定义属性（年龄）
6          public void setName(String name){
7              this.name=name;
8          }
9          public String getName(){
10             return name;
11         }
12         public void setAge(int age){
13             this.age=age;
14         }
15         public int getAge(){
16             return age;
17         }
18         public Teacher()   //Teacher 的无参构造方法
19         {
20               this.name="无名氏";  //引用当前 x
21               this.age=30;  //引用当前 y
22          }
23         public Teacher(String name,int age) //Teacher 的带参构造方法
24         {
25               this.name=name;   //this 指代自己，引用当前 name
26               this.age=age;  //属性 age 等于形参 age
27          }
28         public void introduction(){
29               System.out.println("各位同学，大家好！我叫"+this.name+"我的年龄是
                                  "+this.age+"岁");
30         }
31   }
32   public class TeacherTest{
33         public static void main(String[] args){
34              Teacher teacher1=new Teacher();
35              Teacher teacher2=new Teacher("莉莉",28);
36              teacher1.introduction();
37              teacher2.introduction();
38         }
39   }
```

【运行结果】

例 3-4 运行结果如图 3-6 所示。

图 3-6　例 3-4 运行结果

【程序分析】

第 2～31 句：定义一个类 Teacher，它包括成员变量 name，age 及 2 个构造方法和一个

成员方法自我介绍。

第 6～17 句：是属性的 getter 和 setter 方法，一般为了安全把属性设成私有的，通过为属性添加 getter 和 setter 方法来对属性进行调用。

第 32～39 句：定义测试类 TeacherTest。

第 34，36 句：调用无参构造方法建立对象 teacher1，引用 teacher1 的自我介绍方法。

第 35，37 句：调用有参构造方法建立对象 teacher2，引用 teacher2 的自我介绍方法。

3.4　继承与多态

类的继承、多态是面向对象的两个重要特征。继承就是以原有的类为基础来创建一个新类，从而在 Java 中通过继承实现代码复用。多态是采用同名的方法获得不同的行为特性。在面向对象程序设计中采用多态，可以简化程序设计的复杂程度。

3.4.1　继承性

继承关系是现实世界中遗传关系的直接模拟，即子类可以沿用父类（被继承类）的某些特征。当然，子类也可以具有自己独立的属性和操作。

例如，飞机、汽车和轮船可归于交通工具类，飞机子类可以继承交通工具父类某些属性和操作，并且飞机有别于汽车，具有自己独立的特性。

如果子类只从一个父类继承，则称为单继承；如果子类从一个以上父类继承，则称为多继承。例如，轿车是汽车和客运工具的特殊类。它是从汽车、客运工具两类中继承而来的，因此轿车属于多继承。单继承与多继承的关系如图 3-7 所示，从图中可以清楚地看到，点 E、F 在单继承与多继承的区别。

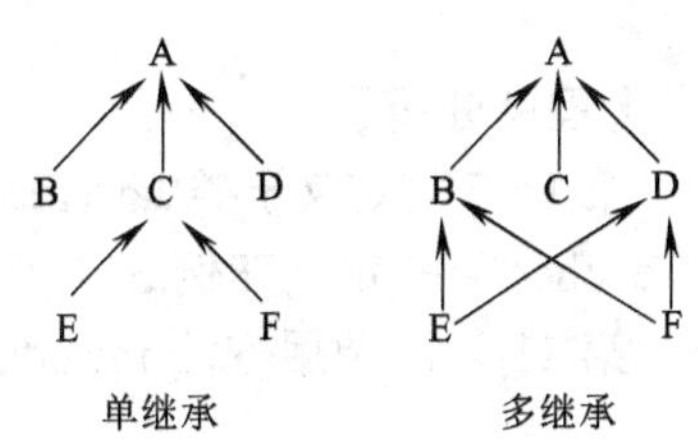

图 3-7　单继承与多继承的关系

Java 只支持单重继承，降低了继承的复杂度，通过接口可以实现多重继承。继承而得到的类称为子类，被继承的类称为父类。子类不能继承父类中访问权限为 private 的成员变量和方法。创建子类格式如图 3-8 所示。

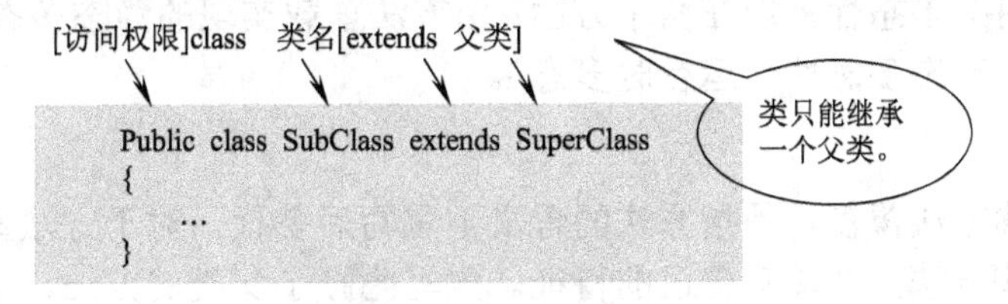

图 3-8　子类格式

利用继承这一特性，可缩短建立类的时间，因为在父类中存在的方法，不需要在子类中重新创建，只需要创建新的方法与新的变量。

注意

子类可以继承父类方法和成员变量，但它不能继承构造方法。一个类要得到构造方法有两种途径：一种是自己定义一个构造方法，另一种是默认的构造方法。

【例 3-5】定义一个 Java Teacher 类，继承 Teacher 类

```
1   class JavaTeacher extends Teacher
2   {
3       public void introduction(){
4           super.introduction();
5           System.out.println("我将为大家讲授 Java 程序设计");
6       }
7   }
8   public class TeacherTest1{
9       public static void main(String[] args){
10          JavaTeacher teacher=new JavaTeacher();
11              teacher.introduction();
12      }
13  }
```

【运行结果】

例 3-5 运行结果如图 3-9 所示。

图 3-9　例 3-5 运行结果

【程序分析】

第 1～7 句定义子类 JavaTeacher。JavaTeacher 中继承了 Teacher 中属性和方法 introduction;（Teacher 类的定义在例 3-4 中定义。）

第 11 句：调用方法 introduction;

3.4.2 多态性

在 Java 语言中，多态性体现在两个方面：由方法重载实现的静态多态性（编译时多态）和方法重写实现的动态多态性（运行时多态）。

1．方法重写

方法重写也称方法覆盖，是指方法的含义被重写后替代。对于方法重写，子类可以重新实现父类的某些方法，并具有自己的特征。重写隐藏了父类的方法，子类通过隐藏父类的成员变量和重写父类的方法，可以把父类的状态和行为改变为自身的状态和行为。

由于子类继承了父类所有的属性（私有的除外），程序中凡是使用父类对象的地方，都可以用子类对象来代替。一个对象可以通过引用子类的实例来调用子类的方法。

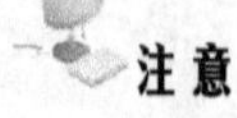

注意

子类中重写的方法和父类中被重写的方法要具有相同的名字，相同的参数表和相同的返回类型，只是函数体不同。

【例 3-6】定义 English 老师

```
1    class EnglishTeacher extends Teacher
2    {
3      String   school;
4      public void introduction(){
5          System.out.println("大家好，我是"+school+"的老师，我叫"+this.getName()+"，
                                现在开始上课。");
6      }
7    }
8    public class TeacherTest2{
9        public static void main(String[] args){
10           Teacher teacher=new EnglishTeacher();
11                  teacher.introduction();
12       }
13   }
```

【运行结果】

例 3-6 的运行结果如图 3-10 所示。

图 3-10　例 3-6 运行结果

【程序分析】

第 4～6 句：子类 EnglishTeacher 重写了父类的方法 introduction。

第 10 句：定义了一个父类的类型，实现了一个子类的实例，这就是多态。

方法重写时应遵循的原则：

（1）改写后的方法不能比被重写的方法有更严格的访问权限（可以相同）。

（2）改写后的方法不能比重写的方法产生更多的例外。

Java 中通过 super 来实现对父类成员的访问，super 用来引用当前对象的父类。super 的使用有三种情况：

（1）访问父类被隐藏的成员变量，如 super.variable;

（2）调用父类中被重写的方法，如 super.Method([paramlist]);

（3）调用父类的构造函数，如 super([paramlist]);

【例 3-7】源程序名为 AutInherit.java，是 super 的使用和父类成员变量的隐藏以及方法重写的实例。

```
1    public class AutInherit
2    {
3      public static void main(String args[])
4      {
5      SubClass subC=new SubClass();
6      subC.member();
7      }
```

```
8   }
9   class SuperClass
10  {
11      int x;
12      SuperClass()
13      {
14        x=0;
15        System.out.println("in SuperClass : x=" +x);
16        }
17        void member()
18        {
19        System.out.println("in SuperClass.member()");
20        }
21  }
22  class SubClass extends SuperClass
23  {
24        int x;
25        SubClass()
26        {
27          super();     //调用父类 superClass 的构造方法
28          x=6;         //super( ) 要放在方法中的第一句
29          System.out.println("in SubClass( ) :x="+x);
30          }
31          void member()
32          {
33          super.member();     //调用父类的方法
34          System.out.println("in SubClass.member()");
35          System.out.println("super.x="+super.x+" sub.x="+x);
36          }
37    }
```

【运行结果】

例 3-7 运行结果如图 3-11 所示。

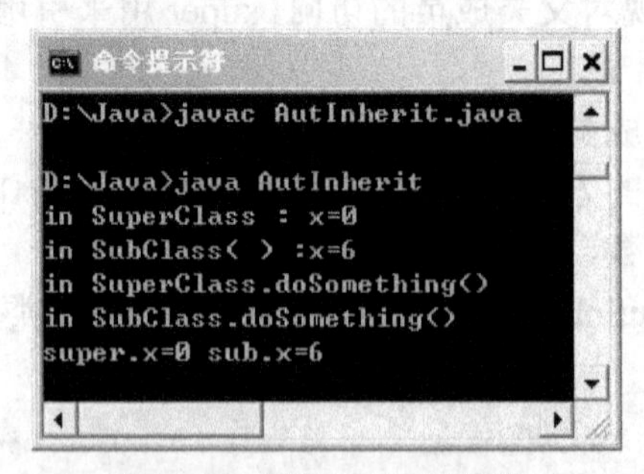

图 3-11　例 3-7 运行结果

【程序分析】

第 1～8 句：定义主程序；

第 9～21 句：定义父类 SuperClass；

第 22～37 句：定义子类 SubClass。

2. 方法重载

方法重载是指同样方法在不同的地方具有不同的含义。方法重载使一个类中可以有多个相同名字的方法。在编译阶段，具体调用哪个被重载的方法，编译器会根据参数的不同来静态确定。

比如说开汽车、开摩托车、开公共汽车、开吉普车，虽然开不同车的驾驶执照要求不同，开车方法也不同，但在日常生活中人们都说成“开车”，而不会说成：以开摩托车的方法开摩托车，以开公共汽车的方法开公共汽车，以开吉普车的方法开吉普车。人们能够根据语言的环境可以明白“开车”的实际的表达含义。在 Java 中，也可以像人们日常说话一样，定义几个名称完全相同的方法，只要方法的参数不同，就可以区分开。如：

```
class OverLoad
{
    void drive (Bus bus)
    {
        System.out.println("we are drivering bus! ");
    }
    void drive (Motor motor)
    {
        System.out.println("we are drivering motor! ");
    }
    void drive (Jeep jeep)
    {
        System.out.println("we are drivering jeep! ");
    }
}
```

以上定义了 3 个名称一样的方法 drive，这种定义的方式叫重载，drive 方法叫重载的方法。

注 意

方法重载是指多个方法可以享有相同的名字，但是，这些方法的参数必须不同，或是参数的数量不同，或是参数的类型不同。Java 编译器会根据参数的个数和类型来决定当前所使用的方法。

【例 3-8】 对例 3-6 类补充。

```
1    class JavaTeacher extends Teacher
2    {
3            public JavaTeacher(String name,int age) {
4               super(name,age);
5      }
6            public void introduction(){
7               super.introduction();
```

```
8                  System.out.println("我将为大家讲授 Java 程序设计");
9                }
10             }
11         class EnglishTeacher extends Teacher
12     {
13       String   school;
14       public EnglishTeacher(String name){
15          this.setName(name);
16          school="计科系";
17       }
18       public EnglishTeacher(String name, String school){
19          this.setName(name);
20          this.school=school;
21       }
22       public void introduction(){
23           System.out.println("大家好，我是"+school+"的老师，我叫"+this.getName()+"，
                           现在开始上课。");
24       }
25   }
26   public class TeacherTest3{
27   public static void main(String[] args){
28   Teacher teacher1=new EnglishTeacher("张娜");
29   teacher1.introduction();
30   System.out.println("****************************");
31   teacher1=new EnglishTeacher("莉莉","外语系");
32   teacher1.introduction();
33   System.out.println("****************************");
34   teacher1=new JavaTeacher("王红",36);
35   teacher1.introduction();
36   }
37   }
```

【运行结果】

例 3-8 运行结果如图 3-12 所示。

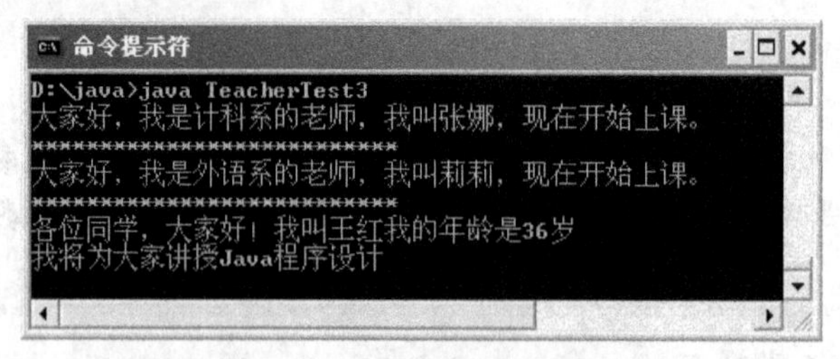

图 3-12　例 3-8 运行结果

【程序分析】

第 4 句：调用父类构造函数。

第 18～25 句：用父类来定义对象，通过 new 不同的子类出现了不同的效果，实现了多态。

第 29 句与 32 句是通过方法重载实现的多态，第 35 句是通过方法重写实现的多态。

3.5　抽象类和接口

在日常生活中，有许多概念是抽象的，这种抽象概念的类没有实例（实物）对照。例如水果是抽象类，它在现实生活中没有具体的实物与之对照。在日常的生活中只有苹果、香蕉、橘子等，它们都是水果的子类，但不是水果的实例。因此，在 Java 中经常需要定义一个给出抽象结构、但不给出每个成员函数的完整实现的类，即抽象类。抽象类是指不能直接实例化对象的类。

所谓抽象方法就是只有方法架构却没有方法内容，即没有具体的代码。定义抽象类的目的就是为了给子类提供一种共同的行为描述，为所有的子类定义一个统一的接口。

3.5.1　抽象类

抽象类必须用 abstract 来修饰，以区别于一般方法。格式如下：

```
abstract class 抽象类{ …} //抽象类
abstract 返回值抽象方法([paramlist]) //抽象方法
```

抽象类必须被继承，抽象方法必须被重写。抽象方法只需声明，无需实现；抽象类不一定要包含抽象方法。若类中包含了抽象方法，则该类必须被定义为抽象类。

【例 3-9】源程序 Abstract.java，一个带有抽象成员函数的类。

```
1   abstract class   A                  //抽象类
2   {
3   abstract void callme( );            //抽象方法
4   void me( )                          //一般方法
5   {
6       System.out.println("在 A 的 me 成员函数里");
7   }
8   }
9   class B extends   A
10  {
11  void callme( )
12  {
13      System.out.println("在 B 的 callme 成员函数里");
14  }
15  }
16  public class Abstract
17  {
18   public static void main(String args[])
19   {
20   A a = new B( );
21   a.callme( );
22   a.me ( );
23   }
24  }
```

【运行结果】

例 3-9 运行结果如图 3-13 所示。

图 3-13　例 3-9 运行结果

【程序分析】

第 1～8 句：定义抽象类 A；

第 3 句在 A 类中声明 callme( )为抽象方法；

第 9 句定义 A 的子类，

第 11 句重载 callme 的方法。

第 20 句在 Abstract 类中生成 B 类的一个实例，并将它的引用返回值给 a。

3.5.2　接口

Java 语言不支持多继承性，即一个子类只能有一个父类，但有时子类需要继承多个父类的特性，因此，引入了接口。

在日常生活中，一个电源插座可以接电视机、计算机、电饭煲等家电。对于插座来说，因为它们都具有与插座相匹配的插头。一个插座无论生产的厂家是哪里的，都会执行相同的规范，因此用户购买到插座都可以使用。在这里用户关心的插座的规范（两相或三相插头），厂家关心的是制造这个插座过程中所执行的规范，并不关心插座用来接电视机或电饭煲；他们只要按照规范生产出来插座，用户就一定可以正常使用。这个规范是由相关部门制定的，这个部门只是制定了规范，但并不管生产是如何进行的。

接口本身类似于制定插座规范的部门，在接口中声明行为规范（体现在编程语言中就是方法的声明，只有声明而没有方法体），生产厂家对应的就是类，也就是说接口是通过类来实现的。

Java 接口（Interface），是一些抽象方法和常量的集合。接口只有方法的特征，而没有实现，这些功能的真正实现是在继承这个接口的各个类中完成的。

3.5.3　接口的定义

编写一个接口时，需要使用关键字 interface 而不是 class。接口定义的一般形式为：

```
[接口修饰符] interface <接口名> [extends <父类接口列表>]
 {
    接口体
 }
```

（1）接口修饰符

接口修饰符为接口访问权限，有 public 和缺省两种状态。

1）public 状态。用 public 指明任意类均可以使用这个接口。

2）缺省状态。在缺省情况下，只有与该接口定义在同一包中的类才可以访问这个接口，而其他包中的类无权访问该接口。

（2）父类接口列表

一个接口可以继承其他接口，可通过关键词 extends 来实现，其语法与类的继承相同。被继承的类接口称为父类接口，当有多个父类接口时，用逗号“,”分隔。

（3）接口体

接口体中包括接口中所需要说明的常量和抽象方法。由于接口体中只有常量，所以接口体中的变量只能定义为 static 和 final 型，在类实现接口时不能被修改，而且必须用常量初始化。接口体中的方法说明与类体中的方法说明形式一样。由于接口体中的方法为抽象方法，所以没有方法体。接口体中方法多被说明成 public 型。

3.5.4 接口的实现

当一个类要为一个接口实现其具体功能时，要使用关键字 implements。一个类可以同时实现多个接口。在类体中可以使用接口中定义的常量，由于接口中的方法为抽象方法，所以必须在类体中加入要实现接口方法的代码。如果一个接口是从别的一个或多个父接口中继承而来，则在类体中必须加入实现该接口及其父接口中所有方法的代码。在实现一个接口时，类中对方法的定义要和接口中的相应方法的定义相匹配，其方法名、方法的返回值类型、方法的访问权限和参数的数目与类型信息要一致。

【例 3-10】是源程序 Interfacetest. java 接口的实例。

```
1    /*定义接口 1*/
2    interface CylinderArea//定义一个接口求圆柱底面积
3    {
4      static final double PI=3.14;     //说明常量
5      public double Area();             //public 状态方法
6    }
7    /*定义接口 2*/
8    interface CylinderDulk //定义一个接口求圆柱体积
9    {
10     double bulk();                    //缺省状态方法
11   }
12   /*定义一个主程序类实现接口*/
13   public class Cylinder implements CylinderArea,CylinderDulk
14   {
15     double r;
16     double n;
17    public Cylinder()    //不带参数构造方法
18    {
19     this.r=0.0;
20     this.l=0.0;
21    }
22    public Cylinder(double r,double l)   //带两个参数的构造方法
23    {
24      this.r=r;
```

```
25        this.l=l;
26        }
27    public double area()       //实现接口方法
28    {
29      return         PI*r*r;   //圆面积公式
30    }
31    public double bulk()     //实现接口方法
32    {
33        return   PI*r*r*l;
34     }
35    public static void main( String args[] )
36    {
37      Cylinder c1=new Cylinder(10.0,6.0);   //创建类对象
38      double arearesult;
39      arearesult=c1.area();
40      double bulkresult;
41      bulkresult=c1.bulk();
42      System.out.println("面积为"+arearesult);
43      System.out.println("体积为"+bulkresult);
44     }
45    }
```

【运行结果】

例 3-10 运行结果如图 3-14 所示。

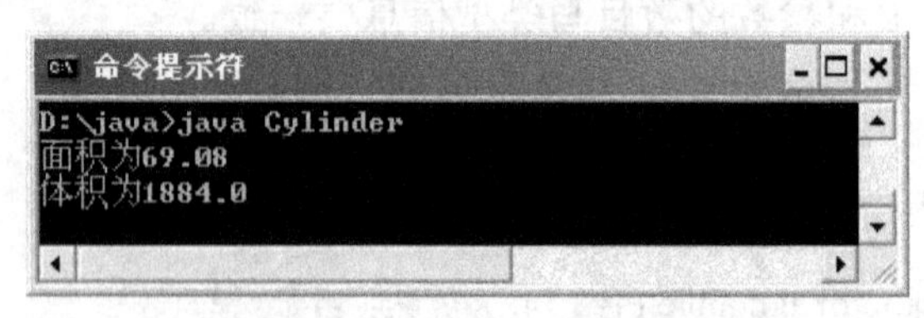

图 3-14　例 3-10 运行结果

【程序分析】

第 2～6 句定义了接口 1，其中定义了常量 PI 和求面积的抽象方法。

第 8～11 句定义了接口 2，其中定义了求体积的抽象方法。

第 13～45 句：主程序中用 implements 引入了两个接口；在类体中实现了两个抽象方法。

**注 意**

接口是一种特殊的类，但与类又存在着本质的区别，类有它的成员变量和成员方法，而接口却只有常量和抽象方法，一个类可以有多个接口。Java 语言通过接口使得处于不同类甚至互不相关的类可以具有相同的行为。

【例 3-11】 通过接口实现多态。

```
1    interface Introduceable
2    {
3      public String detail();
4    }
5    class Printer    //定义一个打印机类
```

```
6   {
7     public void print(String content){
8         System.out.println("开始打印：");
9         System.out.println(content);
10    }
11  }
12  class JavaTeacher2 implements Introduceable
13  {
14    public String detail(){
15        return "我是 Java 老师";
16    }
17  }
18  class EnglishTeacher2 implements Introduceable{
19    public String detail(){
20        return "我是 English 老师";
21    }
22  }
23  public class School   //定义一个学校类可以打印教师信息
24  {
25    private Printer printer=new Printer();
26    public void printed(Introduceable intro){
27      printer.print(intro.detail());
28    }
29    public static void main(String[] args){
30      School school=new School();
31      school.printed(new JavaTeacher2());
32      school.printed(new EnglishTeacher2());
33    }
34  }
```

【运行结果】

例 3-11 运行结果如图 3-15 所示。

图 3-15　例 3-11 运行结果

【程序分析】

第 1～4 句：定义了接口介绍，可以得到教师信息。

第 5～11 句：定义了一个打印机类，可以打印信息。

第 12～22 句：定义了两个教师类的子类，均实现了 Introduceable 接口。

第 26～28 句：定义一个打印教师信息的方法，用 Introduceable 接口做形参。

第 31 句：通过用接口实现类（JavaTeacher2）实现方法 printed 的接口形参，用接口实现了动态多态。

■3.6 包

“包”的机制是 Java 中特有的，其引入的主要原因是 Java 本身跨平台特性的需求。因为 Java 中所有的资源以文件方式组织，并采用了树形目录结构。为了区别于各种平台，Java 中采用“.”来分隔目录。

“包”机制的引入解决了命名空间的问题。在程序中，要求每个类的类名必须不同，以区别其不同的功能，但在大型程序设计中，类太多，类名很容易重名，因此采用“包”机制。包其实就是文件系统中的目录。在同一包中不允许出现同名类，不同包中可以存在同名类。

1. 包的定义

包通过关键词 package 来定义。定义包时，package 语句必须是 Java 语言程序的第一条语句，指明该文件中定义的类所在的包。它的前面只能有注释或空行。一个文件中只能有一条 package 语句。包定义的一般形式为：

```
package <包名 1>. [<包名 2>. [<包名 3>. …]];
```

package 语句通过使用“.”来创建不同层次的包，包的层次对应于文件系统的目录结构。例如：package java.awt.image 表明这个包存储在 java\awt\image 目录中。

在 JDK 环境下创建一个包，需要根据系统目录的具体情况选择不同的命令行参数。编译 Java 程序的命令为：

```
javac  –d  <包的父目录>  <源文件名>
```

使用-d 参数，编译结束后，扩展名为 class 的文件被存储在 package 语句所指明的目录中。通常包名全部用小写字母，这与类名以大写字母开头不同。

例如：

```
package vehicle;
class Bus{…} //类 Bus 装入包 vehicle
class Jeep{…} //类 Jeep 装入包 vehicle
class Truck{…} //类 Truck 装入包 vehicle
```

2. 包的引入

使用关键词 import 语句来引入一个包，使得该包的某些类或所有类都能被直接使用。在 Java 程序中，如果有 package 语句，则 import 语句紧接在其后，否则 import 语句应在程序首位。如果不用 import 语句，则在使用某个包中的类时，需要类的全名来引用，程序显得繁琐。引入 import 语句的一般形式：

```
import <包名 1>[.包名 2[.包名 3…]].(类名|*);
```

【例 3-12】 源程序 Man. java 和 Test Man. java，创建包和引用包的例子。

```
1   package mypackage;
2   public class Man
3   {
4     String name;
5     int age;
6     public Man(String n,int a)
7     {
```

```
8        name=n;
9        age=a;
10     }
11     public void show()
12     {
13      if (age<18)
14      System.out.println(name+"的年龄是"+age);
15     }
16  }
```

//TestMan.java 文件代码

```
1   import mypackage.*;
2   public class TestMan
3   {
4      public static void main(String[] args)
5      {
6       Man test=new Man("李阳",15);
7       test.show();
8      }
9   }
```

【运行结果】

例 3-12 运行结果如图 3-16 所示。

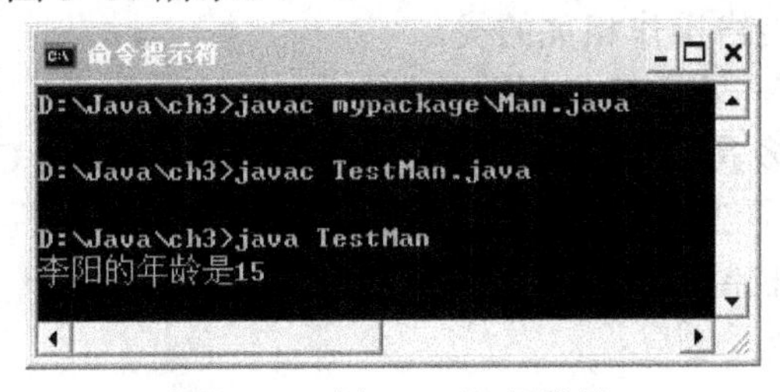

图 3-16 例 3-12 运行结果

【程序分析】

第 1～16 句：创建包 mypackage；文件名为 Man.java；保存到 D:\Java\ch3\mypackage；

在 TestMan.java 文件代码中：建类 TestMan，文件名为 TestMan.java；保存到 D:\Java\ch3。

因为 TestMan 类属于 ch3 包；而 Man 类属于 ch3\mypackage 包，为了在 TestMan 类中能够使用 Man 类的构造方法，必须将 Man 类定义为 public 类型，构造方法和 show( )方法也定义为 public 方法。

注意

在 Java 运行环境中，先选择 Man.java 源文件进行编译，再运行 TestMan.java 即可。

3.7 系统常用类

Java 有一个功能强大的类库，通过类和类的继承机制将类库中的资源组织起来。Java

类库中类的继承层次和包的组织呈树形结构，如图 3-17 所示。它将功能相关的类组织成包，使程序员可以很方便地使用资源库。

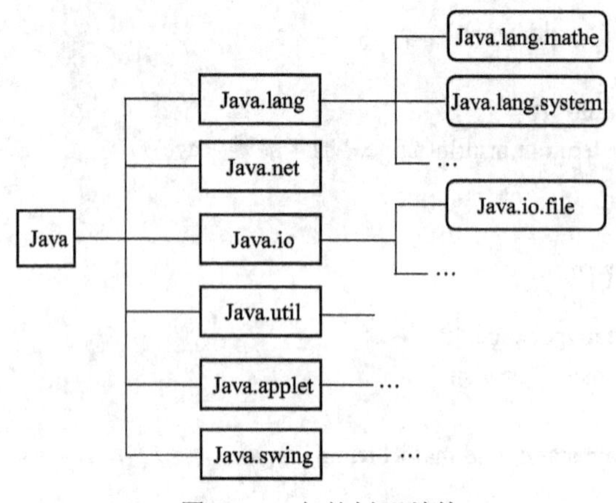

图 3-17　包的树形结构

3.7.1　系统常用包

系统常用包有以下 6 种：

Java.lang 包：主要含有与语言相关的类。

Java.net 包：含有与网络操作相关的类。

Java.io 包：主要含有与输入输出相关的类。

Java.util 包：包括许多具有特定功能的类，有 Arrays、Date、Calendar 和 Stack 等。

Java.swing 包：提供了创建图形用户界面元素的类。

Java.applet 包：含有控制 HotJava 浏览器的类。

3.7.2　Object 类

Object 类是所有 Java 类的祖先，它处于 Java 开发环境的类层次树的根部，所有其他类都是由 Object 类直接或间接派生出来的。如果一个类在定义的时候没有包含 extends 关键字，则编译器会将其建为 Object 类的直接子类。

Object 类的常用方法：

（1）clone ( ) ：生成并返回当前对象的一个拷贝。

（2）equals (Object obj)：比较两个对象是否相同，结果为一布尔值。

（3）getClass( )：返回一个对象在运行时所对应的类的表示，从而得到相关的类的信息。

（4）finalize( )：定义回收当前对象时所需完成的清理工作。

（5）toString( )：返回描述当前对象的字符串信息。

【例 3-13】源程序 ObjectExam.java，是 Object 类的常用方法示例。

```
1    class Rect
2    {
```

```
3       double a,b;
4       Rect(){ a=0.0; b=0.0; } //定义无参数的构造方法
5       Rect(double len, double width) //定义有两个参数的构造方法
6       {
7         a=len;b=width; }
8         double area() { return a*b; }
9       }
10  public class ObjectExam
11  {
12    public static void main(String[ ] args)
13    {
14      Integer a = new Integer(1);
15      Integer b = new Integer(1);
16      Rect c = new Rect (20,5);
17      System.out.println(a.equals(b)); //a=b，返回 true
18      System.out.println("The Object's class is:" + a.getClass());
19      System.out.println(c.toString());
20    }
21  }
```

【运行结果】

例 3-13 运行结果如图 3-18 所示。

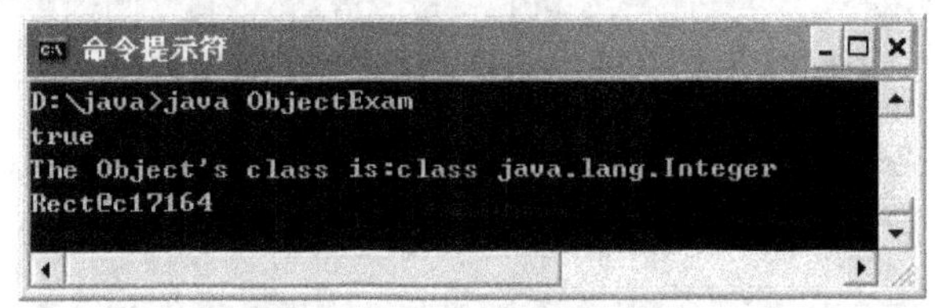

图 3-18 例 3-13 运行结果

【程序分析】

第 1～9 句：定义 Rect 类。

第 10～21 句：Object 类的常用方法。

第 19 句：toString()方法返回的是该对象所对应的类名、一个‘@’符号、一个该对象的 hash 码的无符号十六进制描述。

用户通过重载 toString()方法可以适当地显示对象的信息以进行调试。

3.7.3 Character 类

Character 类的构造方法为：public Character(char value)

Character 类的一些常用方法及其说明 ：

（1）isLowerCase(char ch)：判断指定字符是否为小写字母。

（2）isUpperCase(char ch)：判断指定字符是否为大写字母。

（3）isDigit(char ch)：判断字符是否为数字。

（4）isLetter(char ch)：判断字符是否为字母。

（5）charValue ( )：返回字符变量。

【例 3-14】源程序 Char2.java，是 Character 类的一些常用方法示例。

```
1   public class Char2
```

```
2   {
3     public static void main(String args[ ])
4    {              //构造方法
5     Character ch = new Character('a');
6     char c = ch.charValue();                //返回字符变量
7     if (Character.isUpperCase(c))
8     System.out.println("The character " + c + " is upper case.");
9     else
10    System.out.println("The character " + c + " is lower case.");
11    boolean b = Character.isDigit(c);
12    boolean y= Character.isLetter(c);
13    int x = Character.digit(c,16);     //十六进制中，c 代表 10。
14    System.out.println("b=" + b);
15    System.out.println("y=" + y);
16    System.out.println("x=" + x);
17    }
18  }
```

【运行结果】

例 3-14 运行结果如图 3-19 所示。

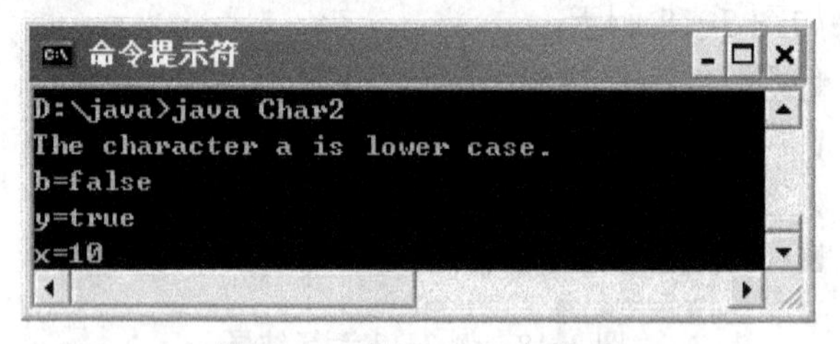

图 3-19　例 3-14 运行结果

【程序分析】

第 5 句：取'a'字符为变量。

第 11～13 句：Character 类的一些常用方法。

第 14～16 句：输出结果。

3.7.4　Integer 类

1．Integer 类有两种构造方法

（1）public Integer(int value)

（2）public Integer(String s) throws NumberFormatException

2．Integer 类的常用类变量及其说明

（1）MAX_VALUE：规定了 int 类型的最大值。

（2）MIN_VALUE：规定了 int 类型的最小值。

3．Integer 类的常用方法及其说明

（1）parseInt(String s)：将字符串 s 转换为带符号十进制整数，结果为 int 类型数值。

（2）valueOf(String s)：将字符串 s 转换为一个 Integer 类对象，该对象对应的 int 类型数值与字符串表示的数值一致。

【例 3-15】源程序名 IntTest .java，是 Integer 类的常用类变量的用法示例。

```
1    public class IntTest
2    {
3       public static void main(String args[ ])
4       {
5       Integer a1 = new Integer(1);
6       Integer a2 = new Integer(1);
7       Integer a3 = new Integer("1");
8       System.out.println("a1 是否等于 a2："+(a1 == a2));
9       System.out.println("a2 是否等于 a3："+(a2 == a3));
10      System.out.println("a1 的值是否等于 a2："+a1.equals(a2));
11      System.out.println("a2 的值是否等于 a3："+a2.equals(a3));
12      int i1=1,i2=1;
13      System.out.println("i1 是否等于 i2："+(i1 == i2));
14      int i3 = Integer.parseInt("66");
15      System.out.println("i3="+i3);
16      }
17   }
```

【运行结果】

例 3-15 运行结果如图 3-20 所示。

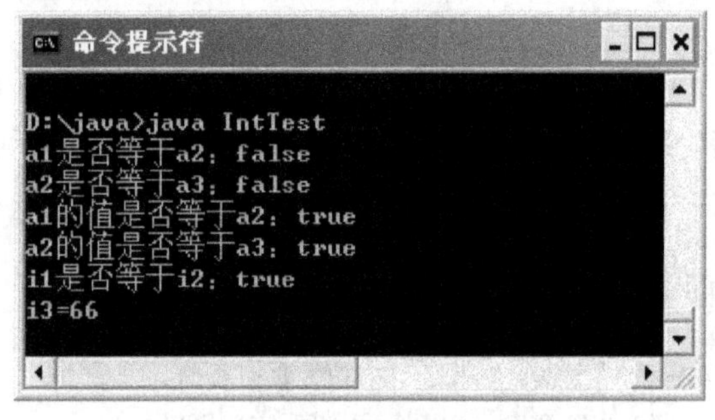

图 3-20　例 3-15 运行结果

【程序分析】

第 5，6，7 句建立实例变量 a1，a2，a3。

第 8，9 句：判断整型实例 a1，a2，a3 是否是一样。

第 10，11 句：判断整型实例 a1，a2，a3 的值是否是一样。

第 12 句：定义两个整型变量。

第 13 句：判断整型变量 i1，i2 是否是一样。

第 14 句：Integer.parseInt（String str）方法可以把字符串 str 转换成整型。

3.7.5　String 类

String 类描述字符串，所有 Java 程序中的字符串变量是作为该类的实例来实现的。

1．String 类提供的构造方法

（1）public String ();

（2）public String (char chars[ ]);

（3）public String (char chars[ ],int startIndex,int numChars);

（4）public String(String value);

（5）public String(StringBuffer buffer);

2．String 类的常用方法及其说明

（1）length( )：字符串的长度。

（2）trim( )：去掉当前字符串中的前导空格和末尾的空格。

（3）substring (int beginIndex)：提取子串，从 beginIndex 位置开始到末尾。

（4）substring (int beginIndex , int endIndex)：提取子串，返回当前字符串的子串，该子串由 beginIndex（包含在内）和 endIndex（不包含在内）之间的字符组成。

（5）replace(char oldChar,char newChar)：将字符串中的所有出现的 oldChar 用 newChar 替换，生成一个新字符串。

（6）charAt(int index)：从字符串中分解字符。返回指定索引位置上的字符。索引范围在 0 与 length() –1 之间。

（7）getChars (int srcBegin,int srcEnd,char dst[ ],int dstBegin)：将当前字符串的部分字符复制到目标字符数组 dst 中。部分字符是指此字符串中从 srcBegin（包含在内）到 srcEnd（不包含在内）之间的字符。复制到目标字符数组中的字符从 dstBegin 位置开始存放。

（8）equals (Object anObject)：字符串是否相等。相等，返回 true，否则返回 false。

【例 3-16】源程序名 StringTest .java，是 String 类的常用方法示例。

```
1   public class StringTest
2   {
3      public static void main(String args[ ])
4      {      //常用方法
5      String s = "   your   ";       //your 前后各有 2 个空格
6      System.out.println("your.length()=" + s.length( ));
7      System.out.println("your.toLowerCase()=" + s.toLowerCase( ));
8      System.out.println("your.toUpperCase()=" + s.toUpperCase( ));
9      System.out.println("your.trim()=" + s.trim( ));
10     System.out.println("your.substring(5)=" + s.substring(5));
11     System.out.println("your.substring(3,5)=" + s.substring(3,5));
12     String news = s.replace('l','t');   //将 s 中所有的'l'替换为't'以生成新串
13     System.out.println("replace all 'l' with 't': "+news);
14     String cde = "cde";
15     System.out.println("abc" + cde);
16     System.out.print("提取字符的结果:");
17     char c = s.charAt(3);
18     System.out.println(c);
19       }
20  }
```

【运行结果】

例 3-16 运行结果如图 3-21 所示。

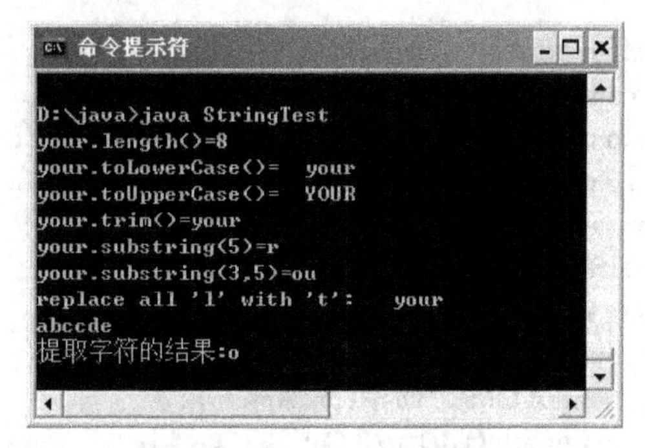

图 3-21　例 3-16 运行结果

【程序分析】

提取字符：提取一个字符，可以使用 charAt 方法；如需提取多个字符，可以使用 getChars 方法。

3.7.6　StringBuffer 类

StringBuffer 类同 String 类一样位于 java.lang 基本包中，因此在使用的时候不需导入语句。用于设计创建和操作动态字符串。当创建一个 StringBuffer 对象时，系统为该对象分配的内存会自动扩展以容纳新增的文本。也可以通过调用 toString()方法将其转换为 String 对象。

1．StringBuffer 类提供了三个构造方法

（1）public StringBuffer()：默认构造器。
（2）public StringBuffer(int length)：设定容量大小。
（3）public StringBuffer (String str)：初始化字符串。

2．StringBuffer 类的常用方法及其说明

（1）append()：将指定参数对象转化成 String，然后追加到当前 StringBuffer 对象的末尾。
（2）Insert()：在字符串指定位置插入值。
（3）delete ()：删除当前 StringBuffer 对象的子串。
（4）replace ()：替换字符子串。
（5）reverse( )：倒置当前 StringBuffer 对象中的字符序列。
（6）setCharAt()：用指定字符替换指定的位置处的字符。
（7）toString( )：将一个可变字符串转化为一个不变字符串。
（8）capacity( )：返回当前 StringBuffer 对象的整个容量。

【例 3-17】源程序名 StringBufferTest .java，是 StringBuffer 类的常用方法示例。

```
1    class StringBufferTest
2    {
3      public static void main(String args[ ])
4      {                    //构造方法
5    StringBuffer s0 = new StringBuffer( );
6    StringBuffer s1 = new StringBuffer(512);
7    StringBuffer s2 = new StringBuffer("Hello!");      //测试长度和容量
8    System.out.println("s0.length()=" + s0.length( ));
```

```
9      System.out.println("s0.capacity()=" + s0.capacity( ));
10     System.out.println("s1.length()=" + s1.length( ));
11     System.out.println("s1.capacity()=" + s1.capacity( ));
12     System.out.println("s2.length()=" + s2.length( ));
13     System.out.println("s2.capacity()=" + s2.capacity( ));
14     StringBuffer s = new StringBuffer("LenonTree");
15     s.setCharAt(2,'m');
16     System.out.println("s=" + s);
17     System.out.println(s.replace(0,5,"Apple"));
18     System.out.println(s.delete(0,5));
19     System.out.println("s.reverse()=" + s.reverse( ));//倒置字符序列
20     StringBuffer st = new StringBuffer("eacher!");
21     boolean b = true;
22     char c = 'T';
23     double d = 3.14159;
24     char e = ',';
25     char f[ ] = {'W','e','l','c','o','m','e','!'};
26     char g = '!';
27     System.out.println("insert a char:" + st.insert(0,c));
28     st.insert(0,e);
29     System.out.println("insert a double:" + st.insert(0,d));
30     st.insert(0,g);
31     System.out.println("insert a Array:" + st.insert(0,f));
32     System.out.println("append a char:" + st.append(c));
33     System.out.println("append a array:" + st.append(d));
34     System.out.println("append a boolean:" + st.append(b));
35       }
36     }
```

【运行结果】

例 3-17 运行结果如图 3-22 所示。

图 3-22　例 3-17 运行结果

【程序分析】

第 8 句显示长度为 0，第 9 句显示容量为 16。

第 15 句：替换，将第 14 句中的“LenonTree”换成“LemonTree”。

第 17 句：将“LemonTree”中的“Lemon”，替换为“Apple”。结果为“Apple Tree”。

第 18 句：删除，将“Apple Tree”中的“Apple”删除。结果为“Tree”。

第 27 句：插入字符。第 32 句是插入的另一种形式，在字符尾部追加。

3.7.7　数学类

Math 类包含许多进行数学计算时用的方法，这个类是 java.lang 包的一部分， Java 会在每个 Java 程序中自动导入这个包。Math 类是 final，因此不能进行派生；它也没有构造器，因此不能构造 Math 对象。Math 类的所有方法都是 static，必须使用如下形式进行调用：

```
Math . 方法名或常量名
```

Math 类有两个常量，见表 3-4。

表 3-4　Math 类的两个常量及其说明

常　量	说　明
Public static final double E	Math.E 是自然对数的底数，值为 2.718281…
Public static final double PI	Math.PI 的值为 3.141 592653…

下面介绍常用的 Math 方法，如果所需的数学函数（如 arctan）在这里没有提到，那么可查阅 Java 的完整文档。

（1）绝对值 abs( )

int abs(int　x)

long abs(long x)

float abs(float x)

double abs(double x)

例如：Math.abs（3）结果为 3，Math.abs（ –4.009）的结果为 4.009。

（2）不小于 x 的最小整数 ceil( )

例如：Math.ceil（3.4）结果为 4.0，Math.ceil（3.0）结果为 3.0，Math.ceil（–2.67）结果为–2.0。

（3）不大于 x 的最大整数　floor ( )

double floor(double x)

例如：Math.floor（3.4）结果为 3.0，Math.floor（3.0）结果也为 3.0，Math.floor（–2.67）结果为–3.0。

（4）三角函数 sin( )，cos( )，tan( )，arcsin( )，arccos( )，arctan( )

double cos(double x)，其中参数用弧度度量。

例如：Math.cos（PI / 3.0）的结果为 0.5。

（5）指数 exp( )

double　exp（double　x），其中 exp 代表 Math.E。返回参数的自然对数值，参数必须大于 0。

（6）返回两个参数中比较大的一个 max( )

（7）返回两个参数中比较小的一个 min( )

（8）随机数 random ( )

返回 0 （包含）到 1（不包含）之间均匀分布的随机数。

（9）四舍五入 round( )

把参数四舍五入到最接近的整数值，例如：Math.round（2.5）结果为 3； Math.round（2.49）结果为 2。

（10）平方根 sqrt( )

【例 3-18】程序名为 MathTest.java，用于测试 Math 类的常用数学函数。

```
1  class MathTest
2  {
3      public static void main(String args[ ])
4      {
5          System.out.println("Math.E=" + Math.E);
6          System.out.println("Math.PI=" + Math.PI); //三角函数和反三角函数
7          System.out.println("sin(pi/2)=" + Math.sin(Math.PI/2));
8          int i = (int)(Math.random( ) * 10) + 1; //求 1~10 之间的一个随机数
9          System.out.println("i=" + i);  //其他常用方法
10         System.out.println("exp(1)=" + Math.exp(1));
11         System.out.println("sqrt(" + 25 + ")=" + Math.sqrt(25));
12         System.out.println("power(" + 2 + "," + 8 + ")=" + Math.pow(2,8));
13         System.out.println("abs(-8.2)=" + Math.abs(-8.2));
14         System.out.println("max(" + 2 + "," + 8 + ")=" + Math.max(2,8));
15         System.out.println("min(" + 2 + "," + 8 + ")=" + Math.min(2,8));
16         }
17     }
```

【运行结果】

例 3-18 运行结果如图 3-23 所示。

图 3-23　例 3-18 运行结果

【程序分析】

因为 Math 类中的方法全部是静态的，所以可直接利用类名调用。

3.8 本章小结

本章以“面向对象的基本特征”为主线介绍了 Java 中面向对象的基本知识。学习类的定义，类的构造器的作用、方法的声明与实现、重载的型构；对象的创建、包的创建和使用；接口的定义及实现。

继承是 OOP 语言代码复用的重要手段，合理的继承关系在减少工作量的同时也提高了系统的可扩展性。继承的目的是实现、扩展和重载，重载（overload）是多态性的根源。

接口与抽象的区别：①关于继承，Java 语言不支持多重继承，也就是说一个子类只能有一个父类，但个子类可以实现多个接口；②接口比抽象类具有更广泛的应用，也提供了更多的灵活性；③接口内不能有实例字段，但抽象类中可以有实例字段及实现了的方法；④接口内的方法自动为 public 型，但在抽象类中的抽象方法必须手动声明其访问标识符。

3.9 知识测试

3-1 判断题

1. 若类 A 和类 B 位于同一个包中，则除了私有成员，类 A 可以访问类 B 的所有其他成员。（ ）
2. 类体中 private 修饰的变量在本类中能访问，类生成的对象也能访问。（ ）
3. 一个类中，只能拥有一个构造方法。（ ）
4. 在 Java 程序中，通过类的定义只能实现单重继承。（ ）
5. 一个 String 类的对象在其创建后可被修改。（ ）

3-2 选择题

1.（ ）是一个特殊的方法，用于对类的实例变量进行初始化。
A. 终止函数　B. 构造函数　C. 重载函数　D. 初始化函数
2. 修饰的变量是所有同一个类生成的对象共享的修饰符是（ ）。
A. public　B. private　C. static　D. final
3. 下列哪个类声明是正确的（ ）。
A. abstract final class H1 {…}　B. abstract private move ( ) {…}
C. protected private number;　D. public abstract class Car {…}
4. 继承性使（ ）成为可能，它不仅节省开发时间，而且也鼓励人们使用已经验证无误和调试过的高质量软件。
A. 节省时间　B. 软件复用
C. 软件管理　D. 延长软件生命周期
5. 在运行时才确定调用哪一个方法，这叫做（ ）绑定。
A. 静态　B. 动态　C. 自动　D. 快速

3-3 请写出下面程序的运行结果

```
public class Test extends TT
```

```
{
 public static void main(String args[])
 {
   Test t = new Test("Tom");
}
public Test(String s)
{
  super(s);
  System.out.println("How do you do?");
  }
public Test()
{
  this("I am Tom");
  }
}
  class TT{
  public TT(){
  System.out.println("What a pleasure!");
  }
  public TT(String s){
     this();
     System.out.println("I am "+s);
     }
  }
  结果：________
```

3-4 编程

设计一个长方形类，成员变量包括长和宽。类中有计算面积和周长的方法，并有相应的 set 方法和 get 方法设置和获得长和宽。编写测试类测试是否达到预定功能。要求使用自定义的包。

3-5 问答题

1. 什么是类成员，什么是实例成员？它们之间有什么区别？

2. 什么是继承？什么是父类？什么是子类？继承的特性可给面向对象编程带来哪些好处？

3. 什么是单重继承？什么是多重继承？

第4章　异常处理

学习目标

- 掌握抛出异常、自定义异常。
- 理解异常处理机制、异常处理方式。
- 了解异常的定义、异常处理的特点。

重点

- 掌握异常处理的使用方法。
- 定义自己的异常类。

难点

- 异常处理的正确使用，即异常处理的条件。

开发人员都希望编写出的程序代码一切正常，没有错误，但这是不现实的。程序有语法错误(Systax Error)、执行错误(Runtime Error)、逻辑上的错误(Logic Error) 3 种错误。如何处理错误，把错误交给谁去处理，程序如何从错误中恢复，这是本章所讲的主要问题，即 Java 中的异常处理机制。

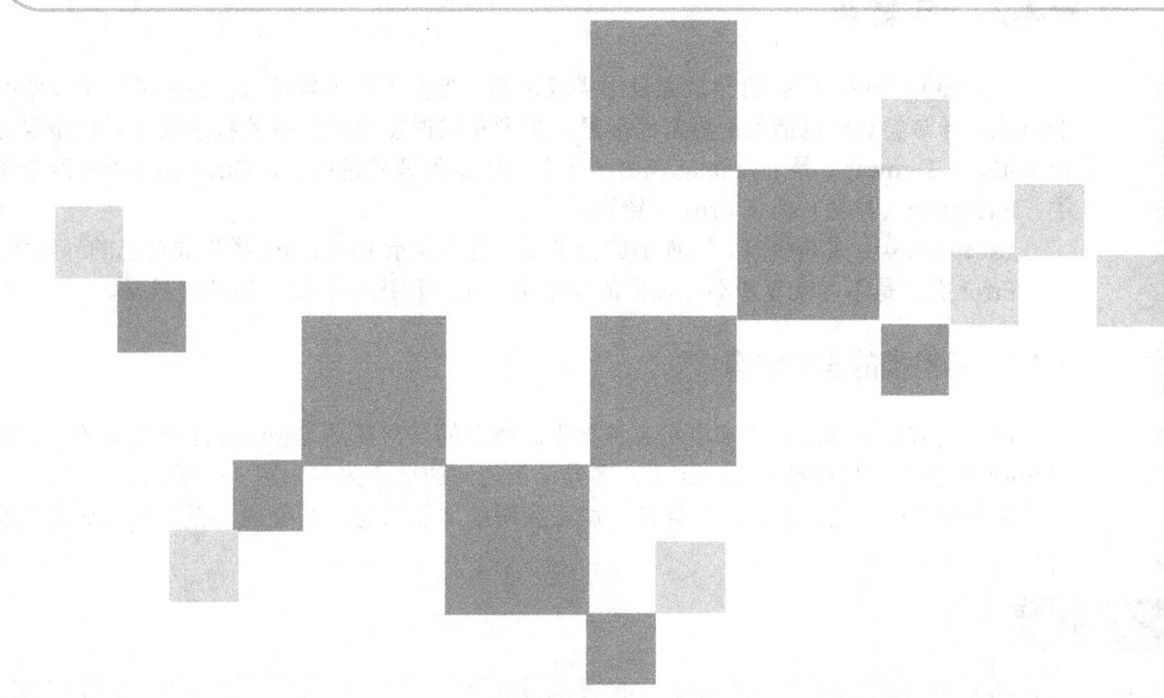

4.1 异常处理的概念

异常（Exception）就是一个运行错误。在不支持异常处理的计算机语言中，错误必须被人工进行检查和处理，这显然麻烦而低效。为了处理程序运行时所产生的异常情况，Java 提供了程序员监视并获得这些异常情况的机制，称为异常处理。错误处理机制可确保不对系统造成破坏，保证程序运行的安全性和强健性。

通过异常处理机制，可减少编程人员的工作量，增加程序的可读性。对比下面的程序：

一段伪码	加入条件语句的伪码	加入 Java 异常机制的伪码

{
输入数据 x;
5/x;
}
	{
	输入数据 x;
	if (x= =0)
	{ 提示输入数据有误;
	}
	else
	5/x;
		try{
		输入数据 x;
		5/x;
		}
		catch(ArithmeticException e)
		{ System.out.println(e);
		}

当 x 输入为 0 时，就造成程序无法正常进行，需增加条件语句

根据统计：如果不使用 Java 提供的异常机制，考虑异常代码平均会增加 4 倍工作量

通过异常处理，编写出的 Java 语言程序既短又易理解，在任何一种错误出现时，能直接转向异常处理程序，处理完成后再返回正常程序继续执行。同时避免代码膨胀现象。

总之，异常处理机制是：一旦出现异常，可以由运行的方法或虚拟成一个异常对象。它包含异常事件的类型以及发生异常时程序的状态等信息。

4.2 异常类

在 Java 语言中，所有的异常都是用类表示的。当程序发生异常时，会生成某个异常类的对象。异常类对象包括关于异常的信息、类型和错误发生时程序的状态以及对该错误的详细描述。Throwable 是 java.lang 包中一个专门用来处理异常的类。Throwable 类有两个子类：Exception（异常）类和 Error（错误）类。

Exception 类：是可恢复、可捕捉的异常类，也可继承 Exception 类生成自己的异常类。

Error 类：是不可恢复和不可捕捉的异常类，用户程序不需要处理这类异常。

4.2.1 异常类的层次结构

Java 语言用继承的方式来组织各种异常。所有的异常都是 Throwable 类或其子类，而 Throwable 类又直接继承于 object 类，各异常类之间的继承关系如图 4-1 所示。

如果程序中可能产生非运行异常，就必须明确地加以捕捉并处理，否则就无法通过编

译检查。与非运行异常不同的是，错误（Error）与运行异常（RuntimeException）不需要程序明确地捕捉并处理。

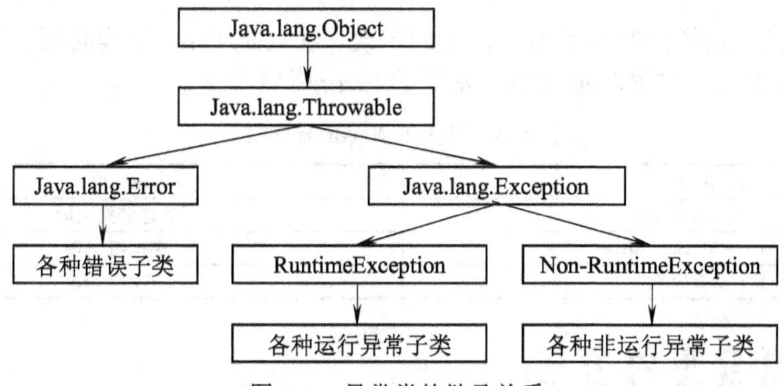

图 4-1　异常类的继承关系

4.2.2　Exception 类及其子类

Exception 类分为 RuntimeException（运行异常）类和 Non-RuntimeException（非运行异常）类两大类。

1．运行异常

运行异常表现在 Java 运行系统执行过程中的异常，它是指 Java 程序在运行时发现的由 Java 解释抛出的各种异常，包括算术异常、下标异常等。几种常见的运行异常见表 4-1。

表 4-1　几种常见的运行异常

异 常 类 名	功 能 说 明	异 常 类 名	功 能 说 明
ArithmeticException	除数为零的异常	NoClassDelFoundException	未找到类定义异常
IndexOutOfBoundsException	下标越界异常	FileNotFoundException	指定的文件没有发现
ClassCastException	类型转换异常	IOException	输入输出错误
ArrayIndexOutOfBoundsException	访问数组元素的下标越界异常	NullpointerException	访问一个空对象中的成员时产生的异常

2．非运行时异常

非运行时异常是由编译器在编译时检测是否会发生在方法的执行过程中的异常。非运行异常是 Non-RuntimeException 及其子类的实例，可以通过 throws 语句抛出。

Java 在其标准包 java.lang、java.util、java.io、java.net 中定义的异常类都是非运行异常类。常见的非运行异常见表 4-2。

表 4-2　常见的非运行异常

异 常 类 名	功 能 说 明	异 常 类 名	功 能 说 明
ClassNotFoundException	指定类或接口不存在的异常	ProtocolException	网络协议异常
IllegalAccessException	非法访问异常	SocketException	Socket 操作异常
IOException	输入输出异常	MalformedURLException	统一资源定位器（URL）的格式不正确的异常
FileNotFoundException	找不到指定文件的异常		

4.2.3 Error 类及其子类

Error 类定义了正常情况下不希望捕捉的错误。在捕捉 Error 子类时要多加小心，因为它们通常在出现灾难性错误时被创建。常见的 Error 异常类见表 4-3。

表 4-3 常见的 Error 异常类

异 常 类 名	功 能 说 明
LinkageError	动态链接失败
VirtualMachineError	虚拟机错误
AWTError	AWT 错误

4.3 异常处理的方法

异常处理的方法有两种：一种方法是通过 throws 和 throw 抛出异常；另一种方法是使用 try…catch…finally 结构对异常进行捕获和处理。

4.3.1 异常的产生

通过下面两个引例来认识异常的产生。

【例 4-1】源程序名为 Abnormality1.java，是一个出现语法异常现象的例子。

```
1  import java.io.*;
2  public class Abnormality1
3     public static void main(String args[])
4     {
5        int a=2;
6        System.out.println("a="+a);
7     }
8  }
```

【运行结果】

例 4-1 运行结果如图 4-2 所示。

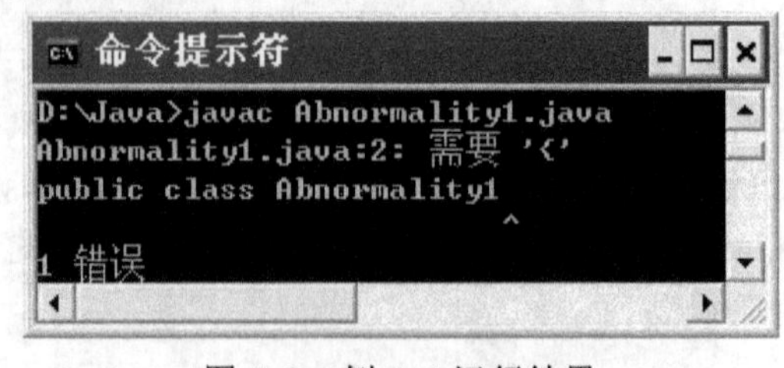

图 4-2 例 4-1 运行结果

【程序分析】

显示信息指出程序有错误，产生异常，指明在程序第 2 句的 Abnormality1 后面少了一个左大括号“{”。这是一种语法错误，凡是语法错误，都属于编译错误，在编译时，由编译器指出。

【例 4-2】源程序名为 Abnormality2.java，是一个因除数为零而产生异常现象的例子。

```
1  Class Abnormality2
```

```
2  {
3      public static void main(String args[])
4      {
5       int a=3,b=0;
6       a=15/b;
7       System.out.println("a="+a);
8       }
9  }
```

【运行结果】

例 4-2 运行结果如图 4-3 所示。

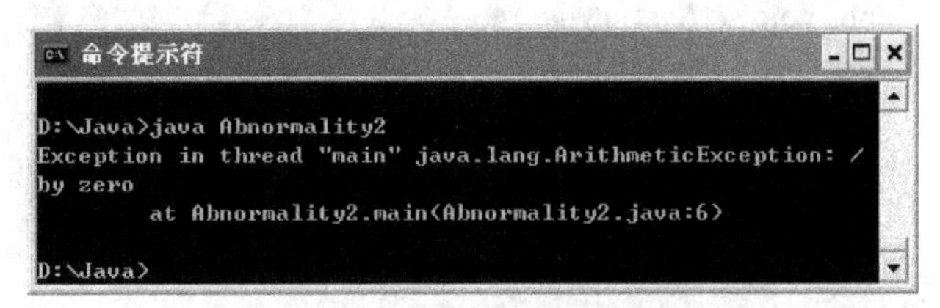

图 4-3　例 4-2 运行结果

【程序分析】

第 6 句：除数为零。运行此程序时必然会发生除零溢出的异常事件，使程序无法继续运行。程序流将会在除号操作符处被打断，然后检查当前的调用堆栈来处理异常。

例 4-1 和例 4-2 都有异常产生。对于程序中的异常，有一些由 Java 语言来指出，如例 4-1 中的语法类错误；有一些则应由编写人处理，如例 4-2 中，必须对它进行处理，否则编译程序时会指出错误。从这两个例子来理解异常，可认为异常是在程序编译或运行中所发生的可预料或不可预料的事件，它的出现会导致程序的中断，影响程序正常运行。

4.3.2　抛出异常

抛出异常也就是在 Java 中，创建一个异常对象并把它送到运行系统的过程。在抛出异常后，运行系统将寻找合适的方法来处理异常。如果产生的异常类与所处理的异常类一致，则认为找到了合适的异常处理方法。如果运行系统找遍了所有方法而没有找到合理的异常处理方法，则运行系统将终止 Java 程序的运行。异常处理也叫做捕捉异常。

1．抛出异常：throw

我们把生成异常对象，并将它提交给运行时系统的过程称为抛出异常。抛出异常对象的语法如下：

```
throw new 异常类名( );
```

或

```
异常类名 对象名 =new 异常类名( );
throw 对象名;
```

例如，抛出一个异常 IOException：

```
throw new IOException;
```

throw 语句会中断程序流的执行，其后的语句将不会被执行。系统会检测离 throw 最近的 try 块，看是否存在与 throw 语句抛出的异常类型相匹配的 catch 语句。如果找到匹配的 catch 语句，则控制转到 catch 语句中。如果没找到，则检测下一个 try 块，并且一直检测下去。如果到最后仍没有找到匹配的 catch 语句，则这个程序将被中断。下面的程序产生并抛出了一个异常，捕捉到这个异常的处理又抛出一个异常到外部调用方法的处理中。

【例 4-3】抛出异常例子。

```
1   public class Student
2   {
3     int age;
4      public void setAge(int age ){
5         if(age<13||age>30){
6            try{
7               throw new Exception("学生年龄必须在 13 到 30 之间");
8            }catch(Exception e){
9                e.printStackTrace();
10           }
11        }
12     }
13     public static void main (String[] args)
14     {
15        Student    student=new Student();
16        student.setAge(100);
17     }
18  }
```

【运行结果】

例 4-3 运行结果如图 4-4 所示。

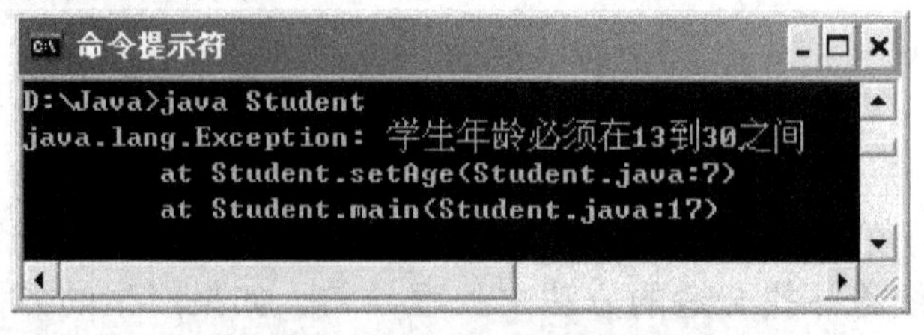

图 4-4　例 4-3 运行结果

【程序分析】

第 7 句：抛出异常，在第 6～10 句进行了异常处理

2．声明抛出异常 throws

在方法中声明一个异常是在方法的头部表示的。利用关键字 throws，表示该方法在运行中可能抛出的异常。throws 语句的一般格式：

```
[方法修饰字] 返回类型 方法名称 （[参数列表]）[throws 异常 1[, 异常 2]...]
```

例如：

```
public void MyMethod() throws IOException
```

如果一个方法可能抛出一个异常而它自己又没有处理方法，那么异常处理的任务就交给调用者去完成，此时，必须在方法声明中包括 throws 子句，以便该方法的调用者捕捉该异常。一个 throws 子句列出了一个方法可能抛出的异常类型。

下面的程序试图抛出一个它不捕捉的异常，因为这个程序没有指定一个 throws 子句来声明抛出异常，所以程序不能编译通过。

【例 4-4】修改例 4-3。

```
1   public class Student_1
2   {
3     int age;
4       public void setAge(int age ) throws Exception {
5         if(age<13||age>30){
6           throw new Exception("学生年龄必须在 13 到 30 之间");
7         }
8       }
9       public static void main (String[] args)
10      {
11        Student_1 student=new Student_1();
12        try{
13          student.setAge(100);
14        }catch(Exception e){
15          e.printStackTrace();
16        }
17      }
18  }
```

【运行结果】

例 4-4 运行结果如图 4-5 所示。

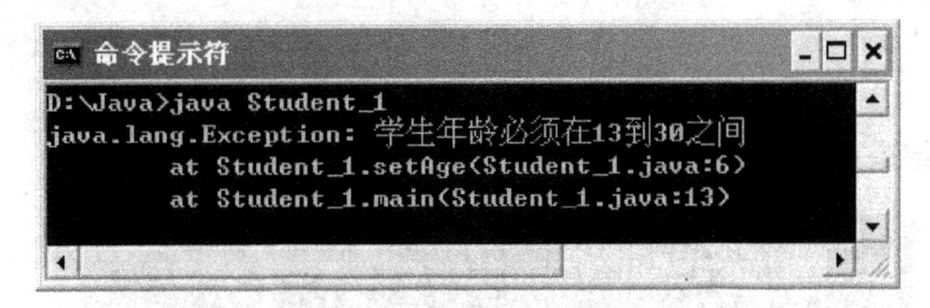

图 4-5　例 4-4 运行结果

【程序分析】

第 4 句，对方法中抛出的异常进行了声明。

第 12～16 句，对包含异常声明的方法进行了异常处理。

注意

当一个方法中有抛出异常时，可以直接对抛出的异常进行捕获处理，也可以在方法头部进行声明，当调用该方法时再进行捕获。一个方法中可以抛出多个异常。

4.3.3　异常处理语句

异常处理是通过 try…catch…finally 语句实现的。其语法为：

```
try{正常程序段，可能抛出异常；}
catch (异常类 1　异常变量 1)　{捕捉异常类 1 有关的处理程序段；}
```

```
catch (异常类 2   异常变量)2    {捕捉异常类 2 有关的处理程序段；}
……
finally{退出异常处理程序段；}
```

异常事件发生在程序运行时，这个阶段由 JVM 来检测，如果不希望发生异常事件，就必须遵从委托机制（JVM 检测）。委托机制可分成两个步骤。

（1）把可能发生异常事件的程序代码放在 try 区块内，这样即便发生异常事件，JVM 也不会直接显示默认的错误信息，而会执行下列（2）的对应结果。

（2）将要处理的结果放在对应的 catch 区块内，当 try 区块内的程序代码发生异常事件时，JVM 就会执行对应的 catch 区块。

【例 4-5】源程序名 Abnormality3.java，捕捉例 4-2 中的异常。

```
1    public class Abnormality3
2    {
3        public static void main(String args[])
4        {
5          try{
6                int a=3,b=0;
7                a=15/b;
8                System.out.println("a="+a);
9                }
10               catch(ArithmeticException e){
11               System.out.println("除数为 0："+e);
12               }
13         }
14   }
```

【运行结果】

例 4-5 运行结果如图 4-6 所示。

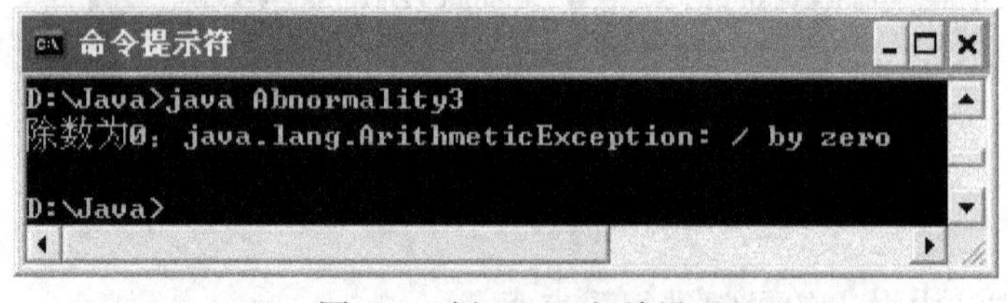

图 4-6　例 4-5 运行结果

【程序分析】

第 10～11 句，使用了 catch 语句对 try 代码块中可能出现的异常事件进行处理。

finally

不论在 try 代码块中是否发生了异常事件，finally 代码块中的语句都会被执行。因此，通常在 finally 语句中可以进行资源的清除工作，如关闭打开的文件、删除临时文件等。finally 区块不能单独存在，必须为 try-catch-finally。

【例 4-6】源程序名 MultiAbnormality. java，是一多异常处理的例子。

```
1    public class MultiAbnormality
2    {
3      static void Disp(int   n)
4      {
```

```
5          int a=1,b=0;
6          int arr[ ]=new int[3];
7          switch(n)
8           {
9               case 0: arr[5]=20; break;
10              case 1: a=15/b;break;
11            }
12        }
13   public static void main(String args[ ])
14   {
15       int i;
16       for(i=0;i<2;i++)
17         {
18          try{
19              System.out.println("i="+i);
20              Disp(i);
21            }
22        catch(ArrayIndexOutOfBoundsException e)
23          {
24            System.out.println("数组下标越界异常："+e);
25          }
26        catch(ArithmeticException e)
27          {
28           System.out.println("除数为零异常！");
29          }
30       finally
31          {
32        System.out.println("执行 finally 代码块！");
33          }
34       }
35    }
36 }
```

【运行结果】

例 4-6 运行结果如图 4-7 所示。

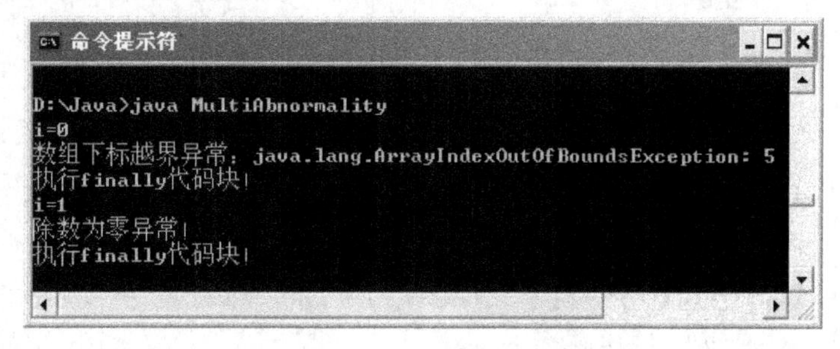

图 4-7　例 4-6 运行结果

【程序分析】

在 main()方法中循环执行两次，执行第一次循环时，调用 Disp()方法中的第一个分支语句，产生除数为零的异常；执行第二次循环时，调用 Disp()方法中的第二个分支语句，会产生访问数组元素的下标越界异常。

4.4 创建自己的异常类

尽管 Java 的内部异常可以处理大多数的一般错误，但有时还要创建自己的异常类型来处理特定的情况。实际上，定义自己的异常类非常简单，只需要定义一个 Exception 类的子类就可以。

Exception 类并没有定义它自己的任何方法，它继承了 Throwable 类提供的方法，所以，任何异常，包括自己建立的异常，都继承了 Throwable 定义的方法，也可以在自定义的异常类中覆盖这些方法中的一个或多个方法。其一般形式为：

```
class 自定义异常类名 extends Exception
{ 异常类体 }
```

【例 4-7】源程序名 DispAbnormality.java，创建自己的异常类。

```
1  class Myself extends Exception
2  {
3   int num=0;
4     Myself()
5     {
6       num++;
7      }
8     String show(){
9     return "自己的异常，编号:"+num;}
10 }
11 public class DispAbnormality
12 {
13    static void Disp(int n) throws Myself
14     {
15       System.out.println("n="+n);
16       if(n<100)
17       {
18           System.out.println("不产生异常！");
19           return;
20        }
21       else
22       {
23        throw new Myself ();
24        }
25   }
26   public static void main(String args[])
27   {
28    try {
29         Disp (50);
30         Disp (150);
31        }
32    catch(Myself e)
33     {
34       System.out.println("捕捉到异常是："+e.show());
35     }
36   }
```

```
37 }
```

【运行结果】

例 4-7 运行结果如图 4-8 所示。

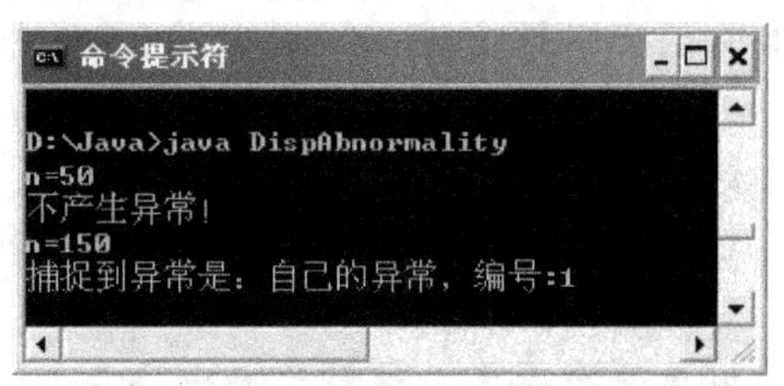

图 4-8　例 4-7 运行结果

【程序分析】

第 1～10 句：自己创建的异常类。在使用上和 Java 所提供的异常类一样，因此，只要根据前面所介绍的异常使用方法，就可以使用自己创建的异常类了。

4.5　本章小结

本章涵盖了异常处理的基本概念和过程，讨论异常处理机制、抛出异常、捕获异常及用户自定义异常，对各种 Error 和 Exception 进行了举例说明。

Java 语言把那些可预料的和没有预料的出错称为异常，并为其提供统一的程序出口。异常作为一种对象，在程序运行出错时被创建。异常处理指的是对程序运行时出现的非正常情况进行处理，是 Java 语言处理程序出错的有效机制。Java 将异常处理内嵌到产生异常的方法中，强迫编程时使用它，否则编译很难通过，这有助于出错处理标准化。Java 异常处理机制的目标，是用最少的程序代码，换来健壮的软件系统，提高程序的容错性。

Java 的异常处理基于 3 种操作：抛出异常、声明异常、捕获异常。需要强调的是：对于非运行时异常，程序中必须要作处理，或者捕获异常，或者声明异常；对于运行时异常，程序中可不处理。

throw 与 throws 的区别是 throw 代表动作，表示抛出一个异常的动作，用在方法实现中，只能用于抛出一种异常；而 throws 代表一种状态，代表方法可能有异常抛出，用在方法声明中，可以抛出多个异常。

在 try 语句块的执行过程中没有出现异常，程序就会跳过与 try 相关的 catch 子句，但是如果在 try 语句出现了异常，并且其后紧跟与异常类型相兼容的 catch 子句，那么程序的控制权立即就会从 try 语句块中传递给相应的 catch 子句。

Catch 从句的排列要注意，应该将最特殊的排在最前面，依次逐步一般化。

4.6　知识测试

4-1　判断题

1. 类和方法一般可以实现满足所有用户需要的错误处理。　　　(　　)
2. 当资源不再需要时，一个执行程序却不能恰当地释放它，就会出现资源泄露。　　　(　　)

3. 发出一个异常一定会使程序终止。 （ ）

4. Java 异常处理适用于方法检查到一个错误却不能解决它的场合，这时该方法会抛出一个异常，但不能保证会有一个异常处理程序恰好适合于处理此类异常。 （ ）

5. 程序员把可能产生异常的代码封装在一个 try 块中，try 块后面只能跟一个 catch 块。 （ ）

6. 如果在 try 块之后没有 catch 块，则必须有 finally 块。 （ ）

7. 如果在 try 块中没有抛出异常，则跳过 catch 块处理，执行 catch 块后的第 1 条语句。 （ ）

8. 执行 throw 语句表示发生一个异常，这称为抛出异常。 （ ）

9. 抛出异常后，控制执行 try 块后适当的 catch 块处理程序（如果存在）。 （ ）

4-2　单项选择题

1. 跳过 try 块的异常处理程序，程序在最后一个（ ）块后开始执行。

   A. finally　B. catch　C. finally 或 catch　D. 任意

2. （ ）对象一般是 Java 系统中的严重问题。

   A. Error　B. Exception　C. Throwable　D. 任何

3. （ ）块可以防止资源泄露。

   A. finally　B. catch　C. finally 或 catch　D. 任意

4. 下面选项中的（ ）异常处理不是 Java 中已预定好的。

   A. ArithmeticException　B. NullPointerException

   C. SecurityException　D. ArrayOutOfLengthException

4-3　简答题

1. 列出五种常见的异常。
2. 异常没有被捕获将会发生什么？
3. 编写一个程序，以说明 catch（Exceptione）如何捕获各种异常。
4. throws 的作用是什么？
5. 下面的代码有错误吗？

```
class ExceptionExam{…}
throw new ExceptionExam();
```

6. 根据创建自定义异常类的使用格式，编写一个自定义异常的小程序。

第 5 章　Applet 程序设计

学习目标

- 掌握：Applet 的运行机制。
- 理解：Applet 的生命周期。
- 了解：Applet 声音和图像的使用。

重点

- 理解：Java Applet 程序的运行机制。
- 掌握：Java Applet 程序的生命周期中的方法。

难点

- Java Applet 程序中的方法使用。

Java Applet，即 Java 小程序，它是一种嵌入在网页文件中的 Java 字节码程序。由于在网络上传输，Applet 程序往往很短小，其源文件扩展名为.java，编译后文件扩展名为.class。Applet 使得 Web 页面内容更加丰富，充满活力，正因如此，Java 语言迅速成长为 Internet 时代网络编程的主流语言。

Applet 程序的执行方式与 Application 完全不同。每一 Application 以 main（ ）方法为入口点运行，而 Applet 程序要嵌入到 HTML 文件中，使用 appletviewer 工具或浏览器执行。大多数主流的浏览器如 IE、Netscape 都支持 Java 技术，它们本身包含有 Java 虚拟机，专门负责解释执行 Java Applet 程序。

Applet 程序的显示功能是由 paint( )方法实现的。paint( )方法是类 Applet 的一个成员方法，其参数是图形对象 Graphics，通过调用对象的 drawString( )方法就可以显示输出，而 Java Application 程序中的 system.out.println 在 Applet 程序中不起作用。

5.1 Applet 的生命周期和 Applet 的方法

Applet 的生命周期中有四个状态：初始态、运行态、停止态和消亡态。当 Applet 程序所在的浏览器图标化或者是转入其他页面时，该 Applet 程序马上执行 stop()方法，Applet 程序进入停止态；在停止态中，如果浏览器又重新装载该 Applet 程序所在的页面，或者是浏览器从图标中复原，则 Applet 程序马上调用 start()方法，进入运行态；当然，在停止态时，如果浏览器关闭，则 Applet 程序调用 destroy()方法，进入消亡态。

5.1.1 Applet 类的层次关系

Applet 类位于 java.applet 包中，是一个图形类。Applet 类在 Java 类的层次关系如图 5-1 所示。

Panel 是 Applet 类的父类，因此 Applet 类继承了 Panel 的特性，Panel 类是一个用于进行图形用户界面的类，本书将在后续章节中介绍。与 Panel 不同的是，Applet 类是一个可以运行的类，创建 Applet 子类就可以运行 Applet 应用程序。

Applet 类提供了 applet 及其运行环境之间的标准接口。Applet 类是 Panel 的子类，则 Applet 也是一种容器，可以当做 AWT 布局的开始。Applet 默认的布局为流（flow）布局管理器。Component，Container 和 Panel 类的方法被 Applet 类继承了下来。

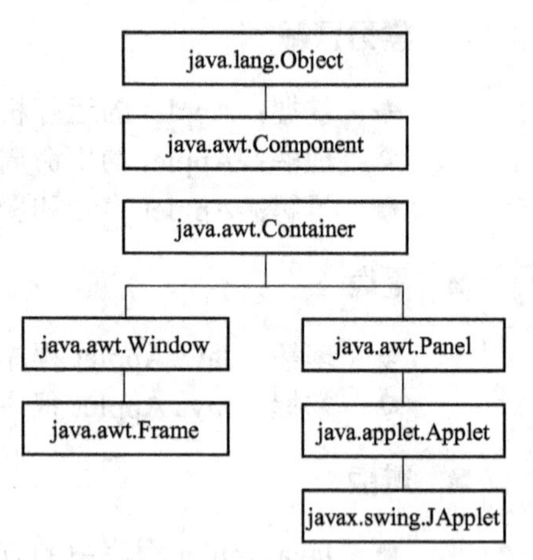

图 5-1　Applet 类的层次关系

JApplet 类是 java.applet.Applet 的子类，它添加了对 Swing 组件架构的支持。JApplet 包含一个 JRootPane 作为其唯一子类。contentPane 应该是 JApplet 任何子类的父类。具体使用方法可以参考 Swing 组件的 API 使用说明。

5.1.2 Applet 的创建

以下程序段创建了一个名为 MyJavaApplet 的小程序，其中 MyJavaApplet 类是 Applet 的子类：

```
import java.applet.*;   //引入 applet 包
public class MyJavaApplet extends Applet
{
……
}
```

说明：

（1）主类必须是 Applet 的子类，是 public 类型的，应以与类名一致的文件名存盘。

（2）Applet 是 Panel 的子类，因此可以在 Applet 上添加组件，设计图形用户界面，使得用户可以在 Web 页面中进行交互操作。

（3）Applet 是由浏览器调用的，不需要 main 方法。

5.1.3　Applet 的生命周期

Applet 的生命周期有四个主要方法：init()，start()，stop()和 destroy()。

1．初始化：init()

格式为：public void init()

当 Applet 所在网页第一次被加载或重新加载时调用此方法，并且仅执行一次，实现获取 Applet 的运行参数、加载图像或图片、初始化全程变量等。

2．启动：start()

格式为：public void start()

当 Applet 所在网页第一次被加载或重新加载时，执行完 init()方法后，start()就自动开始执行，使 Applet 成为“活动”的。当浏览器在链接到另一个 URL 后又重新返回其所在的网页时，start()会再执行一遍。与 init()方法不同的是 start()方法在小应用程序的整个生命周期中可以被调用多次，用于启动小应用程序的执行。此方法是 Applet 应用程序的主要部分。

3．停止：stop()

格式为：public void stop()

该方法在生命周期中可以被多次调用。每当用户离开 Applet 所在网页、使该网页变成不活动状态或最小化浏览器时执行。如果浏览器又回到此页，则 start()又被调用来启动 Java Applet。Applet 通常用该方法使声音和动画这些耗用系统资源的工作停止，避免影响系统的运行速度。如果用户在小程序中设计了播放音乐的功能，而没有在 stop()方法中给出停止播放它的有关语句，那么当离开此页去浏览其他页时，音乐将不能停止。如果没有定义 stop()方法，则当用户离开 Java Applet 所在的页面时，Java Applet 将继续使用系统的资源。若定义了 stop()方法，则可以挂起 Applet 的执行。

4．删除：destroy()

格式为：public void destroy()

当包含 Applet 的页面被关闭时，destroy()方法由浏览器或 appletviewer 自动调用，通知此 Applet 它正在被回收。可以使用 destroy()方法清除 Applet 占用的资源。在实际应用中，这个方法很少被重载，因为一旦 Applet 运行结束，Java 系统会自动清除它所占用的变量空间等资源。该方法是父类 Applet 中的方法，不必重写这个方法，直接继承即可。

总之，当 start()方法运行时，Applet 在浏览器上成为可视化的；stop()方法运行时，Applet 在浏览器上成为不可视化的。也就是说，start()和 stop()两个方法构成了 Applet 生命周期中的可视化周期，占据 Web 浏览器页面。换句话说：从调用 init()方法，Applet 开始运行，到调用 destroy()方法，Applet 停止运行，回收资源，这个流程称为 Applet 的生命周期。如图 5-2 所示。

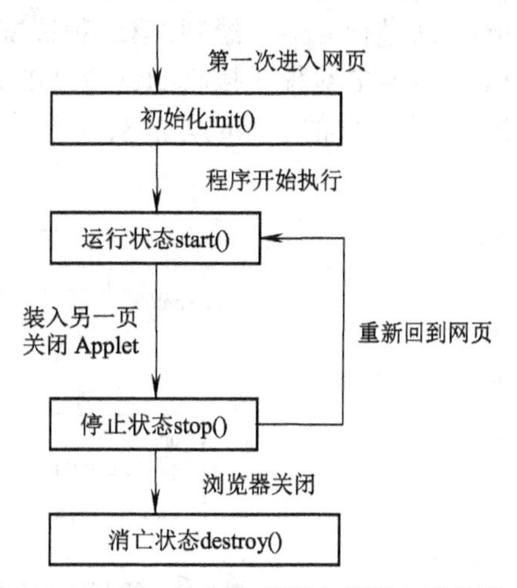

图 5-2　Applet 的生命周期内调用方法的流程

5.1.4 Applet 类的显示方法

Applet 本质上是图形方式的，System.out.println()是没有用的，可以创建 paint()方法绘图。只要刷新 Applet 的显示，paint()方法就会被调用。

1．绘图：paint()方法

格式为：public void paint(Graphics g)

Applet 类的此方法用于绘制容器。paint()方法带有一个参数，它是 java.awt.Graphics 类的一个实例，用于在 Applet 中绘图或写入文本。Graphics 类是所有图形上下文的抽象基类，允许应用程序可以在组件以及闭屏图像上进行绘制。

public abstract void drawString(String str, int x, int y)

Graphics 类的此方法使用此图形上下文的当前字体和颜色绘制由 string 给定的文本。最左侧字符的基线位于此图形上下文坐标系统的（x，y）位置处。

str：要绘制的 string。

x：*x* 坐标。

y：*y* 坐标。

2．重绘：repaint()方法

格式为：public void repaint()

Applet 类的此方法用于重绘组件。当用户使用 repaint()方法时，将导致下列事情发生：程序首先清除 repaint()方法以前所画的内容，然后再调用 repaint()方法。

改变显示可调用 repaint()。repaint()将会产生一个调用 update()的 AWT 线程。

3．更新：update(Graphics g)方法

格式为：public void update(Graphics g)

Applet 类的此方法用于更新容器。update 方法通常清除当前的显示并调用 paint()。

paint()，update()和 repaint()方法间的内在关系如图 5-3 所示。在 Applet 中，Applet 的显示更新由一个专门的 AWT 线程控制。该线程主要负责两种情况的处理：第一种情况是在 Applet 的初次显示或浏览器窗口大小发生变化，而引起 Applet 的显示发生变化时，将调 paint()方法进行 Applet 绘制；第二种情况是 Applet 代码需要更新内容，从程序中调用 repaint()方法，则 AWT 线程在接收到该方法的调用后，将调用 Applet 的 update()方法，而 update()方法再调用构件的 paint()方法实现显示的更新。

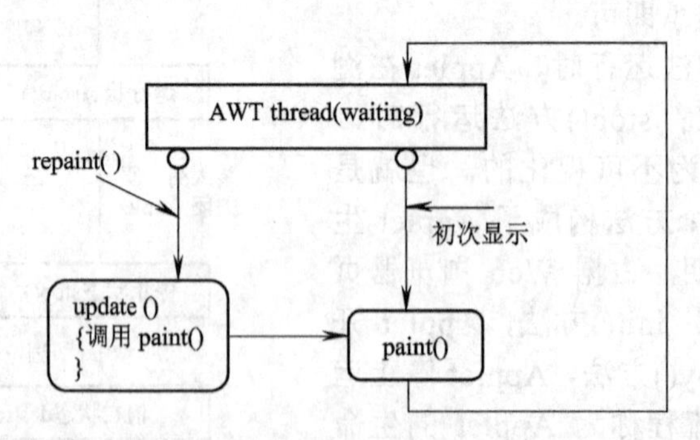

图 5-3　paint()，update()和 repaint()方法间的内在关系

5.2 Applet 标记

运行 Java Applet 时必须将其字节码嵌入到 HTML 文件中才能够运行。<HTML>和</HTML>这一对标记标志着 HTML 文件的开始和结束。若在 HTML 文件中嵌入 Java Applet，需要通过使用一组特殊标记<APPLET>和</APPLET>。

嵌入 Java Applet 标记的完整语法：

```
<APPLET
[ARCHIVE= archiveList]
CODE= appletFile. class
WIDTH= pixels height= pixels
[CODEBASE= codebaseURL ]
[ALT= alternateText ]
[NAME= appletInstanceName ]
[ALIGN= alignment ]
[VSPACE = pixels ] [HSPACE= pixels ]
>
[<PARAM NAME= appletAttribute1 VALUE= value >]
[<PARAM NAME= appletAttribute2 VALUE= value >]
. . .
[alternateHTML]
</APPLET>
```

语法说明：

ARCHIVE=archiveList：可选属性，描述了一个或多个含有将被“预装”的类和其他资源的 archives。类的装载由带有给定 codebase 的 AppletClassLoader 的一个实例来完成。archiveList 中的 archives 以逗号（，）分隔。

CODE=appletFile.class：必选属性，它给定了含有已编译好的 Applet 子类的文件名。也可用 package.appletFile.class 的格式来表示。这个文件与要装入的 HTML 文件的基 URL 有关，它不能含有路径名。

WIDTH=pixels height=pixels：必选属性，它给出 Applet 显示区域的初始宽度和高度（以像素为单位），不包括 Applet 所产生的任何窗口或对话框。

CODEBASE=codebaseURL：可选属性，指定了 Applet 的基 URL——包含有 Applet 代码的目录。如果这一属性未指定，则采用文档的 URL。

ALT=alternateText：可选属性，指定了当浏览器能读取 Applet 标记但不能执行 Java Applet 时要显示的文本。

NAME=appletInstanceName：可选属性，为 Applet 实例指定有关名称，从而使得在同一页面上的 Applet 可找到彼此（以及互相通信）。

ALIGN=alignment：可选属性，指定了 Applet 的对齐方式。它的可取值与 HTML 中 IMG 标记的相应属性基本相同，为：left，right，top，texttop，middle，absmiddle，baseline，bottom 和 absbottom。

VSPACE=pixels hspace=pixels：可选属性，指定了在 Applet 上下（vspace）及左右（hspace）的像素数目。其用法与 IMG 标记的 vspace 和 hspace 属性相同。

<PARAM NAME=appletAttribute1 VALUE=value>：可选属性，提供了一种可带有由

“外部”指定数值的 Applet，它对一个 Java 应用程序的作用与命令行参数相同。

Applet 用 getParameter()方法来存取它们的属性。

alternateHTML：可选属性，不支持 Java 程序执行的浏览器将显示被包括在<APPLET>和</APPLET>标记之间的任何常规的 HTML；而可支持 Java 技术的浏览器则忽略介于这两个标记之间的 HTML 代码。

【例 5-1】嵌入 Applet 小程序的 HTML 文件典型示例。

```
1    <HTML>
2    <HEAD>
3         <TITLE>Applet Program</TITLE>
4    </HEAD>
5    <BODY>
6         <APPLET code=AppletTest.class    width=300 height=300>
7         </APPLET>
8    </BODY>
9    </HTML>
```

【程序分析】

1．<HTML>和</HTML>标记表示 HTML 文件的开始和结束，<HEAD>和</HEAD>标记表示 HTML 文件标题的开始和结束，<BODY>和</BODY>标记表示 HTML 文件主体的开始和结束。

2．<APPLET>和</APPLET>标记表示嵌入程序名为 AppletTest.class 的小程序。

3．本例为嵌入 Applet 小程序的 HTML 文件典型示例，本书中的 Applet 小程序示例，均省略说明嵌入 Applet 的 HTML 文件，读者可参考本例自行编写。

5.3 Applet 通信

Applet 与 Java 应用程序不同的是还得另外编写一个 HTML 文件将该字节码嵌入其中；再将此字节码文件和 HTML 文件保存在 Web 服务器的特定路径下。当 WWW 浏览器请求 HTML 文件时，首先将 HTML 文件下载到 WWW 浏览器，若 HTML 中嵌入 Applet，WWW 浏览器再向 WWW 服务器请求下载 HTML 中指定的 Applet 字节码，下载 Applet 字节码后，WWW 浏览器使用内嵌的 Java 解释器解释执行 Applet，显示运行结果，如图 5-4 所示。

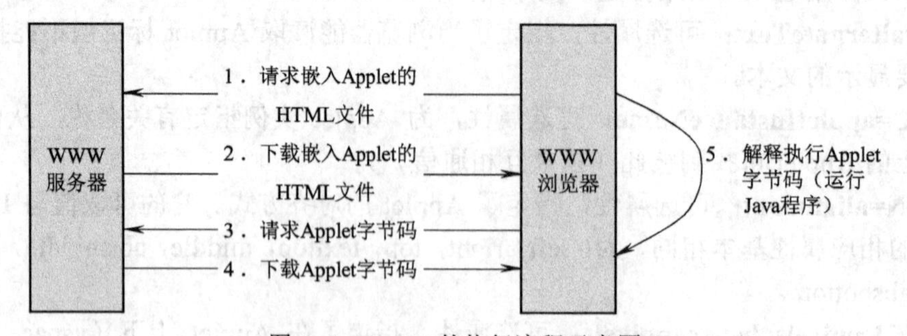

图 5-4 Applet 的执行流程示意图

Applet 与 Applet 之间以及 Applet 与网页之间可以进行通信。在嵌入 Applet 小程序的

HTML 标记<APPLET>和</APPLET>时，至少应该包含 3 个参数：CODE，HEIGHT，WIDTH。在<APPLET>和</APPLET>标记中加入<PARAM>标记，可以从 HTML 文件中传递参数给 Applet 小程序。

5.3.1　同一页 Applet 之间的通信

同一页 Applet 之间的通信方法是：通过调用 Applet 类的 getAppletContext( )可得到当前 Applet 的 AppletContext 对象，再调用该对象的 getApplet (String name)可得到名字为 name 的 Applet 对象。若调用 getApplets（），可得同一网页内所有的 Applet 对象。

【例 5-2】同一页的两个 Applet 之间的通信示例。

//BeiJing.java 源程序

```
1    import java.awt.*;
2    import java.awt.event.*;
3    import java.applet.*;
4    public class BeiJing extends Applet
5    {
6        Panel panel1=new Panel();
7        TextArea textArea1=new TextArea();
8        Label label1=new Label("我在北京，向上海发消息：");
9        TextField textField1=new TextField();
10       Button button1=new Button("发送");
11       GridLayout gridLayout1 = new GridLayout();
12       public void init()
13      {
14       this.setLayout(gridLayout1);
15       textArea1.setColumns(20);
16       textArea1.setRows(1);
17       textArea1.setText("从上海收到的消息：\n");
18       button1.addActionListener(new java.awt.event.ActionListener()
19           {public void actionPerformed(ActionEvent e)
20           {button1_actionPerformed(e);}});
21            textField1.setColumns(20);
22            gridLayout1.setColumns(1);
23            gridLayout1.setRows(2);
24            this.add(panel1,null);
25            panel1.add(label1,null);
26            panel1.add(textField1,null);
27            panel1.add(button1,null);
28            this.add(textArea1,null);
29             }
30        public String getAppletInfo()
31        {
32            return "我是"+this.getParameter("'name");
33         }
34        void button1_actionPerformed(ActionEvent e)
35        {
36            Applet recv;
37            recv=this.getAppletContext().getApplet("上海");
```

```
38                ((ShangHai)recv).receive(textField1.getText());
39              }
40                public void receive(String msg)
41            {
42                textArea1.append(msg+"\n");
43
44              }
45    }
```

//ShangHai.java 源程序

```
1     import java.awt.*;
2     import java.awt.event.*;
3     import java.applet.*;
4     public class ShangHai extends Applet
5     {
6         Panel panel2=new Panel();
7         TextArea textArea2=new TextArea();
8         Label label2=new Label("我在上海，向北京发消息：");
9         TextField textField2=new TextField();
10        Button button2=new Button("发送");
11        GridLayout gridLayout2 = new GridLayout();
12    public void init()
13    {
14            this.setLayout(gridLayout2);
15            textArea2.setColumns(20);
16            textArea2.setRows(1);
17            textArea2.setText("从北京收到的消息：\n");
18        button2.addActionListener(new java.awt.event.ActionListener()
19            {public void actionPerformed(ActionEvent e)
20                {button2_actionPerformed(e);}});
21            textField2.setColumns(20);
22            gridLayout2.setColumns(1);
23            gridLayout2.setRows(2);
24            this.add(panel2,null);
25            panel2.add(label2,null);
26            panel2.add(textField2,null);
27            panel2.add(button2,null);
28            this.add(textArea2,null);
29            }
30        public String getAppletInfo()
31        {
32            return "我是"+this.getParameter("'name");
33        }
34
35        void button2_actionPerformed(ActionEvent e)
36        {
37          Applet recv;
38          recv=this.getAppletContext().getApplet("北京");
39          ((BeiJing)recv).receive(textField2.getText());
40          }
41          public void receive(String msg)
```

```
42          {
43                  textArea2.append(msg+"\n");
44            }
45    }
```

//hello.html 源程序

```
1     <HTML>
2     <HEAD>
3         <TITLE>applet  示例</TITLE>
4     </HEAD>
5     <BODY>
6         <APPLET CODE="BeiJing.class" width=300 height=150 name="北京">
7           </APPLET>
8         <APPLET CODE="ShangHai.class" width=300 height=150 name="上海">
9           </APPLET>
10    </BODY>
11    </HTML>
```

【运行结果】

例 5-2 运行结果如图 5-5 所示。

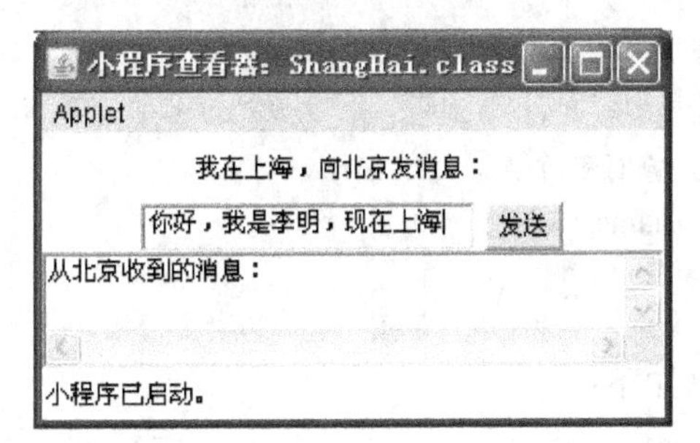

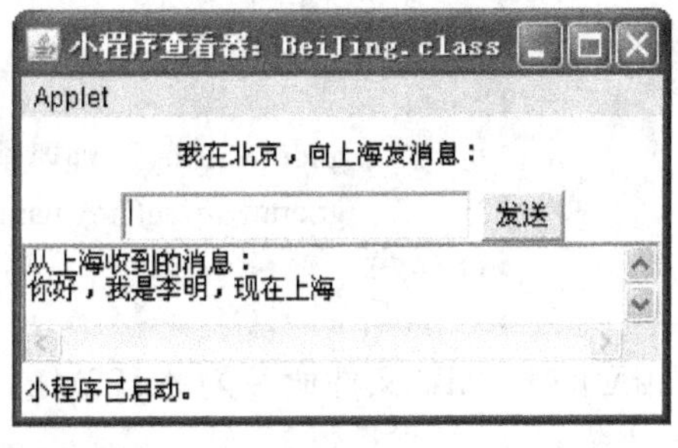

图 5-5　例 5-2 运行结果

【程序分析】

将 BeiJing.class 嵌入到 HTML 中运行，在“我在北京，向上海发消息”对应的文本框中输入文字信息，单击文本框旁边的“发送”按钮，“从北京收到的消息”文本域中就会显示相应的文字。同样，在“我在上海，向北京发消息”对应的文本框中输入文字信息，单击文本框旁边的“发送”按钮，“从上海收到的消息”文本域中就会显示相应的文字。

5.3.2　Applet 与浏览器之间的通信

Applet 与浏览器之间的通信是通过传递参数实现的，传递参数时使用的＜PARAM＞标记格式为：

```
<PARAM NAME=name VALUE=values>
```

其中，NAME 是参数名，VALUE 是参数值，参数值是要传递给 Applet 小程序的逻辑的字符串。

在 Applet 小程序中读取参数的方法是 getParameter()，该方法一般是在 init()方法中被调用。getParameter()方法的一般语法格式为：

```
public String getParameter(String name)
```

getParameter()方法将根据参数名获取参数值，并存放在 String 里再返回。若无参数，该方法获取的值是 null。为了防止这种情况发生，可以在程序中使用以下方法控制：

```
String s=getParameter("ParamName");
if (ParamName= =null)
ParamName="";
```

【例 5-3】 Applet 与浏览器之间的通信示例，源程序名为 A. java。

```
1    import java.applet.Applet;
2    import java.awt.*;
3    public class A extends Applet
4    {
5         String name;
6         public void init()
7           {
8              name=getParameter("myName");
9           }
10   public void paint(Graphics gr)
11   {
12        gr.drawString(" 师傅领进门，修行在个人。",25,30);
13        gr.drawString("my name is :"+ name,50,50);
14     }
15   }
```

//相应的 HTML 文件命名为 A.HTML，代码如下：

```
<HTML>
 <HEAD>
<TITLE> </TITLE>
 </HEAD>
 <BODY>
   <Applet code="A.class"    width="300" height="200">
         <param name="myName" Value="王洪"></Applet>
 </BODY>
</HTML>
```

【运行结果】

例 5-3 运行结果如图 5-6 所示。

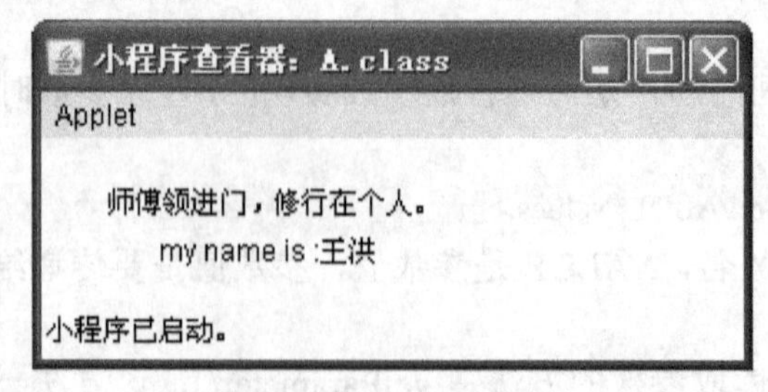

图 5-6　例 5-3 运行结果

【程序分析】

第 8 句用于将传递过来的参数 myName 接收并赋值给 name。

HTML 文件中的<param name="myName" Value="王洪">用于传递参数名 myName，对应的参数值为王洪。

5.4　Applet 程序示例

本节将展示 Applet 的运行控制及生命周期，实现程序见例 5-4。

【例 5-4】源程序 ShApplet. Java。

```
1     import java.applet.Applet;
2     import java.awt.*;
3     public class ShApplet extends Applet
4     {
5         String initnum="";
6         String startnum="";
7         String paintnum="";
8         String stopnum="";
9         String destorynum="";
10        public void init()
11       {
12         initnum=initnum+"init"+" ";
13        }
14        public void start()
15        {
16         startnum =startnum+"start"+" ";
17        }
18        public void stop()
19        {
20         stopnum=stopnum+"stop"+" ";
21        }
22        public void paint(Graphics g)
23        {
24          paintnum=paintnum+"paint"+" ";
25          String printstring=
                              initnum+startnum+paintnum+stopnum+destorynum;
26          g.drawString(printstring,50,50);
27        }
28        public void destory()
29        {
30         destorynum=destorynum+"destory"+" ";
31        }
32    }
```

//建立相应的 HTML 文件命名为 ShApplet. HTML，代码如下：

```
<HTML>
```

```
<APPLET CODE= ShApplet.class WIDTH=200 HEIGHT=100></APPLET>
</HTML>
```

【程序分析】

程序定义了 5 个字符串型对象 initnum，startnum，paintnum，stopnum，destorynum，用来显示 init()，start()，paint(Graphics g)，stop()和 destroy()方法的调用次数和调用时机。

当程序开始运行时，按照 Applet 程序的生命周期，首先 init()方法运行，initnum 的值发生改变，接着 start()和 paint(Graphics g)方法运行，startnum 和 paintnum 的值发生改变。只要某一方法被调用，对应的字符串值就会发生相应的改变。通过相应值可以判断出各个方法的运行次数。

将该源文件进行编译，生成字节码文件 ShApplet.class。用 appletviewer 运行相应 HTML 文件，此文件将调用 Applet 程序 ShApplet.class，首先执行 init()方法，接着执行 start()方法和 paint(Graphics g)方法，于是出现如图 5-7 所示的执行结果。

图 5-7　执行后的结果

改变窗口的大小后，将出现如图 5-8 所示的执行结果。图 5-8 中 paint 出现 2 次，可以看出窗口大小改变时，paint(Graphics g)方法执行一次。如果再次改变窗口大小，paint(Graphics g)方法的执行次数又增加一次。最小化窗口，网页变为非活动状态，stop()方法执行；再最大化窗口，此网页再次变为活动状态，start()方法和 paint(Graphics g)方法又各执行一次，于是图 5-9 中 paint 变为 3 个，start 变为 2 个，stop 变为 1 次。

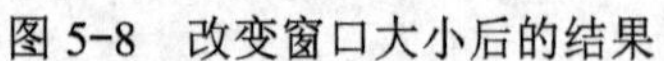

图 5-8　改变窗口大小后的结果

图 5-9　最小化窗口后再放大的结果

通过以上运行，可以看到 init()，start()，paint(Graphics g)和 stop()方法的运行，只是 destroy()方法还没有执行。如果选择小程序查看器窗口中的 Applet 菜单中的“重新启动”选项，如图 5-10 所示，那么此 Applet 程序将会重新启动，于是先是 stop()方法执行，接着是 destroy()方法执行，结束此 Applet 程序，然后再次启动，init()，start()，paint(Graphics g)方法依次执行，所以各方法对应的显示字符串均增加 1，将会出现如图 5-11 所示的显示结果。

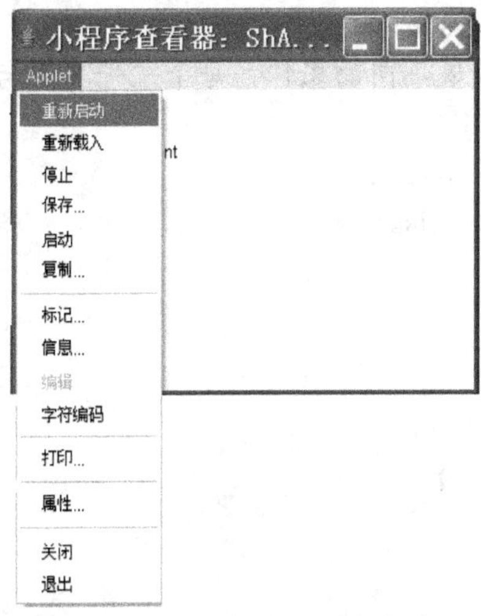

图 5-10 重新启动 Applet 程序

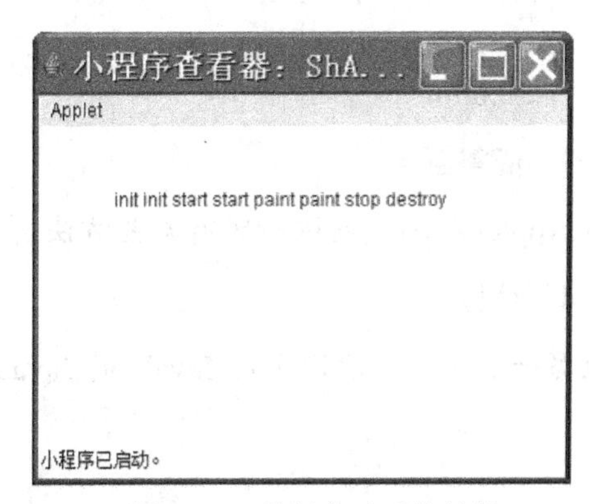

图 5-11 重新启动后的结果

5.5 本章小结

本章中主要介绍了 Applet 程序的运行机制。appletviewer 是 JDK 附带的专门查看 Applet 程序的工具，其功能相当于一个“最小化的浏览器”。appletviewer 位于 JDK 目录下的 bin 目录中。有了 appletviewer，可以不需使用 Web 浏览器就能够运行 Java Applet 程序。

Applet 程序主要用于网络，因此其存放于网络服务器上。当某个客户机通过网络访问一台指定服务器上含有 Applet 的 HTML 文件时，Applet 程序从指定的 URL 载入到客户机的运行过程 Applet 程序的运行是从网络上将 Applet 代码从服务器端下载到客户端，并由客户端浏览器解释执行。

5.6 知识测试

5-1 判断题

1. 在 Applet 的运行控制中，stop()方法在浏览器关闭时自动调用，回收 Applet 所用的所有资源。 (　　)

2. Applet 嵌入到 HTML 文件中，CODE 属性用于指定 Applet 的类文件名称。 (　　)

5-2 选择题

1. 任何一个 Applet 开始执行时必然会被自动调用三个方法，它们被调用的顺序是(　　)。

A. init paint start　　B. start paint init

C. paint start init　　D. init start paint

2. 在 applet 的三个方法中，(　　) 方法通常是程序员在一个 Applet 中定义的第一个方法。

A. init　　B. start

C. paint　　　　　　　　D. start paint

3. 当编译 Java 程序时，每个类都将被分别编译成不同的文件，每个文件名都与所对应的类名相同，并以扩展名（　　）结束。

A. .java　　　　　　　　B. .javax

C. .html　　　　　　　　D. .class

5-3　简答题

当 Applet 被浏览器运行时有哪些方法自动运行？

5-4　编程

编写一个显示“欢迎学习 Java”的 Java Applet 程序。

第 6 章　图形用户界面

学习目标

- ◆ 掌握：图形用户界面实现的基本原理和方法。
- ◆ 掌握：Java 语言中图形用户界面程序的编写。
- ◆ 了解：Java 语言中图形用户界面的构造与设计。

重点

- ◆ 掌握：常用组件和布局管理的使用方法。
- ◆ 掌握：Java 的事件处理。

难点

- ◆ 图形用户界面中各控件的熟练使用。

图形用户界面（Graphics User Interface，GUI），是为应用程序提供一个图形化的界面，在此界面上借助于菜单、按钮、标签标识等组件和鼠标，用户和计算机之间可以方便地进行交互。

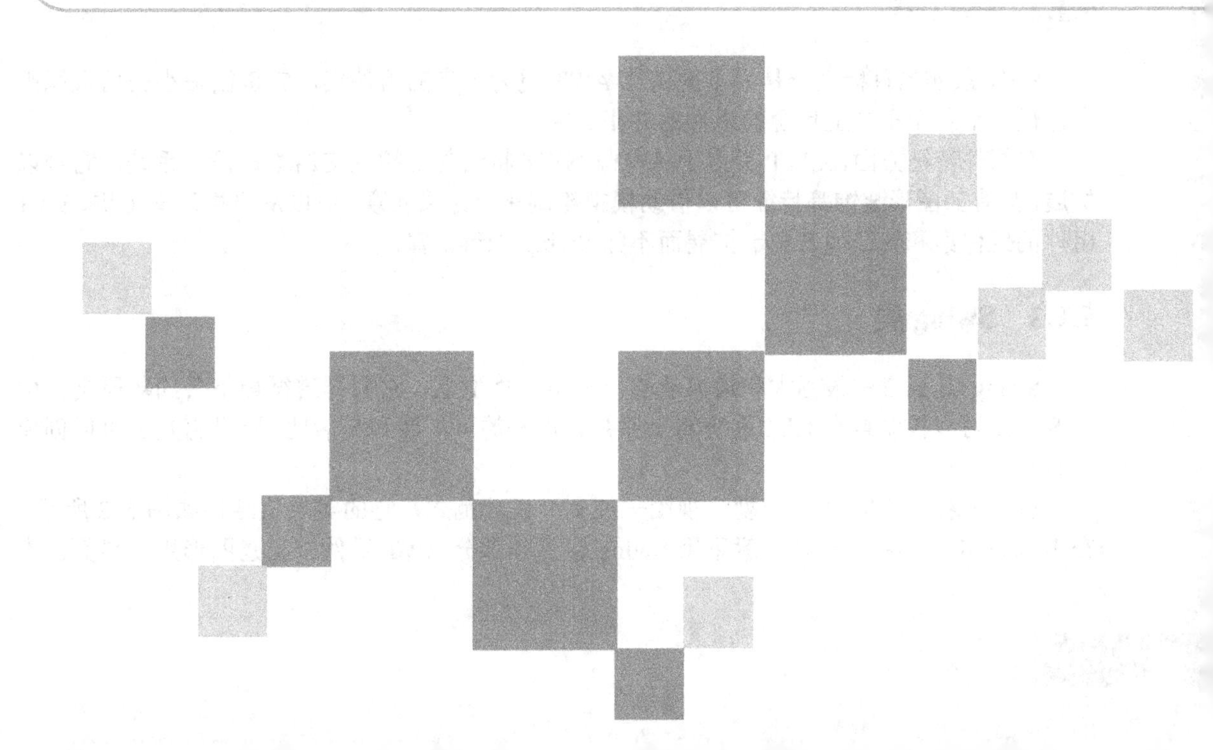

6.1 Java GUI 概述

在 Java 语言中提供了专门的类库来生成各种标准图形界面元素和处理图形界面的各种事件，以满足美观的程序界面的设计要求。

6.1.1 AWT 简介

抽象窗口工具包 AWT (Abstract Window Toolkit)是 API 为 Java 程序提供的建立图形用户界面 GUI 的工具集，AWT 可用于 Java 的 Applet 和 Application 中。它支持图形用户界面编程的功能包括用户界面组件、事件处理模型、图形和图像工具、布局管理器等。

java.awt 包中提供了 GUI 设计所使用的类和接口，提供了基本 Java 程序的 GUI 图形用户界面设计工具，AWT 图形用户界面设计中主要类之间的关系如图 6-1 所示。

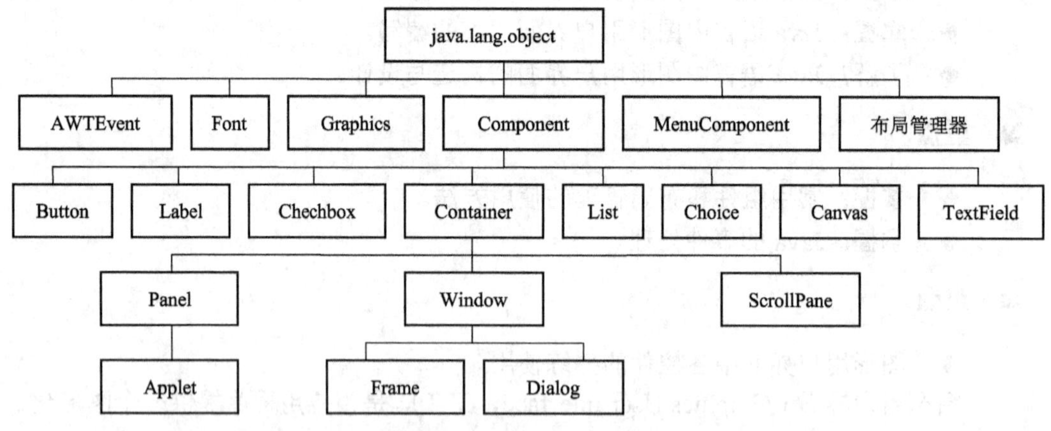

图 6-1 AWT 图形用户界面设计主要类之间的关系

6.1.2 SWT 类

SWT 最初的目标之一是为了提供比 AWT 更为丰富的组件集。它遵循最小公倍数原则以提供一个各个平台上包含的组件的并集。

在组件特征方面，SWT 类似于 AWT。SWT 将组件的控制交给本地操作系统。它难以扩展，只有如图形装饰等特征可以借助模拟绘制来自定义实现。所以从严格意义上讲，SWT 组件的组件集和特征因其难于扩展而不如 Swing 来得丰富。

6.1.3 Swing 类

Swing 是三者中最强大和最灵活的。在组件类型上，它同样遵循最小公约数原则。由于 Swing 可以控制自身 GUI 系统的全部并有很好的可扩展和灵活性，所以它几乎可以创建所有组件。

Swing 采用了 MVC（模型—视图—控制）设计范式，它的类层次结构如图 6-2 所示。在 Java GUI 工具中，现在一般采用 Swing 组件和部分 AWT 组件来构建图形用户界面。本章将主要介绍 AWT 与 Swing，其他图形界面技术，读者可参阅相关资料进行学习。

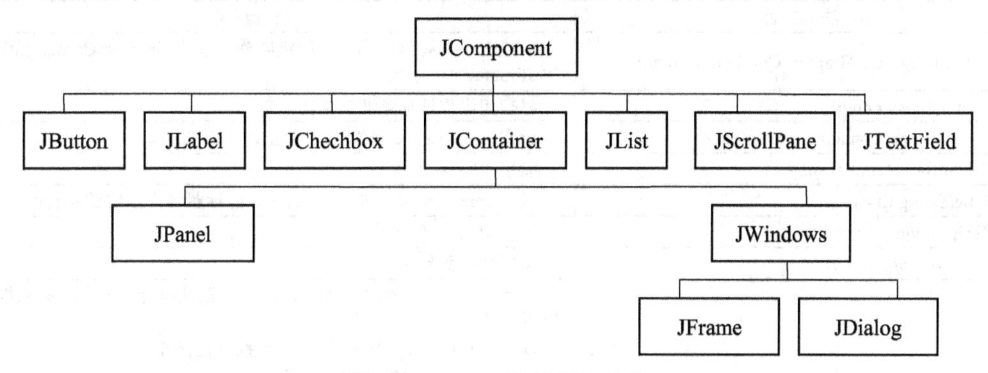

图 6-2　Swing 的类层次结构

6.2　常用容器与组件

6.2.1　Java 常用容器

容器是一个可以装组件的类，它本身也是一个组件。容器分成不同的等级，小的容器（如 Panel）可以放置在一个更大的容器（如 Frame）内，通过容器可以灵活地控制组件的布局。AWT 的常用容器有：Frame、Panel 和 Applet（Applet 可以被认为是一个 Panel）、Canvas，而 Swing 常用的容器有 JFrame、JPanel 和 JApplet。

1．面板（Panel、JPanel）

面板类是 Container 类的一个具体的子类。它没有添加任何新的方法，只是简单地实现了 Container 类。一个面板对象可以被看做一个递归嵌套的具体的屏幕组件。它是一个不包含标题栏、菜单栏以及边框的窗口，需要放置在其他容器中使用，这也是 Applet 不能单独使用的原因。

2．窗口（Window）

窗口类产生一个顶级窗口（Window）。顶级窗口不包含在任何别的对象中，它直接出现在桌面上。通常，不会直接产生 Window 对象，而使用 Window 类的子类 Frame 类。

3．框架（Frame、JFrame）

框架类封装了通常窗口所需要的一切组件，它是 Window 类的子类，并且拥有标题栏、菜单栏、边框以及可以调整大小的角。框架是图形用户界面最基本的部分。JFrame 是 java.awt.Frame 的扩展版本，该版本添加了对 JFC/Swing 组件架构的支持。它的构造方法及常用方法见表 6-1。

表 6-1　JFrame 的构造方法及常用方法

方 法 名 称	方 法 描 述
JFram（）	构造一个初始时不可见的新窗体
JFrame(GraphicsConfiguration gc)	以屏幕设备的指定 GraphicsConfiguration 和空白标题创建一个 Frame
JFrame(String title)	创建一个新的、初始不可见的、具有指定标题的 Frame

（续）

方法名称	方法描述
JFrame(String title, GraphicsConfiguration gc)	创建一个具有指定标题和指定屏幕设备的 GraphicsConfiguration 的 JFrame
add(Component comp)	将指定组件追加到此容器的尾部
setContentPane(Container contentPane)	设置 contentPane 属性。此方法由构造方法调用
setJMenuBar(MenuBar mb)	设置 JFrame 的菜单
setTitle(String title)	从 Frame 中继承下来，将 JFrame 的标题设为指定的字符串
setSize(int width, int height)	设置 JFrame 的大小
setLocation(int x, int y)	将组件移到新位置
setDefaultCloseOperation(int operation)	设置用户在此窗体上发起“close”时默认执行的操作。必须指定以下选项之一： DO_NOTHING_ON_CLOSE：不执行任何操作 HIDE_ON_CLOSE：自动隐藏该窗体。 DISPOSE_ON_CLOSE：隐藏并释放该窗体。 EXIT_ON_CLOSE：使用 System exit 方法退出应用程序。仅在应用程序中使用。 默认情况下，该值被设置为 HIDE_ON_CLOSE

4．画布（Canvas）

虽然画布不是 Applet 和 Frame 窗口的层次结构的一部分，但是 Canvas 这种类型的窗口是很有用的。Canvas 类封装了一个可以用来绘制的空白窗口。

【例 6-1】源程序 JFrameDemol.java 创建一个 JFrame 窗口。

```
1   import java.awt.Color;
2   import javax.swing.*;
3   public class JFrameDemo1 {
4       JFrame fram;
5       JPanel panelM;
6       public JFrameDemo1(){
7           fram=new JFrame("欢迎登陆学生管理系统");
8           panelM=new JPanel();
9           panelM.setBackground(Color.yellow);
10          fram.setContentPane(panelM);
11          fram.setSize(300,200);
12          fram.setLocation(50,50);
13          fram.setVisible(true);
14      }
15      public static void main(String args[]){
16          new JFrameDemo1();
17      }
18  }
```

【运行结果】

例 6-1 运行结果如图 6-3 所示。

图 6-3　例 6-1 运行结果

【程序分析】

第 4，5 句：定义了一个框架和一个面板。

第 6～14 句：构造函数，在构建函数中对属性进行初始化。

第 9 句：将面板的背景设成黄色。

第 10 句：将框架的 ContentPane 设为 panelM.

第 11 句：设置 fram 的大小。

第 12 句：设置 fram 的位置，位置的坐标是以屏幕左上角为原点。

第 13 句：将 fram 的可见性设为真。

6.2.2　Java 常用组件

Java GUI 支持的控件有标签、按钮、复选框、选择列表、列表框、滚动条、文本框等，这些控件都是 Component 类的子类。

1. 标签（JLabel）

标签是用户不能修改只能查看其内容的文本显示区域，它起到信息说明的作用。每个标签用一个 JLabel 类的对象表示。

JLabel 提供的构造方法如下：

JLabel()：创建无图像并且其标题为空字符串的 JLabel。

JLabel(Icon image)：创建具有指定图像的 JLabel 实例。

JLabel(Icon image, int horizontalAlignment)：创建具有指定图像和水平对齐方式的 JLabel 实例。

JLabel(String text)：创建具有指定文本的 JLabel 实例。

JLabel(String text，Icon icon，int horizontalAlignment):创建具有指定文本、图像和水平对齐方式的 JLabel 实例。

JLabel(String text，int horizontalAlignment)：创建具有指定文本和水平对齐方式的 JLabel 实例。

JLabel 的常用方法见表 6-2。

表 6-2　JLabel 的常用方法

方 法 名 称	方 法 描 述
setIcon(Icon icon)	定义此组件将要显示的图标
setText(String text)	定义此组件将要显示的单行文本
setIconTextGap(int iconTextGap)	定义文本与图标之间的间隔。此属性的默认值为 4 个像素
setVerticalAlignment(int alignment)	设置标签内容沿 Y 轴的对齐方式。默认值为 CENTER
setHorizontalAlignment(int alignment)	设置标签内容沿 X 轴的对齐方式

2. 按钮（JButton）

按钮是图形用户界面中非常重要的一种组件，它一般对应一个事先定义好的功能操作，并对应一段程序。当用户单击按钮时，系统自动执行与该按钮相关联的程序，从而完成预先指定的功能。JButton 提供的构造方法如下：

JButton()：创建一个字符串为空的按钮实例。

JButton(Icon icon)：创建一个带图标的按钮实例。

JButton(String text)：创建一个指定字符串的按钮实例。

JButton(String text，Icon icon)：创建一个带图标和字符的按钮实例。

JButton 的常用方法见表 6-3。

表 6-3　JButton 的常用方法

方 法 名 称	方 法 描 述
setLabel(String label)	将按钮的标签设置为指定的字符串
addActionListener(ActionListener l)	将一个 ActionListener 添加到按钮中，接收按钮的点击事件

3．文本框与文本区

文本组件（TextComponent）类是用于编辑文本的组件，此类包括了文本框（JTextField）、密码框（JPasswordField）与多行文本区域（JTextArea）。

（1）JTextField 类

JTextField 类用于编辑单行文本。JTextField 类提供了多种构造方法，用于创建文本框组件的对象。常见的构造方法如下：

JTextField()：构造一个新的 TextField。

JTextField(int columns)：构造一个具有指定列数的新的空 TextField。

JTextField(String text)：构造一个用指定文本初始化的新 TextField。

JTextField(String text,int columns)：构造一个用于指定文本和列初始化的新 TextField。其中 text 为文本框中初始字符串，columns 为文本框容纳字符的个数。

JTextField 的常用方法见表 6-4。

表 6-4　JTextField 的常用方法

方 法 名 称	方 法 描 述
setText(String t)	设置文本框中的文本
setHorizontalAlignment(int alignment)	设置文本框的水平对齐方式
setEditable(boolean b)	设置文本框是否可编辑
selectAll()	选择文本框中所有的文本
select(int selectStart，int selectionEnd)	选择指定开始位置到结束位置之间的文本

（2）JPasswordField

密码框（JPasswordField）表示可编辑的单行文本的密码文本组件。它允许编辑一个单行文本，可以输入内容，但不会显示原始字符，从而隐藏用户的真实输入，实现密码保护。常见的构造方法如下：

JPasswordField()：构造一个新的 JPasswordField。

JPasswordField(int columns)：构造一个具有指定列数的新的空 JPasswordField。

JPasswordField(String text)：构造一个用指定文本构造的新 JPasswordField。

JPasswordField(String text, int columns)：构造一个用指定文本构造和列初始化的新 JPasswordField。其中 text 为文本框中显示的字符样式，columns 为文本框容纳字符的个数。

JPasswordField 的常用方法见表 6-5。

表 6-5　JPasswordField 的常用方法

方 法 名 称	方 法 描 述
setEchoChar(Char c)	设置密码框中的回显字符
getPassword()	返回密码框中包含的文本

（3）JTextArea 类

JTextArea 类提供可以编辑或显示多行文本的区域，并且在编辑器内可以见到水平与垂直滚动条。常见的构造方法如下：

JTextArea()：构造一个新的 JTextArea ()。

JTextArea(int rows,int columns)：构造一个具有指定行数和列数的新的 JTextArea ()。

JTextArea(String text)：构造一个具指定文本 JTextArea ()。

JTextArea(String text,int rows,int columns)：构造一个具指定文本与行数列数的 JTextArea ()。其中，rows 和 columns 分别表示新建文本区的行数和列数，text 为文本区域中初始字符串。

JTextArea 的常用方法见表 6-6。

表 6-6　JTextArea 的常用方法

方　法	说　明
append(String text)	将文本加到目前的 JTextArea 内
getColumns()	获得文本区的列数
insert(String text,int position)	在文本区指定的位置插入文本
setRows(int rows)	设定文本区的行数
replaceRange(String str，int start，int end)	用指定的新文本替换从指定的起始位置到结束位置的文本

【例 6-2】源程序 JFrame Demo2. java，创建一个登录窗口。

```
1   import java.awt.Color;
2   import javax.swing.*;
3   public class JFrameDemo2 extends JFrame{
4       JPanel pane;
5       JLabel label1;
6       JLabel username;
7       JLabel password;
8       JTextField txuser;
9       JPasswordField txpass;
10      JButton bt1;
11      JButton bt2;
12      public JFrameDemo2(){
13          this.setTitle("欢迎访问学生管理系统");
14          pane=new JPanel();
15          label1=new JLabel("请输入用户名与密码");
16          username=new JLabel("用户名");
17          password=new JLabel("密        码");
18          txuser=new JTextField(10);
19          txpass=new JPasswordField(10);
20          bt1=new JButton("退出");
21          bt2=new JButton("撤销");
22          pane.add(label1);
23          pane.add(username);
24          pane.add(txuser);
25          pane.add(password);
26          pane.add(txpass);
```

```
27              pane.add(bt1);
28              pane.add(bt2);
29                 txpass.setEchoChar('*');
30              this.setContentPane(pane);
31              this.setSize(300,200);
32              this.setLocation(50,50);
33              this.setVisible(true);
34          }
35          public static void main(String args[]){
36              new JFrameDemo2();
37          }
38      }
```

【运行结果】

例 6-2 运行结果如图 6-4 所示。

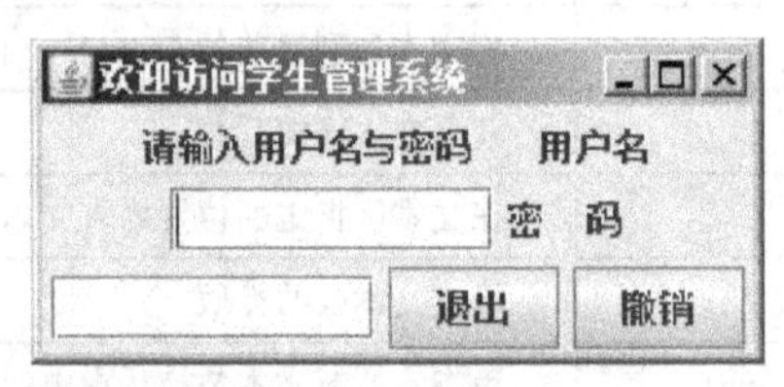

图 6-4　例 6-2 运行结果

【程序分析】

第 13 句：设置窗口的标题。

第 14～21 句：对组件进行初始化。

第 22～28 句：将组件添加到面板上。

第 29 句：设置密码框的回显字符为‘*’。

第 30 句：将框架的 contentPane 设为 Pane。

6.3　事件处理概述

在设计和实现用户界面的过程中，主要是完成两个任务：一是创建窗口并在窗口中添加各种组件，指定组件的属性和在窗口中的位置，从而构成图形界面的外观效果；二是设置各种组件对不同事件的响应，从而实现图形和用户的交互。

事件处理就是对单击按钮、移动鼠标等情况作出反应的过程。在事件处理的过程中，主要涉及三类对象：

事件（Event）：就是用户对图形界面操作的描述，以类的形式出现，如键盘操作对应的事件类就是 KeyEvent。

事件源（Event Source）：就是事件发生的场所，通常就是各个组件，如按钮 Button。

事件处理者（Event handler）：就是接收事件对象并对其进行处理的对象。

当用户做某些事情（如单击鼠标），系统将创建一个相应表达该动作的事件，并传送该事件给程序中的事件处理代码（该代码决定了怎样处理事件），以便让用户得到相应的回应，AWT 事件传递和处理机制如图 6-5 所示。

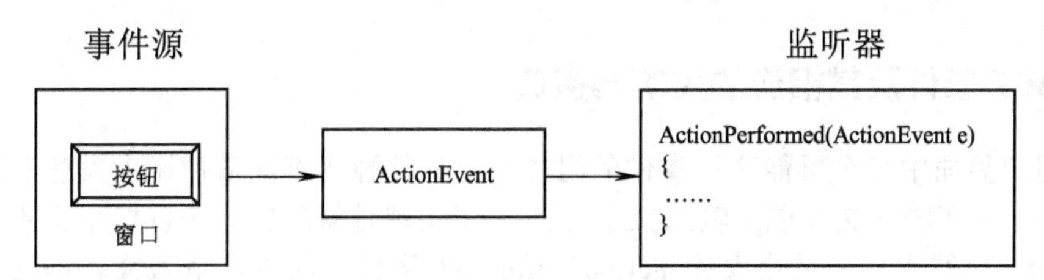

图 6-5　AWT 事件传递和处理机制

例如，如果用户用鼠标单击了按钮对象 Button，则该按钮 button 就是事件源，而 Java 运行时系统会生成 ActionEvent 类的对象 e，该对象中描述了该单击事件发生时的一些信息，然后，事件处理者对象将接收由 Java 运行时系统传递过来的事件对象 e 并进行相应的处理。下面通过一个具体的程序进行说明。

【例 6-3】 源程序 simpleEvent.java，文本框的简单事件处理程序。

```
1    import java.applet.*;
2    import java.awt.*;
3    import java.awt.event.*;
4    public class simpleEvent extends Applet implements ActionListener
5    {
6        Label lb;
7        TextField in,out;
8        public void init()
9        {
10           lb=new Label("请输入您的名字");
11           in=new TextField(6);            //创建输入文本框
12           out=new TextField(20);          //创建输出文本框
13           add(lb);
14           add(in);
15           add(out);
16           in.addActionListener(this);   //将文本框注册给文本事件的监听者
17       }
18       public void actionPerformed(ActionEvent e)    //执行动作
19       {
20           out.setText(in.getText()+"欢迎光临! ");
21       }
22   }
```

【运行结果】

例 6-3 运行结果如图 6-6 所示。

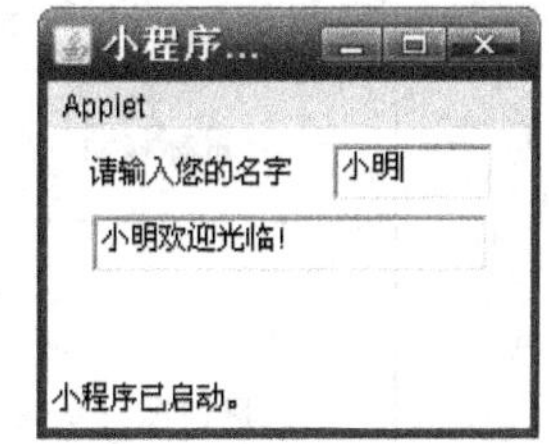

图 6-6　例 6-3 运行结果

【程序分析】

第 2，3 句：加载 java.awt 包与 java.awt.event 包的目的是为了使用图形界面及其事件处理功能。

第 11 句：程序创建输入 in 文本框；

第 12 句：程序创建输出 out 文本框；

第 16 句：将文本框注册给文本事件的监听者，从 in 文本框输入用户名字字符串，当用户输入完毕并按<回车>键时，引发动作事件，将 in 文本框内容与"欢迎光临！"字符串拼接，结果显示在 out 文本框中。

6.3.1 AWT 事件及其相应的监听器接口

图形用户界面中每个可能产生事件的组件称为事件源。不同事件源上发生事件的种类不同。例如，当在输入文本框上输入文字并按<回车>键时将产生一个以这个文本框为源的 ActionEvent（触发事件）类代表的 actionPerformed 事件。所以，输入文本框为事件源，AWTEvent 类的体系结构如图 6-7 所示。

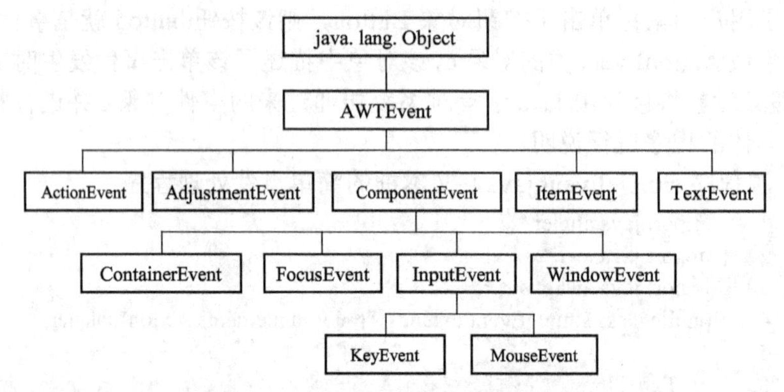

图 6-7　AWTEvent 类的体系结构图

如果希望事件源上发生的事件被程序处理，就要把事件源注册给能够处理该事件源上那种类型事件的监听者。例如，例 6-3 中输入文本框 in 对象把自己注册给实现了 ActionListerner 接口的监听者。

在 Java 语言的事件处理机制中，不同的事件由不同的监听者处理，所以 Java.awt.event 包中还定义了 11 个监听者接口，每个接口内部包含了若干处理相关事件的抽象方法。一般来说，每个事件类都有一个监听者接口与之相对应，每个接口还要求定义一个或多个方法。当发生特定的事件时，就会调用这些方法。表 6-7 中列出了这些（事件）类型，并给出了每个类型对应的接口名，以及所要求定义的方法。

表 6-7　事件类型所对应的方法和接口

事件类型	描述信息	接口名	方法
ActionEvent	激活组件	ActionListener	actionPerformed(ActionEvent)
ItemEvent	选择或取消了某些项目	ItemListener	itemStateChanged(ItemEvent)
MouseEvent	鼠标移动	MouseMotionListener	mouseDragged(MouseEvent)
			mouseMoved(MouseEvent)
	鼠标点击等	MouseListener	mousePressed(MouseEvent)
			mouseReleased(MouseEvent)
			mouseEntered(MouseEvent)
			mouseExited(MouseEvent)
			mouseClicked(MouseEvent)
KeyEvent	键盘输入	KeyListener	keyPressed(KeyEvent)
			keyReleased(KeyEvent)
			keyTyped(KeyEvent)

（续）

事件类型	描述信息	接口名	方法
FocusEvent	组件收到或失去焦点	FocusListener	focusGained(FocusEvent)
			focusLost(FocusEvent)
AdjustmentEvent	移动了滚动条等组件	AdjustmentListener	adjustmentValueChanged(AdjustmentEvent)
ComponentEvent	对象移动缩放显示隐藏等	ComponentListener	componentMoved(ComponentEvent)
			componentHidden(ComponentEvent)
			componentResized(ComponentEvent)
			componentShown(ComponentEvent)
WindowEvent	窗口收到窗口级事件	WindowListener	windowClosing(WindowEvent)
			windowOpened(WindowEvent)
			windowIconified(WindowEvent)
			windowDeiconified(WindowEvent)
			windowClosed(WindowEvent)
			windowActivated(WindowEvent)
			windowDeactivated(WindowEvent)
ContainerEvent	容器中增加删除了组件	ContainerListener	componentAdded(ContainerEvent)
			componentRemoved(ContainerEvent)
TextEvent	文本字段或文本区发生改变	TextListener	textValueChanged(TextEvent)

从表 6-7 中不难看出，有一些监听器接口中包含不止一个方法（如 MouseListener），如果想实现这些接口，就需要实现接口中的所有方法。在实际应用中，使用某个监听器时可能只需要用到其中的某一个或几个方法，那么如何能简化代码编写呢？Java 对包含一个以上方法的监听器接口配置了相应的适配器，用户只需要继承相应的适配器，重写需要的方法就行了。AWT 中的适配器主要包括以下几种：

ComponentAdapter：组件适配器。

ContainerAdapter：容器适配器。

FocusAdapter：焦点设配器。

KeyAdapter：键盘适配器。

MouseAdapter：鼠标适配器。

MouseMotionAdapter：鼠标移动适配器。

WindowAdapter：窗口适配器。

6.3.2 Swing 事件及其相应的监听器接口

Swing 的事件处理机制继续沿用 AWT 的事件处理机制，但是除了使用 java.awt.event 包中的类进行实现之外，在 java.swing.event 包中还增加了一些新的事件及其监听器接口。常用 Swing 组件及其监听器接口见表 6-8。

表 6-8　常用 Swing 组件及其监听器接口

事件类型	接口名	方法
AbstractButton JTextField JDirectoryPane Timer	ActionListener	actionPerformed(ActionEvent)
AbstractButton JComboBox	ItemListener	itemStateChanged(ItemEvent)
JList	ListSelectionListener	valueChanged(ListSelectionEvent e)
AbstractButton DefaultCaret JProgressBar JSlider JTabbedPane JViewport	ChangeListener	stateChanged(ChangeEvent e)
JScrollBar	AdjustmentListener	adjustmentValueChanged(AdjustmentEvent)
JMenu	MenuListener	menuSelected(MenuEvent e)
		menuDeselected(MenuEvent e)
		menuCanceled(MenuEvent e)
JPopupMenu	WindowListener	windowClosing(WindowEvent)
		windowOpened(WindowEvent)
		windowIconified(WindowEvent)
		windowDeiconified(WindowEvent)
		windowClosed(WindowEvent)
		windowActivated(WindowEvent)
		windowDeactivated(WindowEvent)
JComponent	AncestorListener	
JTree	TreeSelectionListener	

6.3.3　ActionEvent 事件

最常用的事件监听器 ActionEvent 类中只包含一个事件，即执行动作事件 actionPerformed。它是由某个动作引发的执行事件。能够触发这个事件的动作包括：

（1）单击按钮；

（2）双击一个列表中的选项；

（3）选择菜单项；

（4）在文本框中输入内容后按<回车>键。

ActionEvent 类的主要方法有：

（1）public String getActionCommand()

这个方法返回引发事件的动作的命令名，这个命令名可以通过调用 setActionCommand()方法指定给事件源组件，也可以使用事件源的默认命令名。

（2）public Object getSource()

这个方法能返回最初发生 Event 的对象。

【例 6-4】源程序 JFrameDemo3.java，登录窗口（事件响应）。

```
1    import java.awt.Color;
```

```
2    import javax.swing.*;
3    public class JFrameDemo3 extends JFrame implements ActionListener{
4          JPanel pane;
5          JLabel label1;
6          JLabel username;
7          JLabel password;
8          JTextField txuser;
9          JPasswordField txpass;
10         JButton bt1;
11         JButton bt2;
12         public JFrameDemo3(){
13               ……
14               \\省略代码详见例 6-2 的第 13~33 句
15               bt1.addActionListener(this);
16               bt2.addActionListener(this);
17         }
18         public static void main(String args[]){
19               new JFrameDemo3();
20         }
21         public void actionPerformed(ActionEvent e) {
22         // TODO Auto-generated method stub
23         if(e.getSource()==bt1){
24                   if((txuser.getText().equals("admin"))&&
25   (txpass.getText().equals("123456")))
26                         JOptionPane.showMessageDialog(null, "登录成功");
27                     else
28                     JOptionPane.showMessageDialog(null, "用户名或密码不对");}
29               else{
30                     txuser.setText("");txpass.setText("");
31                     }
32
33               }
34   }
```

【运行结果】

例 6-4 运行结果如图 6-8 所示。

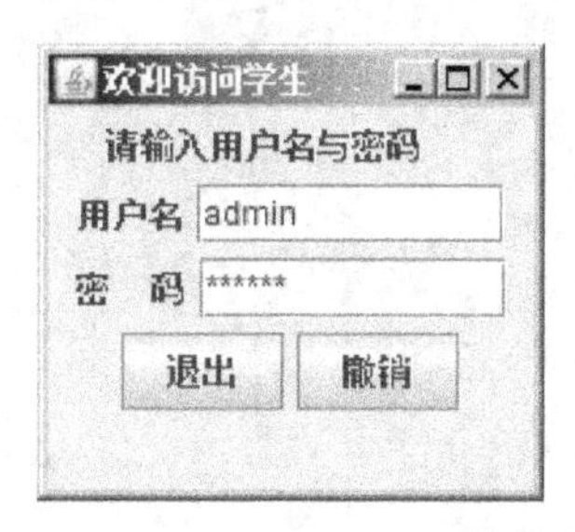

图 6-8　例 6-4 运行结果

【程序分析】

第 3 句：该类继承了 JFrame 窗口，实现了 ActionListener 接口。

第 13，14 句：为省略代码详见例 6-2 的第 13～33 句。

第 15，16 句：为“确定”、“撤销”按钮添加事件监听器接口。

第 21～33 句：实现了 ActionListener 接口的方法。当单击“确定”按钮时出现“登录成功”对话框。

6.3.4 鼠标、键盘事件

Java 中除了 Action 事件之外，常用的还有鼠标事件与键盘事件。

1．鼠标事件

由于鼠标操作的动作较多，因此鼠标事件包括两个监听器接口：MouseMotionListener（鼠标移动事件）和 MouseListener（鼠标事件）。

【例 6-5】 源程序 PaintBoard.java，画图工具实现。

```
1   import java.awt.Color;
2   import java.awt.*;
3   import java.awt.event.*;
4   import java.awt.geom.*;
5   import javax.swing.*;
6   public class PaintBoard extends JFrame implements ActionListener, MouseListener {
7       JPanel panel1,panel2;
8       JButton btLine,btRect,btCircle,btClear;
9       int toolFlag=0;
10      Point p1=new Point(0,0),p2=new Point(0,0);
11      public PaintBoard(String s){
12          super(s);
13          panel1=new JPanel();
14          panel2=new JPanel();
15          panel2.setBackground(Color.yellow);
16          this.add(panel1,BorderLayout.NORTH);
17          this.add(panel2,BorderLayout.CENTER);
18          btLine=new JButton("直线");
19          btRect=new JButton("矩形");
20          btCircle=new JButton("圆形");
21          btClear=new JButton("清除");
22          panel1.add(btLine);
23          panel1.add(btRect);
24          panel1.add(btCircle);
25          panel1.add(btClear);
26          this.setSize(500,400);
27          this.setLocation(50,50);
28          this.setVisible(true);
29          this.addMouseListener(this);
30          btLine.addActionListener(this);
31          btRect.addActionListener(this);
32          btCircle.addActionListener(this);
33          btClear.addActionListener(this);
34      }
35  public static void main(String[] args) {
36          // TODO Auto-generated method stub
```

```
37                new PaintBoard("画图板");
38      }
39      public void actionPerformed(ActionEvent e) {//实现 ActionListener 接口的方法
40                if(e.getSource()==btLine)
41                     toolFlag=0;
42                if(e.getSource()==btRect)
43                     toolFlag=1;
44                if(e.getSource()==btCircle)
45                     toolFlag=2;
46                if(e.getSource()==btClear){
47                     toolFlag=3;
48                     repaint();
49                     }
50           }
51      public void mousePressed(MouseEvent e) //当鼠标按下时，确定 p1 的坐标
52           {
53              int x = (int)e.getX();
54              int y = (int)e.getY();
55              p1 = new Point(x, y);
56           }
57           public void paint(Graphics g)//重写父类的显示方法
58           {
59              if(toolFlag==3)
60                 panel2.repaint();
61              switch(toolFlag){
62                case 0://画直线
63                 g.drawLine(p1.x, p1.y, p2.x, p2.y);
64                  break;
65                case 1://画矩形
66                 g.drawRect(p1.x, p1.y, Math.abs(p2.x-p1.x) , Math.abs(p2.y-p1.y));
67                 break;
68              case 2://画圆
69                 g.drawOval(p1.x, p1.y, Math.abs(p2.x-p1.x) , Math.abs(p2.y-p1.y));
70                 break;
71              default:
72                 }
73           }
74           public void mouseReleased(MouseEvent e) {//p2 记录鼠标弹起时的坐标
75                int x = (int)e.getX();
76                int y = (int)e.getY();
77                p2 = new Point(x, y);
78                repaint();
79           }
80           public void mouseClicked(MouseEvent e) {
81           }
82           public void mouseEntered(MouseEvent e) {
83           }
84           public void mouseExited(MouseEvent e) {
85           }
86      }
```

【运行结果】

例 6-5 运行结果如图 6-9 所示。

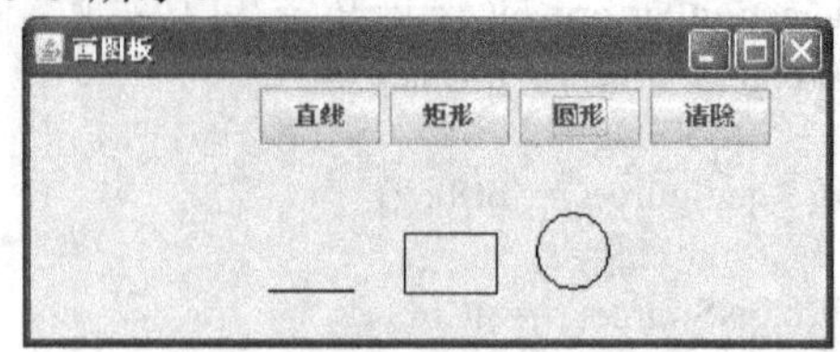

图 6-9 例 6-5 运行结果

【程序分析】

第 6 句：该类继承了 JFrame 窗口，实现了 ActionListener 接口和鼠标的 MouseListener 接口。

第 10 句：定义了两个点对象，用于分别确定鼠标按下和弹起的位置。

第 13～28 句：对组件进行初始化和设置窗口的属性。

第 29 句：为窗口添加鼠标监听器。

第 41～47 句：在按钮的 actionperformed 事件实现中针对不同的事件源为 toolFlag 设置不同的值，如事件源是“直线”按钮，toolFlag 设为 0.

第 48 句：当单击“清除”按钮时，调用 repaint()刷新窗口。

第 57 句：Graphics 类是所有图形上下文的抽象基类，允许应用程序在组件（已经在各种设备上实现）以及闭屏图像上进行绘制。

第 63 句：drawLine 方法在此图形上下文的坐标系中，使用当前颜色在点（P1.x，P1.y）和（P2.x，P2.y）之间画一条线。

第 66 句：drawRect 绘制指定矩形的边框。矩形的左边缘和右边缘分别位于 x 和 x+width。上边缘和下边缘分别位于 y 和 y+height。

第 69 句：drawOval 绘制椭圆的边框。得到一个圆或椭圆，它刚好能放入由 x、y、width 和 height 参数指定的矩形中。

附加：Java 具有复杂的文本及图形输出能力，在图形方式下输出文字可实现多种效果，还可利用 Graphics 类提供的一些方法进行图形的绘制。

Java 坐标系是一个二维网格，坐标单位是像素，一个像素是显示器最小分辨单位。默认状态下原点的位置在屏幕左上角（0，0），如图 6-10 所示。本书只对 Java 的图形绘制进行了简单的介绍，读者可参阅相关资料进行学习。

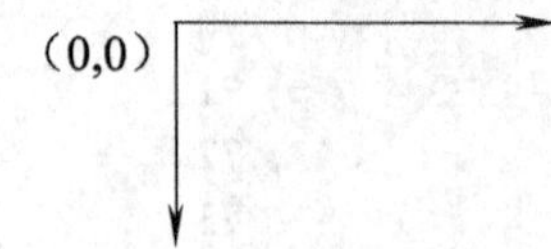

图 6-10 Java 坐标系

2．键盘事件（KeyEvent）

KeyEvent 类包含如下 3 个具体的键盘事件，分别对应 KeyEvent 类的几个同名的静态整型常量。

（1）KEY_PRESSED：键盘上按键被按下的事件。

（2）KEY_RELEASED：键盘上按键被松开的事件。

（3）KEY_TYPED：键盘上按键被敲击的事件。

KeyEvent 类的主要方法有：

（1）public char getKeyChar()：

返回 KeyEvent 类的一个静态常量 KeyEvent.CHAR_UNDEFINED。

（2）public String getKeyText()：返回按键的文本内容。

与 KeyEvent 事件相对应的监听者接口是 KeyListener，这个接口中定义了如下的 3 个抽象方法：keyPressed、keyReleased、keyTyped，凡是实现了 KeyListener 接口的类都必须具体实现这 3 个抽象方法。

【例 6-6】 源程序名 keyevent.java，键盘事件处理程序。

```
1    import java.awt.*;
2    import java.awt.*;
3    import java.awt.event.*;
4
5    import javax.swing.*;
6    public class keyevent extends JFrame{
7        JPanel panel;
8         Color c;
9         Label lb;
10       TextField tf;
11       public keyevent(){
12            panel=new JPanel();
13            lb=new Label("轮流输入 R、G、B、Y 键，可改变背景颜色");
14            tf=new TextField(10);
15            this.setContentPane(panel);
16             panel.add(lb);
17             panel.add(tf);
18             this.setSize(300, 200);
19             this.setVisible(true);
20             tf.addKeyListener(
21                 new KeyAdapter(){
22                    public void keyPressed(KeyEvent e){//按键被按下后执行的方法
23                         if (e.getKeyChar()=='r')    //如果按<r>键，颜色为红色
24                                 c=Color.red;
25                           else if (e.getKeyChar()=='g')
26                                 c=Color.green;
27                                else if (e.getKeyChar()=='b')
28                                      c=Color.blue;
29                                     else if (e.getKeyChar()=='y')
30                                          c=Color.yellow;
31                          panel.setBackground(c);        //设置背景颜色
32                 }});
33       }
34        public static void main(String[] args){
35            new keyevent();
36        }
37   }
```

【运行结果】

例 6-6 运行结果如图 6-11 所示。

图 6-11　例 6-6 运行结果

【程序分析】

程序运行结果是键盘输入“R”，背景色改变为红色；键盘输入“G”，背景色改变为绿色；键盘输入“B”，背

景色改变为蓝色；键盘输入“Y”，背景色改变为黄色。

注意

该程序用到了键盘适配器（keyAdopt），当类型有父类而不能再继承适配器时，可以在添加监听器时直接重写需要的方法，具体步骤请参阅例 6-6 中的第 20～33 句。

6.4 布局管理器

为了实现跨平台的特性并且获得动态的布局效果，Java 将容器内的所有组件安排给“布局管理器”负责管理，如：排列顺序，组件的大小、位置，当窗口移动或调整大小后组件如何变化等功能授权给对应的容器布局管理器来管理，不同的布局管理器使用不同算法和策略，容器可以通过选择不同的布局管理器来决定布局。布局管理器主要包括：FlowLayout，BorderLayout，GridLayout，CardLayout，GridBagLayout。

1．FlowLayout

FlowLayout 是 Panel，Applet 的默认布局管理器。其组件的放置规律是从上到下、从左到右进行放置，如果容器足够宽，第一个组件先添加到容器中第一行的最左边，后续的组件依次添加到上一个组件的右边，如果当前行已放置不下该组件，则放置到下一行的最左边。其构造方法主要有下面几种：

（1）FlowLayout(FlowLayout.RIGHT,20,40);

第一个参数表示组件的对齐方式，指组件在这一行中的位置是居中对齐、居右对齐还是居左对齐，第二个参数是组件之间的横向间隔，第三个参数是组件之间的纵向间隔，单位是像素。

（2）FlowLayout(FlowLayout.LEFT);

居左对齐，横向间隔和纵向间隔都是默认值 5 个像素。

（3）FlowLayout();

默认的对齐方式居中对齐，横向间隔和纵向间隔都是默认值 5 个像素。

2．BorderLayout

BorderLayout 是 Window，Frame 和 Dialog 的默认布局管理器。BorderLayout 布局管理器把容器分成 5 个区域：North，South，East，West 和 Center，每个区域只能放置一个组件。各个区域的位置及大小如图 6-12 所示。

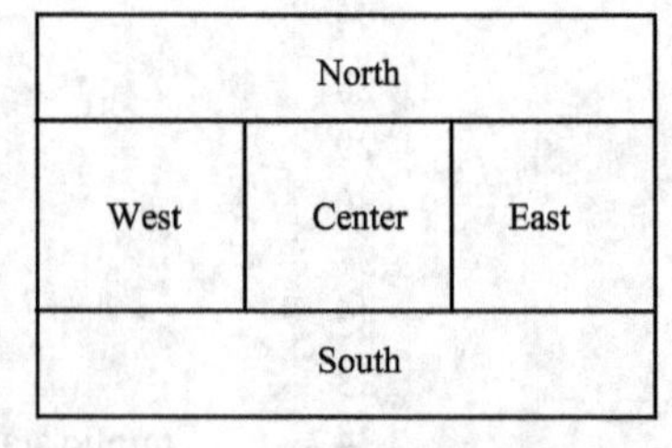

图 6-12　各个区域的位置及大小

【例 6-7】源程序名 BorderLayoutDemo.java，BorderLayout 布局管理器示例。

```
1   import javax.swing.*;
2   public class BorderLayoutDemo{
3       JFrame f;
4       public BorderLayoutDemo(){
5           f= new JFrame();
6           f.add("North", new JButton("北 North"));
7           f.add("South", new JButton("南 South"));
8           f.add("East", new JButton("东 East"));
```

```
9                f.add("West", new JButton("西 West"));
10               f.add("Center", new JButton("中心 Center"));
11               f.setSize(300,200);
12               f.setVisible(true);
13           }
14       public static void main(String args[]){
15               new BorderLayoutDemo();
16       }
17   }
```

【运行结果】

例 6-7 运行结果如图 6-13 所示。

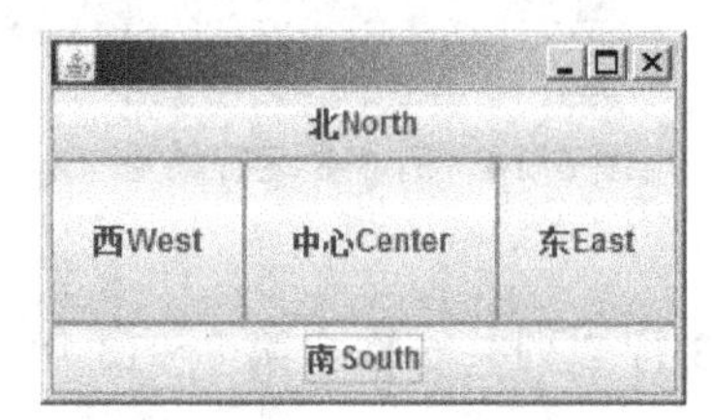

图 6-13　例 6-7 运行结果

【程序分析】

第 6～10 句：分别把五个按钮添加到五个方位，第一个参数表示把按钮添加到容器的区域。在使用 BorderLayout 的时候，每一个方位只能放一个组件，如果容器的大小发生变化，其变化规律为：组件的相对位置不变，大小发生变化。例如容器变高了，则 North、South 区域不变，West、Center、East 区域变高；如果容器变宽了，West、East 区域不变，North、Center、South 区域变宽。不一定所有的区域都有组件，如果四周的区域（West、East、North、South 区域）没有组件，则由 Center 区域去补充，但是如果 Center 区域没有组件，则保持空白。

3．GridLayout

使容器中各个组件呈网格状布局，平均占据容器的空间。

【例 6-8】 源程序名 GridLayoutDemo.java, GridLayout 布局管理器示例。

```
1    import javax.swing.*;
2    import java.awt.GridLayout;
3    public class GridLayoutDemo{
4        JFrame f;
5        public GridLayoutDemo(){
6            f= new JFrame();
7            f.setLayout(new GridLayout(3,2));
8            f.add(new JButton("星期一")); //添加到第一行的第一格
9            f.add(new JButton("星期二")); //添加到第一行的下一格
10           f.add(new JButton("星期三")); //添加到第二行的第一格
11           f.add(new JButton("星期四")); //添加到第二行的下一格
12           f.add(new JButton("星期五"));
13           f.add(new JButton("星期六"));
14           f.setSize(300,200);
15           f.setVisible(true);
```

```
16          }
17      public static void main(String args[]){
18          new GridLayoutDemo();
19      }
20  }
```

【运行结果】

例 6-8 运行结果如图 6-14 所示。

图 6-14　例 6-8 运行结果

【程序分析】

第 7 句：将容器平均分成 3 行 2 列共 6 格。第 8～13 句：将 6 个按钮分布在容器中。

4．CardLayout

CardLayout 布局管理器能够帮助用户处理两个以至更多的成员共享同一显示空间，它把容器分成许多层，每层的显示空间占据整个容器的大小，但是每层只允许放置一个组件，当然每层都可以利用 Panel 来实现复杂的用户界面。牌布局管理器（CardLayout）就像一副叠得整整齐齐的扑克牌一样，有 54 张，但是你只能看见最上面的一张牌，每一张牌就相当于牌布局管理器中的每一层。

【例 6-9】源程序名 Card1.java, CardLayout 布局管理器示例。

```
1   import javax.swing.*;
2   public class CardLayoutDemo extends JFrame implements ActionListener{
3       private JButton but1,but2,but3;
4       private CardLayout layout;
5       private Container c;
6       public CardLayoutDemo(){
7           super("CardLayout 演示程序");
8           c=getContentPane();
9           layout=new CardLayout(10,10);
10          but1=new JButton("按钮 1");
11          c.add(but1);
12          but1.addActionListener(this);
13          but2=new JButton("按钮 2");
14          c.add(but2);
15          but2.addActionListener(this);
16          but3=new JButton("按钮 3");
17          c.add(but3);
18          but3.addActionListener(this);
19          c.setLayout(layout);
20          setSize(180,90);
21          this.setVisible(true);
22      }
23      public void actionPerformed(ActionEvent e){
```

```
24              if(e.getSource()==but1||e.getSource()==but2||e.getSource()==but3)
25                  layout.next(c);
26              }
27          public static void main(String args[]){
28              CardLayoutDemo app=new CardLayoutDemo();
29          }
30      }
```

【运行结果】

例 6-9 运行结果如图 6-15 所示。

图 6-15　例 6-9 运行结果

【程序分析】

第 5 句：定义容器 c。

第 19 句：设置容器 c 采用 CardLayout 布局管理器。

第 10～18 句：在容器中添加 3 个按钮，并为它们添加 ActionListener。

程序运行结果是仅显示按钮 1，当鼠标单击按钮 1 时显示按钮 2，当鼠标单击按钮 2 时显示按钮 3，当鼠标单击按钮 3 时显示按钮 1，如此循环显示。

5．空布局

Java 允许不使用布局管理器，而直接指定组件的位置，这种方法使窗口的布置更容易控制。可用 setLayout (null)将布局设为空布局。

【例 6-10】源程序 JFrameDemo4.java，重新布置登录窗口。

```
1    import java.awt.Color;
2    import javax.swing.*;
3    public class JFrameDemo4 extends JFrame{
4      ……//省略代码详见例 6-2 的第 4~11 句
5      public JFrameDemo4(){
6            ……//省略代码详见例 6-2 的第 4~11 句
7            pane.setLayout(null);
8            label1.setBounds(30, 10, 200, 30);
9            username.setBounds(50, 40, 80, 30);
10           txuser.setBounds(100, 40, 100, 30);
11           password.setBounds(50, 80, 80, 30);
12           txpass.setBounds(100, 80, 100, 30);
13           bt1.setBounds(60, 120, 80, 30);
14           bt2.setBounds(150, 120, 80, 30);
15     }
16     ……//省略代码详见例 6-2 的第 35~37 句
17   }
```

【运行结果】

例 6-10 运行结果如图 6-16 所示。

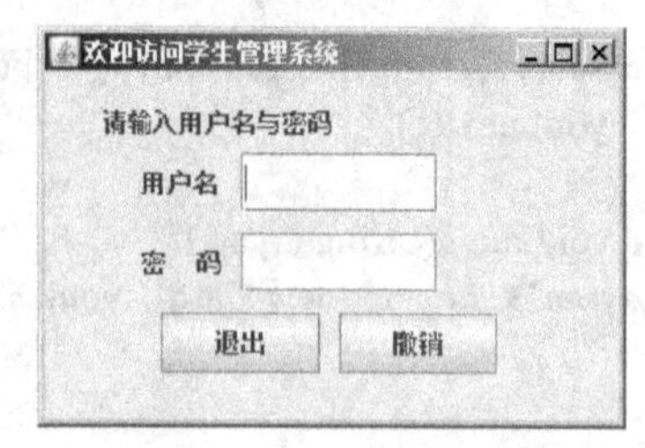

图 6-16 例 6-10 运行结果

【程序分析】

方法 setBounds (int x，int y，int width，int height)移动组件并调整其大小。由 x 和 y 指定左上角的新位置，由 width 和 height 指定新的大小。

6．容器的嵌套

在复杂的图形用户界面设计中，为了使布局更加易于管理，具有简洁的整体风格，一个包含了多个组件的容器本身也可以作为一个组件加到另一个容器中去，容器中再添加容器，这样就形成了容器的嵌套。

【例 6-11】源程序名 ExGui3.java，容器嵌套的示例。

```
1    import javax.swing.*;
2    public class ExGui{
3       private JFrame f;
4       private Panel p;
5       private JButton bw,bc;
6       private JButton bfile,bhelp;
7       public ExGui(){
8       f = new JFrame("GUI example");
9       bw=new JButton("West 西");
10      bc=new JButton("工作空间");
11      f.add(bw,"West 西");
12      f.add(bc,"Center 中心");
13      p = new Panel();
14      f.add(p,"North");
15      bfile= new JButton("文件");
16      bhelp= new JButton("帮助");
17      p.add(bfile);
18      p.add(bhelp);
19      f.pack();
20      f.setVisible(true);
21      }
22      public static void main(String args[]){
23        ExGui gui = new ExGui();
24        }
25   }
```

【运行结果】

例 6-11 运行结果如图 6-17 所示。

图 6-17 例 6-11 运行结果

【程序分析】

Frame 的默认布局管理器为 BorderLayout；而 Panel 单独

显示，必须添加到某个容器中。Panel 的默认布局管理器为 FlowLayout；当把 Panel 作为一个组件添加到某个容器中后，该 Panel 仍然可以有自己的布局管理器，可以利用 Panel 使得 BorderLayout 中某个区域显示多个组件，达到设计复杂用户界面的目的；如用无布局管理器 setLayout(null)，则必须使用 setLocation()，setSize()，setBounds()等方法手工设置组件的大小和位置，此方法会导致平台相关，不鼓励使用。

6.5　复杂组件与事件处理

6.5.1　选择事件与列表框、组合框

1．选择事件（ItemEvent）

ItemEvent 类只包含一个事件，该事件是在用户已选定项或取消选定项时由 ItemSelectable 对象（如 List）生成的。引发这类事件的动作包括：

（1）改变列表类 JList 对象中选项的选中或不选中状态。

（2）改变下拉列表类 JComboBox 对象中选项的选中或不选中状态。

（3）改变复选按钮类 JCheckbox 对象的选中或不选中状态。

（4）改变复选框菜单项 JCheckboxMenuItem 对象的选中或不选中状态。

ItemEvent 类的主要方法有：

（1）public ItemSelectable getItemSelectable ()：得到选中的事件源。

（2）public Object getItem ()：得到选中的选择项。

（3）public int getStateChange ()：得到选中项的状态变化类型，它的返回值可能是下面两个静态常量之一：

ItemEvent.SELECTED：代表选项被选中。

ItemEvent.DESELECTED：代表选项被放弃。

ItemEvent 类产生的事件，以 ItemListener 接口触发动作，再由 itemStateChanged()方法去完成这些动作。

2．列表（List）

列表也是列出一系列的选择项供用户选择，但是列表可以实现多选，即允许复选。在创建列表时，同样应该将它的各选择项加入到列表中。可使用如下方法创建列表：

```
List colorlist=new List(3,true);   //列表的构造方法
Colorlist.add("red");              //将字符串加到列表中
Colorlist("green");
Colorlist("blue");
```

List(3,true)中的 3 表明该列表只显示 3 个选项，true 表示可做多重选择，若为 false，则只能做单一的选择。List 的常用方法见表 6-9。

表 6-9　List 的常用方法

方法名称	方法描述
add(String item)	加入一个列表项到下拉列表中

（续）

方法名称	方法描述
add(String item,int index)	将标签为 item 的选项加入列表中指定序号处
getSelectedItem ()	获得已选中的选择项文本
getSelectedItems ()	获得所有已选择的选项组成的字符数组
getSelectedIndex ()	获得已选中的选择项的序号
getSelectedIndexs ()	获得所有已选择的选项组成的整型数组

列表可以产生两种事件：当用户单击列表中的某一个选项并选中它时，它将产生 ItemEvent 类的选择事件；当用户双击列表中的某个选项时，将产生 ActionEvent 类的动作事件。

3．列表框（JComboBox）

将按钮或可编辑字段与下拉列表组合的组件。用户可以从下拉列表中选择值，下拉列表在用户请求时显示。

常用构造方法的使用如下：

JComboBox()：创建具有默认数据模型的 JComboBox。

JComboBox(ComboBoxModel aModel)：创建一个 JComboBox，其项取自现有的 ComboBoxModel。

JComboBox(Object[] items)：创建包含指定数组中的元素的 JComboBox。

JComboBox 的常用方法见表 6-10。

表 6-10　JComboBox 的常用方法

方法名称	方法描述
addItem(Object anObject)	为项列表添加项
insertItemAt(Object anObject, int index)	在项列表中的给定索引处插入项
setEnabled	启用组合框以便可以选择项
getItemCount()	返回列表框中项目的个数
getSelectedIndex()	返回列表框中所选项目的索引
getSelectedItem()	返回列表框中所选项目的值

【例 6-12】源程序 PaintBoard_1.java，画图板（完整）

```
1     import java.awt.*;
2     import java.awt.event.*;
3     import java.awt.geom.*;
4     import javax.swing.*;
5     public class PaintBoard_1 extends JFrame implements ActionListener,
          MouseListener, ItemListener {
6         private static final long serialVersionUID = 1L;
7         JPanel panel1,panel2;
8         JButton btLine,btRect,btCircle,btClear;
9         int toolFlag=0;
10        Point p1=new Point(0,0),p2=new Point(0,0);
11        JComboBox colCombo;//列表框：调整画笔颜色
```

```
12          List lstSize;//列表：调整画笔颜色
13          Color c=new Color(0,0,0);
14          BasicStroke size = new
              BasicStroke(1,BasicStroke.CAP_BUTT,BasicStroke.JOIN_BEVEL);
15          public PaintBoard_1 (String s){
16                 super(s);
17                 panel1=new JPanel();
18                 panel2=new JPanel();
19                 panel2.setBackground(Color.yellow);
20                 this.add(panel1,BorderLayout.NORTH);
21                 this.add(panel2,BorderLayout.CENTER);
22                 btLine=new JButton("直线");
23                 btRect=new JButton("矩形");
24                 btCircle=new JButton("圆形");
25                 btClear=new JButton("清除");
26                 String[] str={"Black","red","green","blue"};
27                 colCombo=new JComboBox(str);
28                 lstSize=new List();
29                 for(int i=1;i<5;i++)
30                     lstSize.addItem(String.valueOf(i));
31                 panel1.add(btLine);
32                 panel1.add(btRect);
33                 panel1.add(btCircle);
34                 panel1.add(btClear);
35                 panel1.add(colCombo);
36                 panel1.add(lstSize);
37                 this.setSize(600,400);
38                 this.setLocation(50,50);
39                 this.setVisible(true);
40                 this.addMouseListener(this);
41                 btLine.addActionListener(this);
42                 btRect.addActionListener(this);
43                 btCircle.addActionListener(this);
44                 btClear.addActionListener(this);
45                 colCombo.addItemListener(this);
46                 lstSize.addItemListener(this);
47                 //validate();
48          }
49          public static void main(String[] args) {
50                 // TODO Auto-generated method stub
51                 new PaintBoard_1("画图板");
52          }
53          public void actionPerformed(ActionEvent e) {
54                 // TODO Auto-generated method stub
55                 if(e.getSource()==btLine)
56                        toolFlag=0;
57                 if(e.getSource()==btRect)
58                        toolFlag=1;
59                 if(e.getSource()==btCircle)
60                        toolFlag=2;
```

```
61              if(e.getSource()==btClear){
62                  toolFlag=3;
63                  repaint();
64                  }
65          }
66          public void mousePressed(MouseEvent e)
67          {
68              int x = (int)e.getX();
69              int y = (int)e.getY();
70              p1 = new Point(x, y);
71          }
72          public void paint(Graphics g)
73          {
74              Graphics2D g2d = (Graphics2D)g;
75              g2d.setColor(c);
76              g2d.setStroke(size);
77              if(toolFlag==3)
78                  panel2.repaint();
79              switch(toolFlag){
80              case 0://画直线
81                  Line2D line = new Line2D.Double(p1.x, p1.y, p2.x, p2.y);
82                  g2d.draw(line);
83                  break;
84             case 1://画矩形
85      Rectangle2D rect = new Rectangle2D.Double(p1.x, p1.y,
                              Math.abs(p2.x-p1.x) , Math.abs(p2.y-p1.y));
86                  g2d.draw(rect);
87                  break;
88             case 2://画圆
89                  Ellipse2D ellipse = new Ellipse2D.Double(p1.x, p1.y,
                                Math.abs(p2.x-p1.x) , Math.abs(p2.y-p1.y));
90                  g2d.draw(ellipse);
91                  break;
92      }
93      }
94      public void mouseReleased(MouseEvent e) {
95             // TODO Auto-generated method stub
96             int x = (int)e.getX();
97             int y = (int)e.getY();
98             p2 = new Point(x, y);
99             repaint();
100     }
101     public void mouseClicked(MouseEvent e) {}
102     public void mouseEntered(MouseEvent e) {}
103     public void mouseExited(MouseEvent e) {}
104     public void itemStateChanged(ItemEvent e) {
105            if(e.getSource()==colCombo){
106                 String name = (String) colCombo.getSelectedItem();
107                 if(name=="black")
108                 {c = new Color(0,0,0); }
```

```
109                 else if(name=="red")
110                 {c = new Color(255,0,0);}
111                 else if(name=="green")
112                 {c = new Color(0,255,0);}
113                 else if(name=="blue")
114                 {c = new Color(0,0,255);}
115             }
116             if(e.getSource()==lstSize){
117                 int selected = lstSize.getSelectedIndex();
118                 if(selected==0){
119                     size = new BasicStroke(1,BasicStroke.CAP_BUTT,
                                    BasicStroke.JOIN_BEVEL);
120                 }
121                 else if(selected==1){
122                     size = new BasicStroke(2,BasicStroke.CAP_BUTT,
                                    BasicStroke.JOIN_BEVEL) ;
123                 }
124                 else if(selected==2){
125                     size = new BasicStroke(3,BasicStroke.CAP_BUTT,
                                    BasicStroke.JOIN_BEVEL);
126                 }
127                 if(selected==3){
128                     size = new BasicStroke(4,BasicStroke.CAP_BUTT,
                                    BasicStroke.JOIN_BEVEL);
129                 }
130             }
131         }
132     }
```

【运行结果】

例 6-12 运行结果如图 6-18 所示。

图 6-18　例 6-12 运行结果

【程序分析】

第 13 句：定义一个颜色属性 c，用来设置画笔的颜色。

第 14 句：BasicStroke(float width, int cap, int join)：构造一个具有指定属性的实心的 BasicStroke。BasicStroke 类定义针对图形图元轮廓呈现属性的一个基本集合，这些图元使用 Graphics2D 对象呈现。其中 width 表示 BasicStroke 的宽度；cap 表示 BasicStroke 端点的装饰；join 表示应用在路径线段交汇处的装饰。

第 26～27 句：为颜色列表添加项目内容。

第 29～30 句：为大小列表添加项目内容。

第 45～46 句：为两个列表添加监听器。

第 74 句：Graphics2D 类扩展 Graphics 类，以提供对几何形状、坐标转换、颜色管理和文本布局更为复杂的控制。

第 75 句：为画笔设置颜色。

第 76 句：为画笔设置样式。

第 104～128 句：实现列表选择监听器方法。

6.5.2 复选框与单选按钮

1. 复选框

JCheckbox 组件提供一种简单的“开/关”输入设备，它旁边有一个文本标签。

每个复选按钮只有两种状态：true 表示选中，false 表示未被选中。

创建复选按钮对象时可以同时指明其文本标签，这个文本标签简要地说明了复选按钮的意义和作用。

复选按钮的常用构造方法如下：

```
JCheckbox()
JCheckbox(String str,Boolean tf)
```

其中，str 指明对应的文本标签，tf 是一个逻辑值，或为 true，或为 false。

如果要知道复选按钮的状态，可以调用方法 getState ()获得；若按钮被选中，则返回 true，否则返回 false。调用方法 setState ()可以在程序中设置是否选中复选按钮。例如，下面的语句将使复选按钮处于选中的状态。

```
cx1.setState(true);  //cx1 为一复选按钮对象
```

当用户单击复选按钮使其状态发生变化时就会引发 ItemEvent 类代表的选择事件。

2. 单选按钮组

单选按钮组将多个复选框构成一组，该组内的所有复选框是互斥的，即在任何时刻，这个单选按钮组中只有一个复选框的值是 true，其他均为 false。在程序中可以使用单选按钮组的构造方法来创建一个单选按钮组，再在这组中增加复选框，就可以完成单选按钮组的创建。注意，这时创建的复选框，其外观会发生改变，而且所有和单选按钮组相关联的复选框将表现出“单选”的行为。

单选按钮组用 JRadioButton 类的对象表示。常用构造方法如下：

JRadioButton()：创建一个初始化为未选择的单选按钮，其文本未指定。

JRadioButton(Icon icon)：创建一个初始化为未选择的单选按钮，其具有指定的图像但无文本。

JRadioButton(Icon icon, boolean selected)：创建一个具有指定图像和选择状态的单选按钮，但无文本。

JRadioButton(String text)：创建一个具有指定文本的状态为未选择的单选按钮。

JRadioButton(String text, boolean selected)：创建一个具有指定文本和选择状态的单选按钮。

JRadioButton(String text, Icon icon, boolean selected)：创建一个具有指定的文本、图像和选择状态的单选按钮。

在使用时通过创建一个 ButtonGroup 对象并使用 add 方法将 JRadioButton 对象包含在按钮组中。ButtonGroup 对象为逻辑分组，不是物理分组。

【例 6-13】源程序 CTableDemo.java 课表设置页面。

```
1    import java.applet.*;
2    import java.awt.event.ItemEvent;
3    import java.awt.event.ItemListener;
4    import javax.swing.*;
5    public class CTableDemo extends JFrame implements ItemListener {
6        JPanel panel;
7        JLabel label1,label2;
8        JCheckBox chkjava,chkJSP,chkweb;
9        ButtonGroup grpTeacher;
10       JRadioButton rbt1,rbt2,rbt3;
11       JTextArea ta;
12       public CTableDemo(String s){
13           super(s);
14           panel=new JPanel();
15           label1=new JLabel("请选择选修的课程");
16           label2=new JLabel("请选择上课的教师");
17           ta=new JTextArea(6,30);
18           ta.setLineWrap(true);
19           chkjava=new JCheckBox("Java 程序设计");
20           chkJSP=new JCheckBox("JSP 案例课程");
21           chkweb=new JCheckBox("web 系统开发");
22           grpTeacher=new ButtonGroup();
23           rbt1=new JRadioButton("张红");
24           rbt2=new JRadioButton("李林");
25           rbt3=new JRadioButton("孙俪");
26           grpTeacher.add(rbt1);
27           grpTeacher.add(rbt2);
28           grpTeacher.add(rbt3);
29           this.setContentPane(panel);
30           panel.add(label1);
31           panel.add(chkjava);
32           panel.add(chkJSP);
33           panel.add(chkweb);
34           panel.add(label2);
35           panel.add(rbt1);
36           panel.add(rbt2);
37           panel.add(rbt3);
38           panel.add(ta);
39           chkjava.addItemListener(this);
40           chkJSP.addItemListener(this);
41           chkweb.addItemListener(this);
42           rbt1.addItemListener(this);
43           rbt2.addItemListener(this);
44           rbt3.addItemListener(this);
45           this.setSize(450,300);
46           this.setLocation(50,50);
47           this.setVisible(true);
48       }
49       public static void main(String[] args) {
```

```
50            // TODO Auto-generated method stub
51            new CTableDemo("课表选择");
52        }
53        public void itemStateChanged(ItemEvent e) {
54            // TODO Auto-generated method stub
55            StringBuffer sb=new StringBuffer("");
56            String str="";
57            if(chkjava.isSelected()){
58                sb.append("java 程序设计  ");
59            }
60            if(chkJSP.isSelected()){
61                sb.append(" JSP 案例课程");
62            }
63            if(chkweb.isSelected()){
64                sb.append(" web 系统开发");
65            }
66            if(rbt1.isSelected()){
67            ta.setText("你好，你选择的课程为："+sb.toString()+",
      授课教师为：张红，请 1-15 周周四下午 7、8 节在公教楼 B205 上课！");
68            }else if(rbt2.isSelected()){
69                ta.setText("你好，你选择的课程为："+sb.toString()+",
      授课教师为：李林，请 1-15 周周三上午 1、2 节在公教楼 C401 上课！");
70            }else if(rbt3.isSelected()){
71                ta.setText("你好，你选择的课程为："+sb.toString()+",
      授课教师为：孙俪，请 1-15 周周一下午 5、6 节在公教楼 B205 上课！");
72            }else{
73                ta.setText("请选择上课教师");
74            }
75        }
76    }
```

【运行结果】

例 6-13 运行结果如图 6-19 所示。

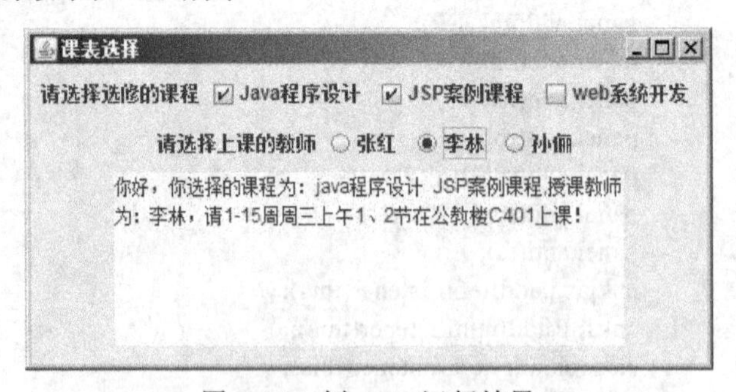

图 6-19　例 6-13 运行结果

【程序分析】

第 9 句：定义一个单选按钮组 ButtonGroup。

第 23～25 句：定义 3 个单选按钮对象。

第 42～44 句：为单选钮添加 ItemListener。

第 53～75 句：实现了 ItemListener 接口，根据选择的单选按钮和复选按钮在文本框中显示相应的信息。

6.6　本章小结

用 AWT 来生成图形化用户界面时，组件和容器的概念非常重要。组件是各种各样的类，封装了图形系统的许多最小单位，如按钮、窗口等。容器也是组件，它的最主要的作用是装载其他组件，但是像 Panel 这样的容器也经常被当做组件添加到其他容器中，以便完成杂的界面设计。布局管理器是 Java 语言与其他编程语言在图形系统方面较为显著的区别，容器中各个组件的位置是由布局管理器来决定的，布局管理器共有 5 种，每种布局管理器都有自己的放置规律。事件处理机制能够让图形界面响应用户的操作，主要涉及事件源、事件和事件处理者，事件源就是图形界面上的组件，事件就是对用户操作的描述，而事件处理者是处理事件的类。因此，对于 AWT 中所提供的各个组件，都需要了解该组件经常发生的事件以及处理该事件的相应的监听器接口。

6.7　知识测试

6-1 什么是图形用户界面？它与字符界面有何不同？你是否使用过这两种界面？试列出图形用户界面中你使用过的组件。

6-2 简述图形界面的构成成分及它们各自的作用。设计和实现图形用户界面的工作主要有哪两项？

6-3 简述 Java 的事件处理机制和委托事件模型。什么是事件源？什么是监听者？Java 的图形用户界面中，谁可以充当事件源？谁可以充当监听者？

6-4 动作事件的事件源可以有哪些？如何响应动作事件？

6-5 找出下面语句中的错误，并说明如何改正。

```
buttonName = Jbutton("Caption");
JLable aLable,JLable;//create references;
txtField = new JtextField(50, "Default Text");
Container c = getContentPane( );
SetLayout (new GrideLayout(9,9));
button1 = new JButton("North Star");
button2 = new Jbutton("South Pole");
c.add(button1);
c.add(button2);
```

6-6 编写程序，画出一条螺旋线。

6-7 编写程序，包含三个标签，其背景分别为“红”、“黄”、“蓝”三色。

6-8 编写程序，用 JLabel( )方法显示一行字符串，Applet 包含两个按钮“放大”和“缩小”。当单击“放大”按钮时显示的字符串字体放大一号，当单击“缩小”按钮时显示的字符串字体缩小一号。

第 7 章 输入与输出

学习目标

- 掌握：输入/输出的处理、字节流的处理、字符流的处理。
- 理解：字节流和字符流，文件处理。

重点

- 理解流和文件的概念。
- 正确使用各种输入/输出流。

难点

- 不同情况下使用适当的字符输入流。

输入/输出操作是计算机的基本功能，例如从键盘输入数据，从文件中读出数据，数据在输入/输出处理时会做连续传递，这点很像水流，所以 Java 把数据流称为流（Stream）。Java 提供了一套丰富的流类，专门负责处理各种方式的输入输出，这些类都放在 java.io 包中。

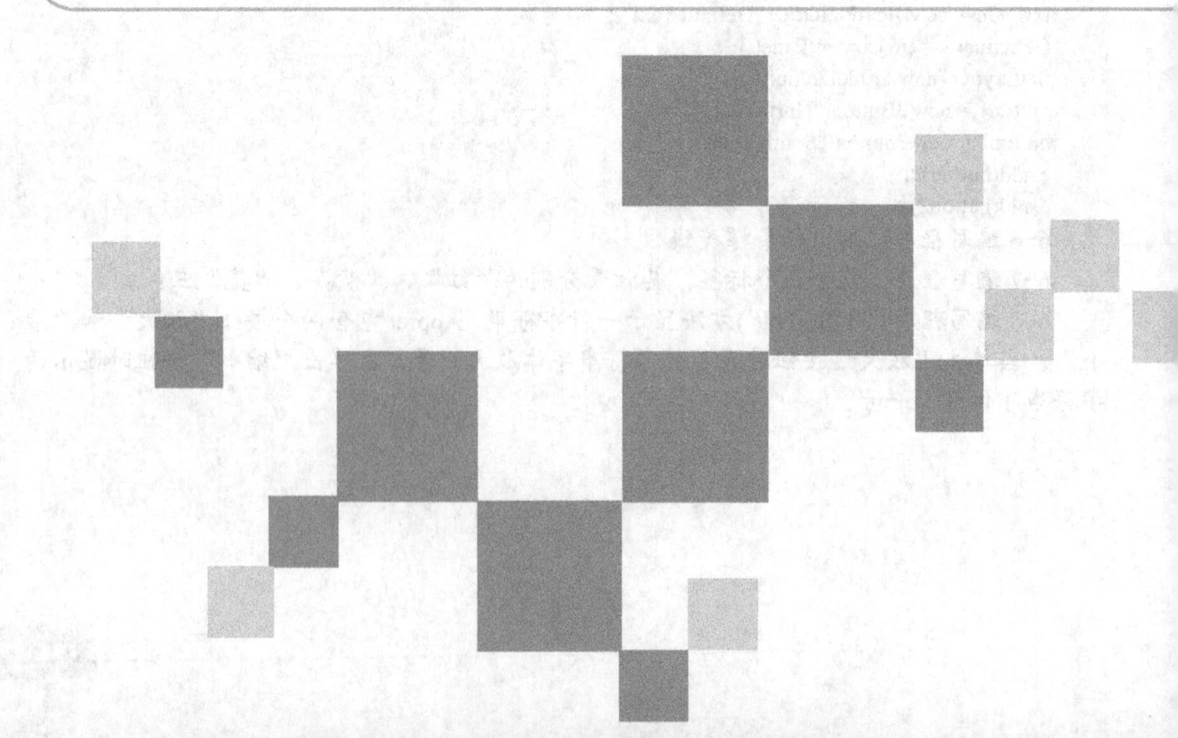

7.1　I/O 流概述

按流的运动方向来分，流分为输入流（input streams）和输出流（output streams）。

输入流（input streams）代表从外设流入计算机的数据序列。

输出流（output streams）代表从计算机流向外设的数据序列。

流式输入输出的特点：每个数据都必须等待排在它前面的数据读入或送出之后，才能被读写，每次读写操作处理的都是序列中剩余的未读写数据中的第一个，而不是随意选择输入输出的位置。

计算机使用的外设有：磁盘、磁带、键盘、屏幕、显示器等。由于不可能针对每一种设备都使用一种专用的输入/输出方法，因此需要使用一种称为“流”的逻辑设备来屏蔽这些设备的差异性。在行为上，所有的流都是类似的。

将计算机设备看成一个文件。打开文件时，建立流与特定文件的联系，可以在程序和文件之间交换信息；关闭流时，会使其相关缓冲区中所有内容写到外设。在程序终止前，应该关闭所有打开的流。程序、流、外设之间的关系如图 7-1 所示。

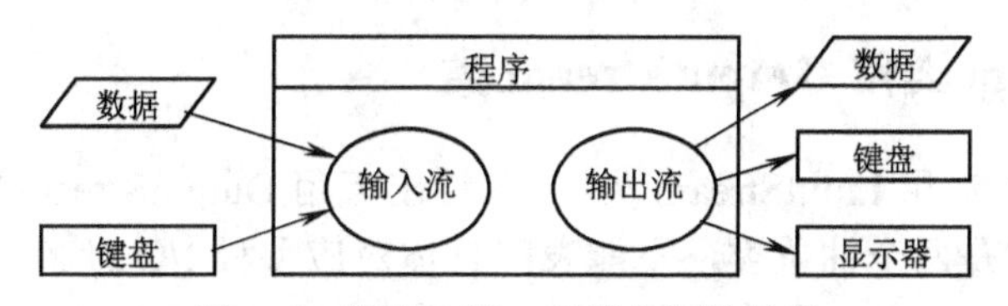

图 7-1　程序、流、外设之间的关系

在 Java 程序中，流（stream）是程序内数据流动的路径，流中的数据可以是未加工的原始二进制数据，也可以是按一定编码处理后符合某种格式规定的特定数据，如字符数据。Java 中的流有字节流和字符流之分。

1．字节流

字节流处理以字节为单位进行的数据读写操作。InputStream 和 OutputStream 是处理字节流的两个基本类。java.io 包中的所有以 InputStream 和 OutputStream 结尾的类都是处理字节流的类。从 InputStream 和 OutputStream 派生出来的一系列类。以字节（byte）为基本处理单位，主要包括：

（1）InputStream、OutputStream。

（2）FileInputStream、FileOutputStream。

（3）PipedInputStream、PipedOutputStream。

（4）ByteArrayInputStream、ByteArrayOutputStream。

（5）FilterInputStream、FilterOutputStream。

（6）DataInputStream、DataOutputStream。

（7）BufferedInputStream、BufferedOutputStream。

2．字符流

字符流处理以字符为单位进行的读写操作。字符流处理的信息是基于文本的信息。字符流支持 Unicode 中的任何字符，Reader 和 Writer 是处理字符流的两个基本类。java.io 包中所有以“Reader”和“Writer”结尾的类都是处理字符流的类。从 Reader 和 Writer 派生出的一系列类以 16 位的 Unicode 码表示的字符为基本处理单位，主要包括：

（1）Reader、Writer。

（2）InputStreamReader、OutputStreamWriter。

（3）FileReader、FileWriter。

（4）CharArrayReader、CharArrayWriter。

（5）PipedReader、PipedWriter。

（6）FilterReader、FilterWriter。

（7）BufferedReader、BufferedWriter。

（8）StringReader、StringWriter。

7.2 字节流

处理字符或字符串时一般使用字符流类，处理字节或二进制时一般使用字节流类。InputStream 类和 OutputStream 类为字节流设计。

7.2.1 InputStream 类和 OutputStream 类

在字节流中，输入流用 InputStream 类完成，输出流用 OutputStream 类完成。InputStream 类和 OutputStream 类是两个抽象类，不能表明具体对应哪种 I/O 设备，它们下面有许多子类，包括网络、管道、内存、文件等具体的 I/O 设备，如 FileInputStream 类对应文件输入流。作为抽象类，它不能直接生成对象，只有通过全部实现其接口的子类生成程序中所需要的对象，而且 InputStream 类的子类一般都会将 InputStream 中定义的基本方法重写，以提高效率或适应特殊流的需要。

1．InputStream 类

InputStream 类中包括所有输入流都需要使用的方法，用以从输入流中读取数据。当需要从键盘、磁盘等外部设备读出数据时，需要一个输入流对象与外部设备之间建立连接，并通过输入和输出流对象调用输入方法来实现输入操作。InputStream 类中的方法有：

（1）public abstract int read() throws IOException

读取一个字节，返回值为所读的字节的整型表示。如果为-1，则表明文件结束。

（2）public int read(byte[] b)throws IOException

读取多个字节，放置到字节数组 b 中，通常读取的字节数量为 b 的长度，返回值为实际读取的字节的数量。

（3）public int read(byte[] b, int off,int len) throws IOException

读取 len 个字节，放置到下标 off 开始的字节数组 b 中，返回值为实际读取的字节的数量。

注意

（1）read()方法读出的都是二进制字节数据，并不是我们经常使用的整数或字符等具体数据。

（2）read()方法会产生 IOException 异常，使用时应注意对异常的处理。

【例 7-1】源程序 Read Demo. java，使用 read()方法从键盘输入字符（字节）。

```
1    import java.io.*;
2    public class ReadDemo {
3    public static void main(String[] args)throws java.io. IOException {
4       byte buf[]=new byte[64];
5       System.out.println("请输入：");
6       System.in.read(buf);                 //从键盘读入多个字符（字节）
7       String s=new String(buf);            //将 buf 中字节数据转为字符串
8       System.out.println("s="+s);
9       System.out.println("请输入：");
10      int s1=System.in.read();             //从键盘读入一个字节到 s1
11      System.out.println("s1="+(char)s1); //将字节数据转为字符并输出
12      }
13   }
```

【运行结果】

例 7-1 运行结果如图 7-2 所示。

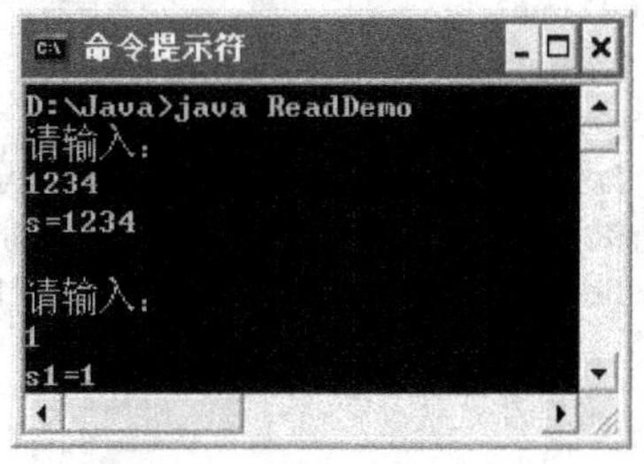

图 7-2　例 7-1 运行结果

【程序分析】

该程序使用 read()方法从键盘输入字符。

第 6 行：从键盘读入多个字符到 buf。

第 7 行：将字节数据转为字符串。

第 10 行：从键盘读入一个字节到 s1。

第 11 行：将字节数据转为字符并输出。

2．OutputStream 类

OutputStream 是一个定义了输出流的抽象类，这个类中的所有方法的返回值均为 void，并在遇到错误时引发 IOException 异常。OutputStream 类中的方法有以下几种：

（1）public abstract void write(int b) throws IOException

将指定的字节写入此输出流。write 的常规协定是：向输出流写入一个字节。要写入的字节是参数 b 的 8 个低位，b 的 24 个高位将被忽略。OutputStream 的子类必须提供此方法的实现。

（2）public void write (byte[] b) throws IOException

将 b.length 个字节从指定的字节数组写入此输出流。write(b)的常规协定是：应该与调用 write(b.0,b.length)的效果完全相同。

（3）public void write (byte[] b, int off, int len) throws IOException

将指定字节数组中从偏移量 off 开始的 len 个字节写入此输出流。write(b, off, len)的常规协定是：将数组 b 中的某些字节按顺序写入输出流；元素 b[off]是此操作写入的第一个字节，b[off+len-1]是此操作写入的最后一个字节。OutputStream 的 write 方法对每个要写出的字节调用一个参数的 write 方法。建议子类重写此方法并提供更有效的实现。如果 b 为 null，则抛出 NullPointerException。如果 off 为负，或 len 为负，或者 off+len 大于数组 b 的长度，则抛出 IndexOutOfBoundsException。

（4）public void flush () throws IOException

刷新此输出流并强制写出所有缓冲的输出字节。flush 的常规协定是：如果此输出流的实现已经缓冲了以前写入的任何字节，则调用此方法指示应将这些字节立即写入它们预期的目标。如果此流的预期目标是由基础操作系统提供的一个抽象（如一个文件），则刷新此流只能保证将以前写入到流的字节传递给操作系统进行写入，但不保证能将这些字节实际写入到物理设备（如磁盘驱动器）。

（5）public void close ()throws IOException

流操作完毕后必须关闭。

【例 7-2】源程序 write. java，使用 write()方法向屏幕输出字符（字节）。

```
1  import java.io.*;
2  public class WriteDemo {
3  public static void main(String[] args)throws java.io. IOException {
4     byte b=97,buf[]={65,66,67,68};
5     System.out.write(b);          //向屏幕输出一个字符（字节）数据
6     System.out.write(buf);        //向屏幕输出多个字符（字节）数据
7     System.out.write(buf,1,3);  //从字节数组 buf 中取出部分字符（字节）数据后将其输出
8     }
9  }
```

【运行结果】

例 7-2 运行结果如图 7-3 所示。

图 7-3　例 7-2 运行结果

【程序分析】

该程序使用 write()方法向屏幕输出字符。

第 5 行：向屏幕输出一个字符（字节）数据。

第 6 行：向屏幕输出多个字符（字节）数据。

第 7 行：从字节数组 buf 中取出部分字符（字节）数据后将其输出。

7.2.2　文件流 FileInputStream / FileOutputStream

I/O 处理中，最常见的是对文件的操作。java.io 包中有关文件处理的类有：File、FileInputStream、FileOutputStream、RamdomAccessFile 和 FileDescriptor。

1．File 类

File 类提供文件管理功能，如文件的查询、修改、删除等。下面介绍 File 类和它中的一些主要方法。

（1）文件或目录的生成

public File (String pathname)：通过将给定路径名字符串转换成抽象路径名来创建一个

新 File 实例。如果给定字符串是空字符串，则结果是空的抽象路径名。

public File (String parent, String child)：根据 parent 路径名字符串和 child 路径名字符串创建一个新 File 实例。如果 parent 为 null，则创建一个新的 File 实例，这与调用单参数 File 方法，以给定 child 路径名字符串作为参数的效果一样。否则，parent 路径名字符串用于表示目录，而 child 路径名字符串用于表示目录或文件。如果 child 路径名字符串是绝对路径名，则用与系统有关的方式将它转换成一个相对路径名。如果 parent 是空字符串，则新的 File 实例是通过将 child 转换成抽象路径名并根据与系统有关的默认目录来分析结果而创建的。否则，将每个路径名字符串转换成一个抽象路径名，并根据父抽象路径名分析子抽象路径名。

public File (File parent, String child)：根据 parent 抽象路径名和 child 路径名字符串创建一个新 File 实例。如果 parent 为 null，则创建一个新的 File 实例，这与调用给定 child 路径名字符串的单参数 File 构造方法的效果一样。否则，parent 抽象路径名用于表示目录，而 child 路径名字符串用于表示目录或文件。如果 child 路径名字符串是绝对路径名，则用与系统有关的方式将它转换成一个相对路径名。如果 parent 是空抽象路径名，则新的 File 实例是通过将 child 转换成抽象路径名并根据与系统有关的默认目录来分析结果而创建的。否则，将每个路径名字符串转换成一个抽象路径名，并根据父抽象路径名分析子抽象路径名。

例：

```
1）File file1=new File("d: \\java\\c.txt");
2）File file2=new File("d:\\java","c.txt");
3）File myDir=new file ("d:\\java");
   Filefile3=new File(myDir,"c.txt");
```

其中路径也可以是相对路径。如果在应用程序里只用一个文件，第一种创建文件的结构是最容易的。但如果在同一目录里打开数个文件，则第二种或第三种结构更好一些。

（2）文件名的处理

```
String getName ( );  //得到一个文件的名称（不包括路径）
String getPath ( );  //得到一个文件的路径名
String getAbsolutePath ( ); //得到一个文件的绝对路径名
String getParent ( );  //得到一个文件的上一级目录名
String renameTo (File newName); //将当前文件名更名为给定文件的完整路径
```

（3）文件属性测试

```
boolean exists ( );  //测试当前 File 对象所指示的文件是否存在
boolean canWrite ( ); //测试当前文件是否可写
boolean canRead ( ); //测试当前文件是否可读
boolean isFile ( );  //测试当前文件是否是文件（不是目录）
boolean isDirectory ( );  //测试当前文件是否是目录
```

（4）普通文件信息和工具

```
long lastModified ( );//得到文件最近一次修改的时间
long length ( ); //得到文件的长度，以字节为单位
boolean delete ( ); //删除当前文件
```

（5）目录操作

```
boolean mkdir( ); //根据当前对象生成一个由该对象指定的路径
void  delete();  //删除 File 对象对应的文件或目录
String []list ( ); //列出当前目录下的文件
```

【例 7-3】源程序 File Demo1. java，在 D 盘根目下建立目录 myDir，并对目录进行一

些操作。

```
1  import java.io.*;
2  public class FileDemo1 {
3     public static void main(String[] args) throws java.io.IOException {
4        try {
5              File dir1 = new File("d:\\myDir");
6              dir1.mkdir();
7              if (dir1.exists()) {
8                    System.out.println(dir1.getPath()); // 获取目录的路径
9                    System.out.println(File.separator); // 获取分隔符
10             System.out.println(dir1.isDirectory());// 判断是否为目录
11             } else
12                   System.out.println("目录不存在!! ");
13
14        } catch (Exception e) {
15             System.out.println("error!!");
16        }
17    }
18 }
```

【运行结果】

例 7-3 运行结果如图 7-4 所示。

图 7-4　例 7-3 运行结果

【程序分析】

本程序主要是对目录操作的基本方法。

第 7 行：判断该目录是否存在。

第 8 行：获取目录路径。

第 9 行：获取分隔符号。

2．FileInputStream 类（文件输入流）

FileInputStream 类创建一个能从文件中读取字节的 InputStream 类。它有两个常用的构造函数：

（1）public FileInputStream (File file) throws FileNotFoundException

通过打开一个到实际文件的连接来创建一个 FileInputStream，该文件通过文件系统中的 File 对象 file 指定。创建一个新 FileDescriptor 对象来表示此文件连接。

首先，如果有安全管理器，则用 file 参数表示的路径作为参数调用其 checkRead 方法。

如果指定文件不存在，或者它是一个目录，而不是一个常规文件，抑或因为其他某些原因而无法打开进行读取，则抛出 FileNotFoundException。

（2）public FileInputStream (String name) throws FileNotFoundException

通过打开一个到实际文件的连接来创建一个 FileInputStream，该文件通过文件系统中的路径名 name 指定。创建一个新 FileDescriptor 对象来表示此文件连接。

首先，如果有安全管理器，则用 name 作为参数调用其 checkRead 方法。如果指定文件不存在，或者它是一个目录，而不是一个常规文件，抑或因为其他某些原因而无法打开进行读取，则抛出 FileNotFoundException。

name 是与系统有关的文件名。例：

```
FileInputStream f1 =new FileInputStream ("c.txt");
File f=new File ("c．txt")；
FileInputStream f2=new FileInputStream (f)；
```

FileInputStream 类重载了 InputStream 的 6 个方法，mark ()和 reset ()不被重载。

【例 7-4】源程序 ShowFile.java，创建一个 FileInputStream 类对象读取文件中的内容，使用循环判断是否到达文件尾，未到达则按字节输出。

```
1  import java.io.*;
2   public class ShowFile
3   {
4      public static void main(String args[])throws IOException
5      {
6         int a;
7         FileInputStream f;
8         try{
9               f = new FileInputStream("d:\\aa.txt");
10           }catch(FileNotFoundException e){
11              System.out.println("File not Found");
12              return;
13           }catch(ArrayIndexOutOfBoundsException e){
14              System.out.println("Usage:ShowFile File");
15              return;
16           }
17        System.out.print("文件内容是:");
18        do{
19              a = f.read();
20              if(a!=-1)
21              System.out.print((char)a);
22           }while (a!=-1);
23       f.close();
24     }
25  }
```

【运行结果】

例 7-4 运行结果如图 7-5 所示。

图 7-5　例 7-4 运行结果

【程序分析】

aa.txt 这个文件要提前建立在 D：盘上。

第 9 句：建立了一 FileInputStream 类的对象 f，使用命令行参数的方式指定要读取的文件。

第 18～22 句：建立循环通过 a = f.read()顺序将文件中的字节数据赋给变量 a。其中第 21 句：将数据以字符形式在屏幕上显示，当 a =-1 时表示到达文件尾。

3．FileOutputStream 类（文件输出流）

FileOutputStream 类用于向一个文本文件写数据文件，它是 OutputStream 类的子类，像输入文件一样，必须先打开这个文件后才能写这个文件。它有两个常用的构造函数：

（1）public FileOutputStream (File file) throws FileNotFoundException

创建一个向指定 File 对象表示的文件中写入数据的文件输出流。创建一个新 FileDescriptor 对象来表示此文件连接。首先，如果有安全管理器，则用 file 参数表示的路径作为参数来调用 checkWrite 方法。如果该文件存在，但它是一个目录，而不是一个常规文件；或者该文件不存在，但无法创建它；抑或因为其他某些原因而无法打开，则抛出 FileNotFoundException。

（2）public FileOutputStream (String name) throws FileNotFoundException

创建一个向具有指定名称的文件中写入数据的输出文件流。创建一个新 FileDescriptor 对象来表示此文件连接。如果有安全管理器，则用 name 为参数调用 checkWrite 方法。例如：

```
1）FileOutputStream ofilel=new FileOutputStream("mytxt.txt")
2）File f=new File ("mytxt.txt");
3）FileOutputStream ofile2=new FileOutputStream (f);
```

因为 FileOutputStream 类是 OutputSlream 类的子类，所以它重载了 OutputStream 类的方即用 write ()方法向文件写入字节数据。

【例 7-5】源程序 File Out1. java，创建一个在指定文件名中写入数据的输出文件流。

```
1       import java.io.*;
2       public class FileOut1
3       {
4           public static void main(String args[])throws IOException
5           {
6               String s="welcome to you ！ ";
7               byte b[]=s.getBytes();
8               FileOutputStream fo=new FileOutputStream("d:\\aa.txt");
9               fo.write(b);
10          fo.close();
11      }
12  }
```

【运行结果】

执行程序后，可以将字符串写入 aa.txt 替换原来的文本内容。查看 aa.txt 文件，如图 7-6 所示。

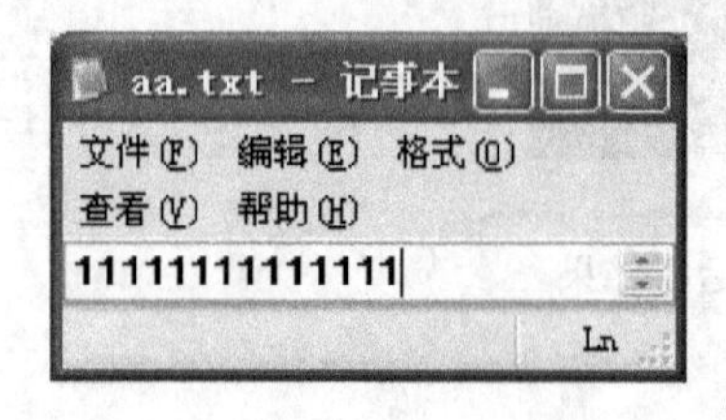

改为

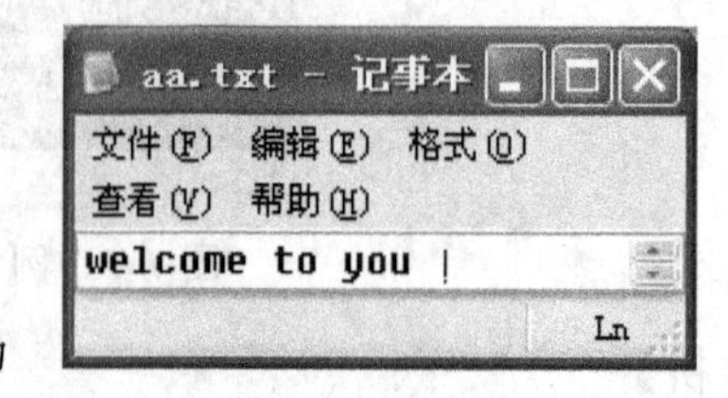

图 7-6　例 7-5 运行结果

【程序分析】

该程序使用输出流的 write ()方法向文件中写入字节数据。

第 8 行：建立输出流对象，并指向 aa.txt 文件

第 9 行：通过输出流向文件中写入指定字节数据 b，这样原来的的内容被新内容替代。

7.2.3　标准流

在一般应用程序中，需要频繁地向标准输出设备即显示器输出信息，或者频繁地从标准输入设备键盘输入信息。如果每次在标准输入或输出前都要先建立输入输出流类对象，显然是低效和不方便的。因此，Java 语言预先定义好 3 个流对象分别表示标准输入、标准输出和标准错误。其中标准输入 System.in 作为 InputStream 类的一个实例来实现，标准输出 System.out 作为 PrintStream 类的实例来实现，标准错误 System.err 也属于 PrintStream 类的实例。

1．标准输入

标准输入 System.in 作为 InputStream 类的一个实例来实现，可以使用 read()和 skip(long n)两个方法。Read ()实现从输入中读一个字节，skip (long n)实现在输入中跳过 n 个字节。但是这样只能一次输入一个字节，有时候不方便，所以会用到 BufferedReader 和 InputStreamReader 流，前者是缓冲输入字符流，后者用来将字节转换为字符。对于这两个类将在下一节讲解。

【例 7-6】源程序 SysR. java，从输入中读一个字节。

```
1  import    java.io.*;
2  public class SysR
3  {
4     public static void main(String args[])throws IOException
5     {
6     char a;
7     System.out.print("输入一个字符：");
8     a=(char)System.in.read();
9     System.out.println("输入的字符是:"+a);
10    }
11 }
```

【运行结果】

例 7-6 运行结果如图 7-7 所示。

图 7-7　例 7-6 运行结果

【程序分析】

该程序使用标准输入和标准输出实现输入和输出。

第 8 行：通过标准输入读入一个字节并强制转换为 char 类型。

2．标准输出

标准输出 System.out 是类 System 的数据成员 out，它属于 PrintStream 类。PrintStream

类和 OutputStream 类的关系是：OutputStream 类有一个抽象子类叫 FilterOutputStream，PrintStream 类是这个抽象类 FilterOutputStream 的一个子类。PfimStream 类提供流的格式化输出功能，能将任意类型数据输出为字符串形式。标准输出 System.out 可以使用 print()和println()两个方法。这两个方法支持使用 Java 的任意基本类为参数。这两个方法的唯一区别是 print()输出后不换行，而 println()输出后换行。因为在一般的例子中都可以看到它们的使用，所以这里就不举例了。

7.2.4 数据流

DataInputStream 类和 DataOutputStream 类创建的对象被称为数据输入流和数据输出流。它们允许程序按与机器无关的风格读取 Java 原始数据。即当读取一个数值时，不必再关心这个数值应当是多少个字节。

（1）DataInputStream（InputStream in）

将创建的数据输入流指向一个由参数 in 指定的输入流，以便从后者读取数据（按与机器无关的风格读取）。其主要方法如下：

构造方法：

```
DataInputStream(InputStream in);
```

其他方法：

```
int read(byte[] b); //从输入流中读取一定的字节，存放到缓冲数组 b 中。
int read(byte[] buf,int off,int len); //从输入流中一次读入 len 个字节存放在字节数组中的偏移 off 个字
                                       节及后面位置。
String readLine(); //读一行数据。
boolean readBoolean; //读布尔类型数据。
int readInt(); //读 int 类型数据。
byte readByte(); //读 byte 类型数据。
char readChar(); //读字符类型数据。
```

（2）DataOutputStream（OutputStream out）

将创建的数据输出流指向一个由参数 out 指定的输出流，然后通过这个数据输出流把 Java 数据类型的数据写到输出流 out。其主要方法如下：

构造方法：

```
DataOutputStream(OutputStream out);//创建一个将数据写入指定输出流 out 的数据输出流。
```

其他方法：

```
void write(byte[] b,int off,int len);//将 byte 数组 off 角标开始的 len 个字节写到 OutputStream 输出流对
                                     象中。
void write(int b);//将指定字节的最低 8 位写入基础输出流。
void writeBoolean(boolean b);//将一个 boolean 值以 1-byte 形式写入基本输出流。
void writeByte(int v);//将一个 byte 值以 1-byte 值形式写入到基本输出流中。
void writeBytes(String s);//将字符串按字节顺序写入到基本输出流中。
void writeChar(int v);//将 char 值以 2-byte 形式写入到基本输出流中。先写入高字节。
void writeInt(int v);//将一个 int 值以 4-byte 值形式写入到输出流中先写高字节。
void writeUTF(String str);//以机器无关的方式用 UTF-8 修改版将一个字符串写到基本输出流。该方法
                          先用 writeShort 写入两个字节表示后面的字节数。
int size();//返回 written 的当前值。
```

【例 7-7】源程序 ReadDataDemo.java，用于输入和输出不同类型的数据。

```
1   import   java.io.*;
```

```
2   public class ReadDataDemo
3   {
4           public static void main(String args[])throws IOException
5           {
6           DataInputStream ips=new DataInputStream(System.in);
7           DataOutputStream ops=new DataOutputStream(System.out);
8           System.out.println("输入一个 int 类型数据：");
9           int i=ips.readInt();
10          System.out.println("输入一个 double 类型数据：");
11          double d=ips.readDouble();
12          System.out.println("/n");
13          System.out.println("输入一个字符串：");
14          byte b[]=new byte[10];
15          ips.read(b);
16          ops.writeInt(i);
17          ops.writeDouble(d);
18          ops.write(b);
19          }
20  }
```

【运行结果】

例 7-7 运行结果如图 7-8 所示。

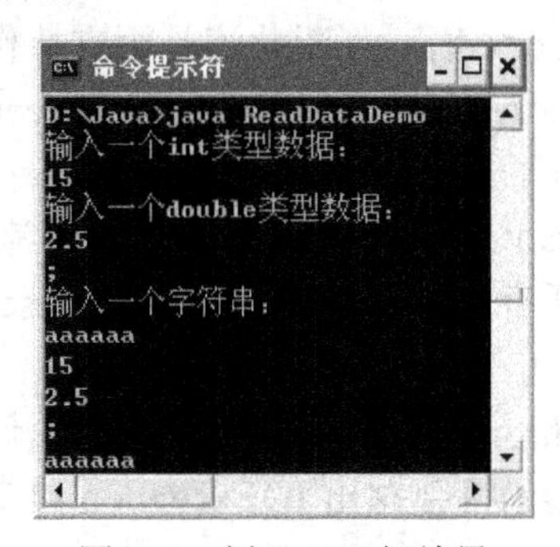

图 7-8　例 7-7 运行结果

【程序分析】

第 9 行：读入一个 int 类型的数据。

第 11 行：读入一个 double 类型的数据。

第 15 行：读入 byte 类型的数据，并放入字节数组 b。

第 16 行：输出 int 类型数据 i。

第 17 行：输出 double 类型数据。

第 18 行：输出字节数组 b 中数据。

7.3　字符流

从 JDK1.1 开始，java.io 包中加入了专门用于字符流处理以 16 位的 Unicode 码表示的字符流的类 Reader 和 Writer。一般情况下，可以利用 Reader 和 Writer 类读和写文本信息。

7.3.1 Reader 类和 Writer 类

Reader 和 Writer 两个抽象类与 InputStream 类和 OutputStream 类相对应。这两个类是抽象类，只提供了一系列用于字符流处理的接口，不能生成这两个类的实例，只能通过使用由它们派生出来的子类所生成的对象来处理字符流。

1．Reader 类

Reader 类是处理所有字符流输入类的父类。该类的所有方法在出错情况下都将引发 IOException 异常。Reader 类的功能和 InputStream 类相同，其主要方法如下：

（1）读取字符

1）public int read () throws IOException，读取单个字符，返回一个整数值，如输入流结束，则返回-1。

2）public int read (char[] cbuf) throws IOException，将多个字符读入 cbuf 数组中，返回实际读入字符数。

3）public abstract int read (char[] cbuf, int off, int len) throws IOException，读入 len 个长度的字符，存入 cbuf 的 off 起始位置，返回实际读入字符数。

（2）标记流

1）public boolean markSupported()，判断此流是否支持作标记操作。

2）public void mark (int readAheadLimit) throws IOException，给当前输入流作标记，最多返回 readAheadLimit 个字符。

3）public void reset () throws IOException，给当前输入流重作标记。例如，通过将该流重新定位到其起始点。并不是所有的字符输入流都支持 reset() 操作。

（3）关闭流

public abstract void close() throws IOException，关闭该流。在关闭流之后，进一步调用 read ()、ready ()、mark ()或 reset ()将会抛出 IOException 异常。

2．Writer 类

Writer 类是处理所有字符流输出类的父类。该类中所有方法的返回值均为 void，并在出错情况下引发 IOException 异常。

Writer 类功能和 OutputStream 类大体相同，其主要方法如下：

（1）向输出流写入字符

1）public void write (int c) throws IOException，写入单个字符。把整形值 c 的低 16 位写入输出流中，高 16 位被忽略。

2）public void write (char[] cbuf) throws IOException，写入字符数组。把数组 cbuf[] 的字符写入输出流。

3）public abstract void write (char[] cbuf, int off, int len) throws IOException，写入字符数组的某一部分。把 cbuf 数组从 off 位置开始的 len 个字符写入输出流。

4）public void write (String str) throws IOException，写入字符串。把字符串 str 中的字符写入输出流。

5）public void write (String str, int off, int len) throws IOException，写入字符串的某一部

分。把字符串 str 中从 off 位置开始的 len 个字符写入输出流。

（2）刷新

public abstract void flush ( )，刷空输出流，并输出所有被缓存的内容。

（3）关闭流

public abstract void close ( ) throws IOException，关闭此流，但要先刷新它。在关闭流之后，再调 write()或 flush()将导致抛出 IOException 异常。

7.3.2　LnputStreamReader 类和 OutputStreamWriter 类

LnputStreamReader 和 OutputStreamWriter 这两个类是字节流和字符流之间转换的类，LnputStreamReader 类可以将一个字节流中的字节解码成字符，OutputStreamWriter 类可以将写入的字符编码成字节后写成一个字节流。

1．InputStreamReader 类的主要构造函数

（1）public InputStreamReader (InputStream in)

InputStream 是字符流，in 是字节流，创建一个使用默认字符集的 InputStreamReader。

（2）public InputStreamReader (InputStream in, String ce) throws UnsupportedEncodingException

ce 是编码方式，即从字节流到字符流进行转换时所采用的编码方式。例如 ISO8859-1、UTF-16 等。创建使用指定字符集的 InputStreamReader。

2．OutputStreamWriter 类也有对应的两个主要的构造函数

（1）public OutputStreamWriter (OutputStream out)

OutputStream 是字节流，out 是字节流。创建使用默认字符编码的 OutputStreamWriter。

（2）Public OutputStreamWriter (OutputStream out, String ce) throws UnsupportedEncoding Exception

ce 是编码方式。创建使用指定字符集的 OutputStreamWriter。

3．InputStreamReader 类和 OutputStreamWriter 类的方法

（1）读入和写出字符

基本与 Reader 和 Write 相同。

（2）获取当前编码方式

```
public String getEncoding () //返回此流使用的字符编码的名称。
```

（3）关闭流

```
public void close () throws IOException //关闭该流。
```

为了避免频繁地进行字符和字节之间的转换，达到最高的效率，最好不要直接使用这两个类来进行读写，应尽量使用 BufferedReader 类包装 InputStreamReader 类，使用 BufferedWriter 类包装 OutputStreamWriter 类。

7.3.3　BufferedReader 类和 BufferedWriter 类

如果要输入的数据量比较多，或向文件多次写入数据，则可以使用 BufferedReader 和 BufferedWriter 两个流类。使用这两个类会在内存中开辟缓冲区，把要处理的文件内容先暂存到缓冲区中，然后一次处理，这样可减少文件取存次数，提高效率。

1．BufferedReader 类

BufferedReader 类是 Reader 类的子类，它通过缓冲输入来提高程序性能。其常用的构造函数有三个：

（1）public BufferedReader(Reader in,int sz)

创建一个使用指定大小输入缓冲区的缓冲字符输入流。

in 为一个 Reader 实例；

sz 为输入缓冲区的大小。

（2）public BufferedReader(Reader in)

创建一个使用默认大小输入缓冲区的缓冲字符输入流。

in 为一个 Reader。

和字节流的情况相同，BufferedReader 类也支持 read()、skip()、mark()、reset()等方法在缓冲区的流类读取所需要位置的字节。但它除了这些基本方法外还增加了对整行字符的读取功能。

（3）public String readLine() throws IOException

读取一个文本行。通过下列字符之一即可认为某行已终止：换行 ('\n')、回车 ('\r') 或回车后直接跟着换行。

返回：包含该行内容的字符串，不包含任何行终止符，如果已到达流末尾，则返回 null。

【例 7-8】源程序 Bread.java，输入多位整数，使用 BufferedReader 类的 readLine()方法按整数类型输出结果。

```
1   import   java.io.*;
2   public class Bread
3   {
4     public static void main(String[] args)throws IOException
5     {
6       try
7         {
8          InputStreamReader r;
9          BufferedReader n;
10         r=new InputStreamReader(System.in);
11         n=new BufferedReader(r);
12         System.out.println("从键盘读入一行数据：");
13         String s=n.readLine();
14         System.out.println("读入的数据是："+s);
15         int i=Integer.parseInt(s);
16         i*=2;
17         System.out.println("数据转换后的结果为:"+i);
18         }catch(IOException e)
19         {
20            System.out.println(e);
21           }
22     }
```

【运行结果】

例 7-8 运行结果如图 7-9 所示。

图 7-9　例 7-8 运行结果

【程序分析】

该程序将用户输入的整数可能是多位的整数，如果只读取一位字符显然是不行的，所以使用 BufferedReader 类的 readLine()方法将整行字符读入，再将取得的字符串转换成整数进行计算后输出。

第 8～11 句等价于：

```
BufferReaderin new BufferReader(new lnputStreamReader(System.in));
```

第 13 句：通过 readLine()的方法将读取的值赋给字符串变量 s，注意读取的是字符串。

第 15 句：Integer.parseInt(s)将 s 转换成整型以进行计算。

2．BufferedWriter 类

BufferedWriter 类是 Writer 的子类。它提供了缓冲输出的功能。可以将输出数据先存放在一个缓冲区里，当填满缓冲区或遇到文件结束标记时，可以一次性写入磁盘，或者也可以主动将缓冲区写入磁盘。用 BufferedWriter 类可以减少数据被实际写到输出流的次数，从而提高程序性能。其常用的构造函数有两个：

（1）public BufferedWriter (Writer out)

创建一个使用默认大小输出缓冲区的缓冲字符输出流。

out 为一个 Writer。

（2）public BufferedWriter (Writer out, int sz)

创建一个使用指定大小输出缓冲区的新缓冲字符输出流。

out 为一个 Writer。

sz 为输出缓冲区的大小，是一个正整数。

与 Writer 相比，它实现了方法 flush()。flush()方法可以确保数据缓冲区的内容确实被写到实际的输出流中。

【例 7-9】源程序 Bwriter.java，从键盘输入一系列字符串，写入到某磁盘文件中。

```
1   import java.io.*;
2   public class Bwriter
3   {
4       public static void main(String args[])  throws Exception
5       {
6           InputStreamReader i=new InputStreamReader(System.in);
7           BufferedReader b=new BufferedReader(i);
8           FileWriter f=new FileWriter("d:\\aa.txt");
9           BufferedWriter w=new BufferedWriter(f);
10          String s;
11          while(true)
```

```
12          {
13                 System.out.print("输入一个字符串 :");
14                 System.out.flush();
15                 s=b.readLine();
16                 if(s.length()==0)
17                 break;//如果用户直接回车，代表结束
18                 w.write(s);
19                 w.newLine();
20          }
21          w.close ( );
22          }
23     }
```

【运行结果】

例 7-9 运行结果如图 7-10 所示。

用户输入为：

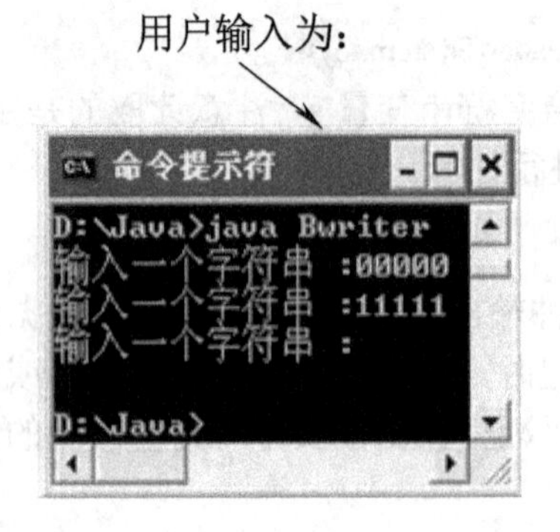

则 aa.txt 文件中的内容就为：

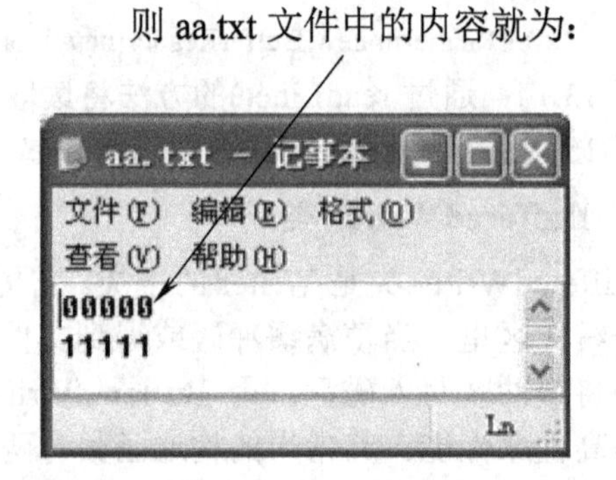

图 7-10　例 7-9 运行结果

【程序分析】

从键盘输入一系列字符串，可通过 BufferedReader 类完成。写入到某磁盘文件中，可通过 BufferedWriter 类来完成。因为写对象对应的是磁盘文件而不是显示器，所以必须先建立 FileWrite 类的对象。FileWriter 类和 FileOutputStream 类的作用类似，但是以字符流方式写入到文件中。再以 FileWriter 类的对象为参数来建立 BufferedWriter 类的对象。

第 6～8 句：为键盘建立 BufferedReader 类的对象 b，为磁盘文件"d:\\aa.txt"file1.txt 建立 BufferedWriter 类的对象 w。

第 14 句：flush()语句可以将输出缓冲区中的数据清空，即将输出缓冲区中的数据在屏幕上显示。

第 15 句：b.readLine()每次读取一行字符串，当用户直接按<回车>键时，s 字符串的长度为 0，循环结束。否则将内容通过第 18 句 w.write(s)写入文件中。通过文本编辑工具，可以看到文件的内容。

第 19 句：通过 w.newLine()换行。

7.4　本章小结

通过对 Java 中输入/输出处理的学习，读者可以编写更为完善的 Java 程序。编程过程中经常有输入输出信息的要求，实际上就是对数据源进行读和写的操作。在使用 java.io 包时，从文

本和二进制两种的数据格式考虑，文本格式应用 reader 和 writer 类，二进制格式应用 InputStream 和 OutputStream 类。文本流是一个字符流序列，在文本流中，可按需要进行某些字符的转换，在被读写字符和外部设备之间不存在一一对应关系，被读写字符的个数可能与外部设备中的字符个数不一样。二进制流是一个字节流序列，它与外部设备中的字节的个数存在着一一对应的关系，也就是说不存在字符的转换，被读写字节的个数与外部设备中的字节个数相同的。

7.5 知识测试

7-1 判断

1. 程序员必须创建 System .in,System .out 和 System .err 对象。 ( )
2. 如果顺序文件中的文件指针不是指向文件头，那么必须先关闭文件，然后在再打开它才能从文件头开始读取。 ( )
3. seek 方法必须以文件头为基准进行查找。 ( )
4. Java 中的每个文件均以一个文件结束标记（EOF），或者以记录在系统管理数据结构中的一个特殊的字节编号结束。 ( )
5. 如果要在 Java 中进行文件处理，则必须使用 Java .swing 包。 ( )
6. InputStream 和 OutputStream 都是抽象类。 ( )

7-2 选择

1. 计算机处理的数据最终分解为（ ）的组合。

   A. 0　　B. 数据包　　C. 字母　　D. 1

2. 计算机处理的最小数据单元称为（ ）。

   A. 位　　B. 字节　　C. 兆　　D. 文件

3. 字母、数字和特殊符号称为（ ）。

   A. 位　　B. 字节　　C. 字符　　D. 文件

4. （ ）文件流类的 close 方法可用于关闭文件。

   A. FileOutStream　　B. FileInputStream

   C. RandomAccessFile　　D. FileWrite

5. 在（ ）情况下用户能使用 File 类。

   A. 改变当前的目录

   B. 返回根目录名

   C. 删除一个文件

   D. 查找一个文件是否包含文本或二进制信息

7-3 问答题

1. Java 的输入/输出类库是什么？Java 的基本输入/输出类是什么？流式输入/输出的特点是什么？

2. Java 程序使用什么类来管理和处理文件?写出一条语句在 C 盘的 Windows 目录下创建一个子目录 myJavaPath。

3. 编写一个程序，要求用户输入一个正整数，该程序在用户没有输入正确值时通知用户输入正确的值，程序将在打印出正确值后终止。

第二部分

提高篇

第 8 章　多线程

学习目标

- 掌握：线程有关的类及线程的优先级。
- 掌握：线程的生命周期。
- 掌握：线程的同步方法。
- 了解：进程、线程的定义及它们的区别。

重点

- 掌握：线程的实现方法。

难点

- 掌握：线程的同步实现方法。

多线程就是多任务的意思，多任务就是在同一时间内做多件事情。目前所使用的操作系统大多数都属于多任务、分时的操作系统，如 Windows，Linux 操作系统。多任务系统可以同一时间执行多个程序，如边听歌，边聊天，还可以边看网页。目前计算机都具有双核心架构，多线程的程序会让多个 CPU 同时工作，整体执行效能会大幅度提高，所以多线程的程序设计日益重要。本章将详细介绍线程的基本知识。

8.1 线程概述

在 Java 语言中，多线程技术是一个重要的特性。通过编制多线程程序，可以让计算机在同一段时间内并行处理多个不同的工作任务。

8.1.1 进程与线程

在讲到线程的时候，我们必须先知道进程。什么是进程呢？一般来说，我们把正在计算机中运行的程序称为进程。例如，QQ 等。

所谓线程就是在进程内部，并发运行的过程（方法）。在进程内又进一步细化分出了线程的概念，线程是比进程更小的执行单位。线程几乎不拥有任何资源，它在执行时使用的是所在进程的资源，因此，线程的切换减少了（或没有）操作系统的资源调度开销，从而可以提高系统的整体运行速度。

一个进程可能容纳了多个同时执行的线程。线程就是执行中的一段程序。生活中很多事情都可以看做线程，比如吃饭、睡觉、看书、工作……有时候为了提高效率，你可能同时做几件事，每一件事叫做一个进程，那么你就工作在多进程状态下了。

假设你正在准备晚餐，微波炉里正烤着面包，咖啡壶里正煮着咖啡，你也许正在煤气灶边忙着煎鸡蛋。你需要不时地关照着微波炉和咖啡壶，还要注意不要把鸡蛋煎煳了，如果电话铃响了，你还要把电话夹在腋窝下接电话。那么你简直就是效率专家，并且正在完成多进程任务。

其实这样还不够，如果你煮稀饭时，再在稀饭锅上同时馏上馒头，那么煮稀饭和馏馒头就是多线程的概念，煮稀饭和馏馒头用的是同一个炉灶、同一个锅，效率就更高了。

知道了一些基本概念后，我们来看看在 Java 中怎样去创建线程。创建线程主要有两种方式：一是继承 Thread 类，二是实现 Runnable 接口。

8.1.2 Thread 类

要启动一个新的线程，首先要建立一个对象，通过调用 stat()方法才能启动。而 star()方法定义在 Thread 类内。

1. 构造方法

```
public Thread()
```

功能：创建一个系统线程类的对象。

```
public Thread(Runnable target)
```

参数说明：target 是 Runnable 系统接口的实例对象。

功能：创建一个系统线程类的对象，该线程可以调用指定 Runnable 接口对象的 run()方法。

```
public Thread(ThreadGroup group,String name)
```

参数说明：group 是 ThreadGroup（线程组）的实例对象，name 是新线程名字，可以用 null 作线程名。

功能：创建一个指定名字的系统线程类的对象，并将该线程加入到指定的线程组中。

```
public Thread(String name)
```

功能：创建一个指定名字的系统线程类的对象。

```
public Thread(ThreadGroup group,Runnable target)
```

功能：创建一个系统线程类的对象，并将该线程加入到指定的线程组中，同时该线程可以调用指定 Runnable 接口对象的 run( )方法。

```
public Thread(ThreadGroup group,Runnable target,String name)
```

功能：创建一个指定名字的系统线程类的对象，并将该线程加入到指定的线程组中，同时该线程可以调用指定 Runnable 接口对象的 run( )方法。

利用构造方法创建新对象之后，这个对象中的有关数据被初始化，从而进入线程的新建状态。

2．线程优先级

Java 虚拟机允许一个应用程序拥有多个正在执行的线程。在众多的线程中，哪一个线程先执行，哪一个线程后执行，取决于线程的优先级。线程的优先级是个整数值，值越高，越先执行，值越低，越慢执行。在 Thread 类中有三个有关线程优先级的静态常量：

MAX_PRIORITY：线程拥有最大优先级，值为 10。

MIN_PRIORITY：线程拥有最小优先级，值为 1。

NORM_PRIORITY：标准的优先级，它为一般线程的默认级，值为 5。

3．Thread 类的方法

利用 Thread 类定义的方法可以创建线程、控制线程等。Thread 类常用的方法见表 8-1。

表 8-1　Thread 类常用的方法

方　法	说　明
public static int activeCount( )	返回线程组中目前活动线程的数目
public static native Thread　currentThread( )	返回目前正在执行的线程
public void destroy( )	销毁线程
public static int enumerate(Thread tarray[])	将活动线程复制到指定的线程数组
public final String getName( )	返回线程的名称
public final int getPriority( )	返回线程的优先级
public final ThreadGroup getThreadGroup( )	返回线程的线程组
public static boolean interrupted( )	判断目前线程是否被中断，返回逻辑值
public final native boolean isAlive( )	判断线程是否在活动，返回逻辑值
public boolean isInterrupted( )	判断线程是否被中断，返回逻辑值
public final void join( ) throws InterruptedException	等待线程终止
public final synchronized void join(long millis) throws InterruptedException	等待 millis 毫秒后，线程终止
public final synchronized void join(long millis,int nanos) throws InterruptedException	等待 millis 毫秒加上 nanos 微秒后，线程终止
public void run( )	执行线程
public final void　setName( )	设定线程名称
public final void　setPriorrity(int newPriority)	设定线程的优先值
public static native void　sleep(long millis) throws InterruptedException	使正在执行的线程休眠 millis 毫秒
public static void sleep(long millis,int nanos) throws InterruptedException	使正在执行的线程休眠 millis 毫秒加上 nanos 微秒
public native synchronized void start( )	开始线程执行
public String toString( )	返回代表线程的字符串
public static native void　yield( )	将目前正在执行的线程暂停，允许其他线程执行

8.1.3　线程的生命周期

每个 Java 程序都有一个默认的主线程。对于 Java 应用程序，主线程是 main( )方法执行的线索；对于 Applet 程序，主线程是指挥浏览器加载并执行 Java Applet 程序的线索。要想实现多线程，必须在主线程中创建新的线程对象。线程的状态表示线程正在进行的活动以及在此时间段内所能完成的任务。线程一般具有五种状态，即新建、就绪、运行、堵塞、终止，称其为线程的一个生命周期。

1．新建状态

在程序中用构造方法创建了一个线程对象后，新生成的线程对象便处于新建状态，此时，它已经有了相应的内存空间和其他资源，但还处于不可运行状态。新建一个线程对象可采用线程构造方法。例如：

```
Thread thread=new Thread( );
```

2．就绪状态

新建线程对象后，调用该线程的 start( )方法就可以启动线程。当线程启动时，线程进入就绪状态，并且进入线程就绪队列排队，等待 CPU 服务，这表明它已经具备了运行条件。

3．运行状态

当就绪状态的线程被调用并获得处理器资源时，线程进入运行状态。此时，自动调用该线程对象的 run( )方法。run( )方法定义了该线程的操作和功能。

4．堵塞状态

一个正在执行的线程在某些特殊情况下，如被人为挂起或需要执行耗时的输入输出操作时，将让出 CPU 并暂时中止自己的执行，进入堵塞状态。在可执行状态下，如果调用 sleep( )、suspend( )、wait( )等方法，线程都将进入堵塞状态。堵塞时，线程不能进入就绪队列排队，而转入相应的阻塞队列排队，只有当引起堵塞的原因被消除后，线程才可以转入就绪状态。

5．终止状态

线程调用 stop( )方法时或 run( )方法执行结束后，线程即处于终止状态。处于终止状态的线程不具有继续运行的能力。

8.2　线程的实现

在 Java 中实现一个线程有两种方法，第一种方法是继承 Thread 类，覆盖它的 run()方法；第二种方法是通过 Runnable 接口实现它的 run()方法。

1．通过继承 Thread 类实现多线程（直接方式）

创建一个线程，最简单的方法就是从 Thread 类直接继承。Thread 类包含了创建和运行线程所需的一切东西。由于系统的 Thread 类中，run( )方法没有具体内容，所以用户创建自己的 Thread 类的子类时，需要在子类中重新定义自己的 run( )方法，这个 run( )方法中应包含用户线程的操作。定义了 Thread 子类后，程序中如果需要使用线程时，只需要创建一个已定义好的 Thread 子类的实例对象就可以了。

直接方式创建线程的步骤如下：

（1）定义一个线程（Thread）子类。

（2）在该此程子类中定义 run( )方法。

（3）在 run( )方法中定义此线程的具体操作。

（4）在其他类的方法中创建此线程的实例对象，并用 start( )方法启动线程。

【例 8-1】源程序名 TestThread.java，用创建 Thread 类的子类的方法实现多线程并启动线程。

```
1    class MyThread extends Thread   //声明一个 Thread 类的子线程类 MyThread
2    {
3    public MyThread(String str)     //定义 MyThread 类的构造方法
4     {
5         super(str);
6     }
7     public void run( )          //定义 run( )方法
8      {
9         for (int i=0;i<10;i++)
10        {
11            System.out.print("    "+this.getName( ));   //输出线程名字
12            try {
13                 sleep((int)(Math.random( )*500));   //休眠 0 到 0.5 秒
14              }
15            catch (InterruptedException e)
16            {
17               return;
18            }
19          }
20          System.out.print("/");
21        }
22     }
23   public class TestThread
24   {
25       public static void main(String argv[])
26         {
27       MyThread No=new MyThread("X");
28       MyThread Yes=new MyThread("O");
29       No.start( );     //启动 No 线程对象
30       Yes.start( );   //启动 Yes 线程对象
31         }
32   }
```

【运行结果】

例 8-1 运行结果如图 8-1 所示。

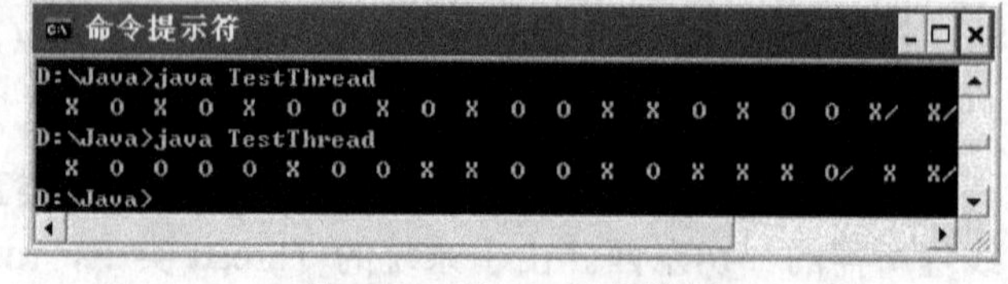

图 8-1　例 8-1 运行结果

【程序分析】

第 13 句：由于线程在休眠时可能被中断，所以在调用 sleep 方法的时候需要捕捉异常；

第 27 句：创建线程名为 X 的 MyThread 线程对象；

第 28 句：创建线程名为 O 的 MyThread 线程对象；

第 29 句：启动 No 线程对象；

第 30 句：启动 Yes 线程对象。

在本例中，程序执行时便可让两个线程同时工作。由结果可知，两个线程处于无序的同时工作状态，它们的执行顺序并没有一定的规则，其先后次序决定于操作系统的排序原则。

2．通过 Runnable 接口实现多线程（间接方式）

由于 Java 不支持多继承性，所以如果用户需要类以线程方式运行且继承其他所需要的类，就必须实现 Runnable 接口。Runnable 接口包含了与 Thread 一致的基本方法。事实上，Runnable 接口只有一个 run( )方法，所以实现这个接口的程序必须要定义 run( )方法的具体内容，用户新建线程的操作也由这个方法来决定。定义好接口类后，程序中如果需要使用线程时，只要以这个实现了 run( )方法的类为参数创建系统类 Thread 的对象，就可以把实现的 run( )方法继承过来。

间接方式创建线程的步骤如下：

（1）定义一个 Runnable 接口类。

（2）在此接口类中定义一个 run( )方法。

（3）在 run( )方法中定义线程的操作。

（4）在其他类的方法中创建此 Runnable 接口类的实例对象，并以此实例对象作为参数创建线程类对象。

（5）用 start( )方法启动线程。

【例 8-2】源程序 MyThread. java，使用 Runnable 接口方法创建线程和启动线程。

```
1    public class MyThread implements Runnable //使用 Runnable 接口创建线程
2    {
3        int count= 1, number;
4        public MyThread(int num)
5        {
6         number = num;
7         System.out.println("创建线程 " + number);
8         }
9        public void run( )
10       {
11           while(true)
12           {
13             System.out.println("线程 " + number + ":计数 " + count);
14             if(++count== 3) return;
15           }
16         }
17        public static void main(String args[])
18        {
19            for(int i = 0; i < 2; i++)
20            new Thread(new MyThread(i+1)).start( ); //启动线程
21        }
22   }
```

【运行结果】

例 8-2 运行结果如图 8-2 所示。

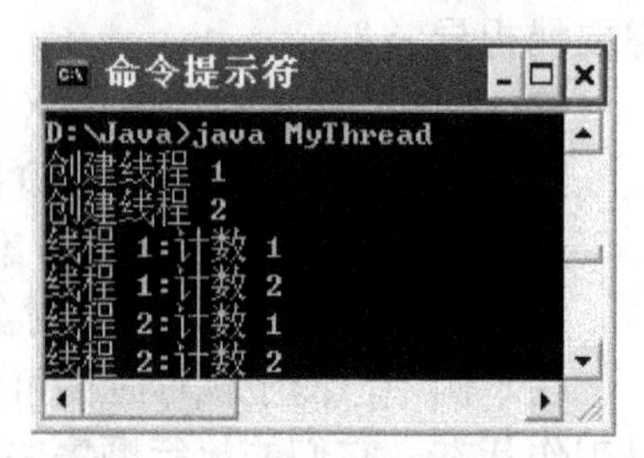

图 8-2　例 8-2 运行结果

【程序分析】

第 9 句：说明 Runnable 接口的只定义了一个方法 run( )，通过声明自己的类实现 Runnable 接口并提供这一方法。将用户的线程代码写入其中，就完成了这一部分的任务。但是 Runnable 接口并没有任何对线程的支持，还必须创建 Thread 的实例，这一点通过 Thread 类的构造函数 public Thread(Runnable target)来实现。

8.3　线程的同步

由于同一进程的多个线程共享同一片存储空间，所以在带来方便的同时，也带来了访问冲突这个严重的问题。Java 语言提供了专门机制以解决这种冲突，可有效避免同一个数据对象被多个线程同时访问。

通过银行存款、取款的问题，进一步理解线程的同步概念。在例 8-3 程序中，使用了一个简化版本的 BankAccount 类，代表了一个银行账户的余额是 2 000 元；在主程序设计中首先生成了 2 个线程，然后启动它们，其中一个线程对该账户进行存款操作，每次存 1 000 元，存款 6 次。另外一个线程对该账户进行取款操作，每次取 1 000 元这样，取款 6 次；对于此账户来说，账户的余额应该是每次增加 1 000 元，然后又减少 1 000 元，最终余额应该还是 2 000 元。但运行的结果却不是这样（见例 8-3 运行结果）。

【例 8-3】源程序名 AccountTest.java，线程并发执行引起异常的例子

```
1    class BankAccount              //定义银行账户类 BankAccount
2    {
3      private static int amount=2000;     //账户余额最初为 2000
4      public void despoit(int m)      //定义存款的方法
5       {
6         amount=amount+m;
7         System.out.println("小明存入["+m+"元]");
8       }
9      public void withdraw(int m)          //定义取款的方法
10      {
11        amount=amount-m;
12        System.out.println("张新取走["+m+"元]");
13        if(amount<0)
14        System.out.println("***余额不足！***");
15      }
16     public int balance()         //定义得到账户余额的方法
17      {
18        return amount;
19      }
20   }
21   class Customer extends Thread
22   {
```

```
23        String name;
24        BankAccount bs;              //定义一个具体的账户对象
25        public Customer(BankAccount b,String s)
26        {
27          name=s;
28          bs=b; }
29     public static void cus (String name,BankAccount bs) //具体的账户操作方法
30     {
31      if(name.equals("小明"))             //判断用户是不是小明
32      {
33        try
34        {
35         for(int i=0;i<6;i++) //用户小明则向银行存款 6 次，每次 1000 元
36          {
37           Thread.currentThread().sleep((int)(Math.random()*300));
38           bs.despoit(1000);
39           }
40         }
41        catch(InterruptedException e)
42        {}
43       }
44       else
45       {
46        try
47        {
48         for(int i=0;i<6;i++) //用户不是小明则从取款 6 次，每次 1000 元
49          {
50            Thread.currentThread().sleep((int)(Math.random()*300));
51             bs.withdraw(1000);
52           }
53         }
54         catch(InterruptedException e)
55         {}
56         }
57       }
58     public void run()              //定义 run 方法
59     {
60       cus(name,bs);
61      }
62     }
63   public class AccountTest
64   {
65     public static void main(String[] args)throws InterruptedException
66       {
67     BankAccount bs=new BankAccount();
68     Customer customer1=new Customer(bs,"小明");
69     Customer customer2=new Customer(bs,"张新");
70     Thread t1=new Thread(customer1);
71     Thread t2=new Thread(customer2);
72     t1.start();
```

```
73    t2.start();
74    Thread.currentThread().sleep(500);
75    }
76}
```

【运行结果】

例 8-3 运行结果如图 8-3 所示。

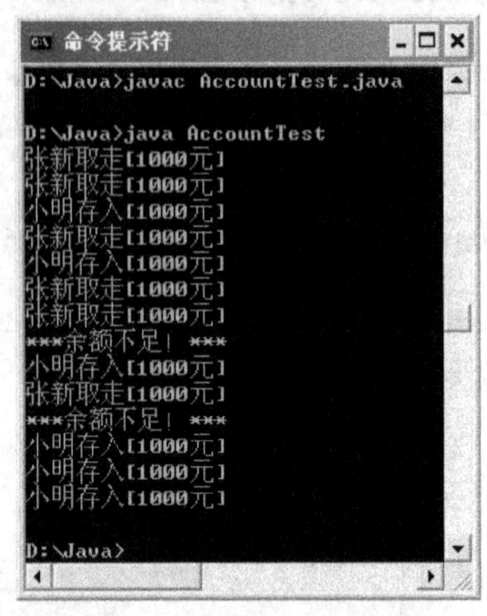

图 8-3　例 8-3 运行结果

【程序分析】

第 1～20 句：定义了一个银行账户类，用来模拟银行的一个账户，并在其中定义了存款、取款以及获得账户余额的方法，实现对银行账户的存款、取款操作。

第 21～62 句定义了一个顾客类，用来模拟顾客对银行取款、存款的具体行为。

第 63～76 句定义了一个测试账户类，并在其中定义了两个具体的线程对象，然后启动它们。

由运行结果可以看到这并不是我们预想的结果，为什么会出现这样的问题？这就是多线程并发执行引起的异常。由于没有线程同步机制，当小明对账户进行操作的同时，张新也对账户进行操作，就出现了错误的结果。为了解决这个问题，对 cus 方法进行同步，添加修饰符 synchronized，修改后，程序代码如例 8-4 所示。

【例 8-4】源程序名称 AccountTest1.java，实现线程同步的例子。

```
1    class BankAccount              //定义银行账户类 BankAccount
2    {
3      private static int amount=2000;    //账户余额最初为 2000
4      public void despoit(int m)        //定义存款的方法
5      {
6        amount=amount+m;
7        System.out.println("小明存入["+m+"元]");
8      }
9      public void withdraw(int m)          //定义取款的方法
10     {
11       amount=amount-m;
12       System.out.println("张新取走["+m+"元]");
```

```
13        if(amount<0)
14        System.out.println("***余额不足！***");
15      }
16      public int balance()        //定义得到账户余额的方法
17      {
18        return amount;
19      }
20    }
21  class Customer extends Thread
22  {
23    String name;
24    BankAccount bs;              //定义一个具体的账户对象
25    public Customer(BankAccount b,String s)
26    {
27      name=s;
28      bs=b;
29    }
30    public synchronized static void cus(String name,BankAccount bs)
31    {
32     if(name.equals("小明"))            //判断用户是不是小明
33     {
34      try
35      {
36       for(int i=0;i<6;i++)
37        {
38          Thread.currentThread().sleep((int)(Math.random()*300));
39          bs.despoit(1000);
40        }
41       }
42      catch(InterruptedException e)
43      {}
44      }
45      else
46      {
47       try
48       {
49        for(int i=0;i<6;i++)
50         {
51           Thread.currentThread().sleep((int)(Math.random()*300));
52           bs.withdraw(1000);
53         }
54       }
55        catch(InterruptedException e)
56        {}
57       }
58      }
59    public void run()               //定义 run 方法
60    {
61     cus(name,bs);
62    }
```

```
63 }
64 public class AccountTest1
65 {
66   public static void main(String[] args)throws InterruptedException
67    {
68    BankAccount bs=new BankAccount();
69    Customer customer1=new Customer(bs,"小明");
70    Customer customer2=new Customer(bs,"张新");
71    Thread t1=new Thread(customer1);
72    Thread t2=new Thread(customer2);
73    t1.start();
74    t2.start();
75    Thread.currentThread().sleep(500);
76     }
77 }
```

【运行结果】

例 8-4 运行结果如图 8-4 所示。

图 8-4　例 8-4 运行结果

【程序分析】

第 30 句：定义具体的账户操作方法；

第 32～44 句：如果用户是小明则向银行存款 6 次，每次 1 000 元；

第 45～54 句：如果用户不是小明则从银行取款 6 次，每次 1 000 元；

运行该程序，就能够得到正确的结果了。这是因为对该方法加上修饰符后，相当于加了一把锁，只有当存款操作全部结束后，才能进行取款操作。

上述定义线程同步的机制是 synchronized 关键字，它包括两种用法：synchronized 方法和 synchronized 块。

1．synchronized 方法

通过在方法声明中加入 synchronized 关键字来声明 synchronized 方法。如：

```
public synchronized void accessVal(int newVal);
```

synchronized 方法控制对类成员变量的访问：每个类实例对应一把锁，每个 synchronized 方法都必须获得调用该方法的类实例的锁方能执行，否则所属线程阻塞，方法一旦执行，就独占该锁，直到从该方法返回时才将锁释放，此后被阻塞的线程方能获得该锁，重新进入可执行状态。这种机制确保了同一时刻对于每一个类实例，其所有声明为 synchronized 的成员函数中至多只有一个处于可执行状态（因为至多只有一个能够获得该类实例对应的锁），从而有效避免了类成员变量的访问冲突（只要所有可能访问类成员变量的方法均被声明为 synchronized）。

在 Java 中，除了类实例，每一个类也对应一把锁，这样我们也可将类的静态成员函数声明为 synchronized，以控制其对类的静态成员变量的访问。

synchronized 方法的缺陷：若将一个大的方法声明为 synchronized 将会大大影响效率。例如，若将线程类的方法 run( )声明为 synchronized，由于在线程的整个生命期内它一直在运行，因此将导致它对本类任何 synchronized 方法的调用都永远不会成功。虽然我们可以通过将访问类成员变量的代码放到专门的方法中，将其声明为 synchronized，并在主方法中调用来解决这一问题，但是 Java 为我们提供了更好的解决办法，那就是 synchronized 块。

2．synchronized 块

通过 synchronized 关键字来声明 synchronized 块。语法如下：

```
synchronized(syncObject) {
//允许访问控制的代码
}
```

synchronized 块是这样一个代码块，其中的代码必须获得对象 syncObject（如前所述，可以是类实例或类）的锁方能执行，具体机制同前所述。由于可以针对任意代码块，且可任意指定上锁的对象，故灵活性较高。

8.4　本章小结

本章介绍了 Java 的线程和多线程机制，主要介绍了线程和进程的区别，线程的创建方法，线程的控制和生命周期，线程的同步与交互，同时给出了相应的例题。线程是 Java 编程中一个非常重要的概念，合理的使用线程，可以使程序更加合理地使用系统资源。

在 Java 程序中建立线程有两种方式：一种是创建 Thread 类的子类（直接方式），代码示例如下：

```
public class DoAnotherThing extends Thread {
public void run(){……}
}
```

另一种是实现 Runnable 接口（间接方式）。代码示例如下：

```
public class DoSomething implements Runnable {
public void run(){……}
  }
```

这两种方法的区别是，如果用户的类已经继承了其他的类，那么用户就只能选择实现 Runnable 接口了，因为 Java 只允许单继承。如果一个类已经继承了一个父类，同时要实现多线程，显然是不能再通过同时继承 Thread 类来实现。那么，应该如何实现多线程呢？

这时的解决办法就是通过直接实现接口 Runnable 来实现。其中 run 方法是这个接口 Runnable 中所声明的唯一的方法。

多个线程并发操作会引起异常，从而出现意想不到的问题。解决线程并发操作引起的异常的方法一般有两种：在方法声明中加入 synchronized 关键字声明 synchronized 方法，或者通过 synchronized 关键字声明 synchronized 块的方法来实现线程同步。

8.5　知识测试

8-1　判断题

1. 进程和线程都是实现并发性的一个基本单位。　　（　　）
2. 多个线程是同时执行的。　　（　　）
3. 线程是通过 run( )方法来启动的。　　（　　）

4. ThreadGroup 类常用于管理一组线程。 ( )

8-2 单项选择题

1. 线程调用了 sleep( )方法后将进入（ ）状态。
   A. 运行 B. 退出 C. 堵塞 D. 终止
2. 关于 Java 线程，下列说法错误的是（ ）。
   A. 线程是以 CPU 为主体的行为
   B. 线程是比进程更小的执行单位
   C. 创建线程有两种方法：继承 Thread 类和实现 Runnable 接口
   D. 新线程一旦被创建，将自动开始运行
3. 在线程控制方法中，yield 方法的作用是（ ）。
   A. 返回当前线程的引用
   B. 使比其低的优先级线程开始启动
   C. 强行终止线程
   D. 只让给同优先级线程开始执行
4. 实现线程同步时，应加关键字（ ）。
   A. public B. class C. synchronized D. main

8-3 简答题

1. 简述线程的概念及与进程的区别。
2. 简述线程的基本状态。
3. 如何在 Java 中实现多线程？简述两种方法的异同。

8-4 程序分析题（对下列程序进行分析并完成填空）

```
Thread    myThread = new Thread ( );
myThread start( );
   try
   {
    myThread.sleep(10000);
    catch(InterruptedException e)
    {
    }
  }
  myThread.stop( );
```

程序执行完第一行后进入____状态，程序执行完第二行后进入____状态，程序开始执行第五行时进入____状态，程序执行完第五行后进入____状态，程序执行完第九行后进入____状态。

8-5 程序设计题

参照例 8-1 创建一个线程。

第 9 章　集合框架

➘ 学习目标

- ◆ 掌握：Set、List、Map 接口及其相关类的使用。
- ◆ 理解：各类接口之间的关系。
- ◆ 了解：集合类的框架。

➘ 重点

- ◆ HashSet、TreeSet 的使用，LinkedList、ArrayList 的使用，HashMap、HashTable、TreeMap 的使用。

➘ 难点

- ◆ LinkedList、ArrayList 的使用，HashMap、HashTable 的使用。

集合和数组很相似，都像一个容器，可存放大量的元素。集合与数组相比，其优点是不需要指定集合的空间大小。集合会根据存放元素的多少自动调整大小，是具有弹性的容器。Java 里设计了集合，并形成了一个集合框架。本章详细解释了 Java 中的集合框架是如何实现的，以及它们的实现原理。集合框架是为表示和操作集合而规定的一种统一的、标准的体系结构。任何集合框架都包含三大块内容：对外的接口、接口的实现和对集合运算的算法。

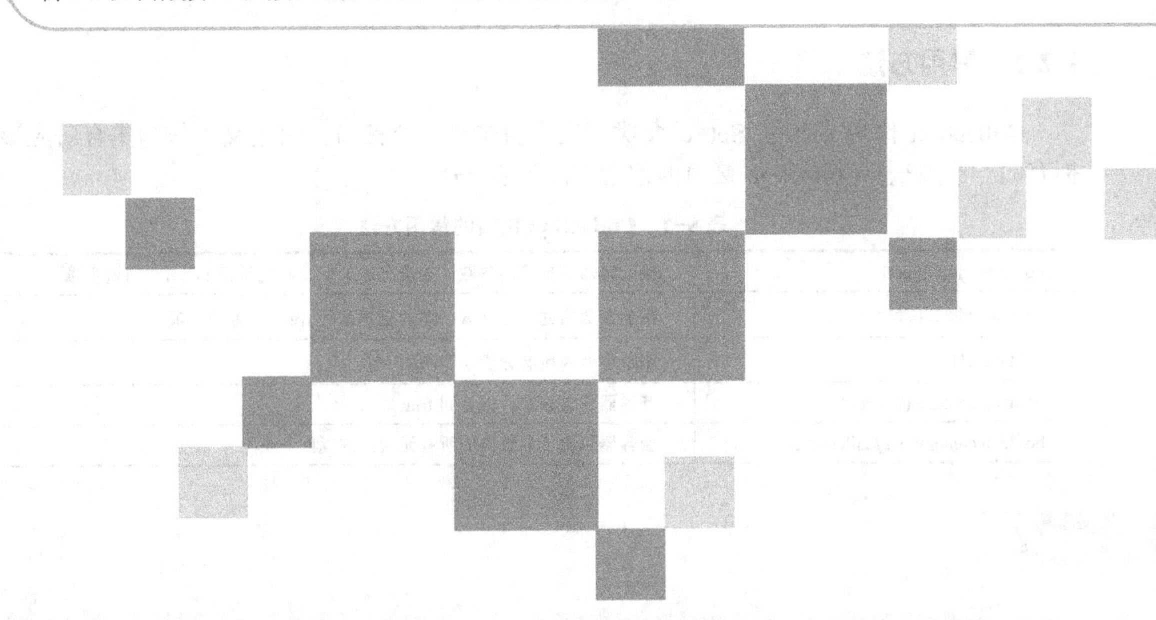

9.1 集合框架概述

“集合框架”由一组用来操作对象的接口组成。不同的接口用来描述不同类型的组，也称其为容器类库。在很大程度上，其使用方法类似于接口。虽然我们总要创建接口特定的实现，但访问实际集合的方法应该限制在接口方法的使用上。Java 集合框架接口层次结构如图 9-1 所示。

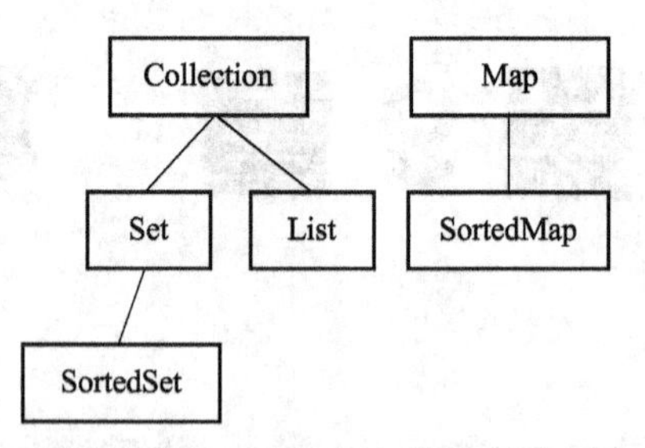

图 9-1　Java 集合框架接口层次图

Java 集合框架的用途是“保存对象”，并将其划分为两个不同的概念：Collection 和 Map。

Collection：一组对立的元素，通常这些元素都服从某种规则。其中，List 必须保持元素特定的顺序，而 Set 不能有重复元素。

Map：一组成对的“键值对”对象。将 Map 明确地提取出来形成一个独立的概念，如果使用 Collection 表示 Map 的部分内容，就会方便查看此部分内容。Map 容易扩展成多维 Map，无需增加新的概念，只要让 Map 中的键值对的每个“值”也是一个 Map 即可。

Collection 和 Map 的区别在于容器中每个位置保存的元素个数。Collection 每个位置只能保存一个元素（对象）。此类容器包括：List，它以特定的顺序保存一组元素；Set，它的元素不能重复。

（1）Map：保存的是“键值对”就像一个小型数据库。用户可以通过“键”找到该键对应的“值”。

（2）Collection：对象之间没有指定的顺序，允许重复元素。

（3）Set：对象之间没有指定的顺序，不允许重复元素。

（4）List：对象之间有指定的顺序，允许重复元素，并引入位置下标。

（5）Map：接口用于保存关键字（Key）和数值（Value）的集合，集合中的每个对象加入时都提供数值和关键字。Map 接口既不继承 Set 也不继承 Collection。

9.2 Collection

9.2.1 常用方法

Collection 作为 List 和 Set 的父类，它本身也是一个接口。它定义了作为集合所应该拥有的一些方法。Collection 接口的常用方法见表 9-1。

表 9-1　Collection 接口的常用方法

boolean add(Object)	保证容器有自己的参数，如没有添加参数，则返回 false，“可选”项
boolean addAll(Collection)	添加参数内的所有元素。添加成功返回 true，“可选”项
void clear()	删除容器内所有元素，“可选”项
boolean contains(Object)	若容器包含参数，则返回 true
boolean containsAll(Collection)	若容器包含了参数内的所有元素，则返回 true

（续）

boolean isEmpty()	若容器没有参数，则返回 true
Iterator iterator()	返回一个迭代器，用它遍历容器内的各个元素
boolean remove (Object)	如果参数在容器里，就删除那个元素的一个实例。如果进行了一次删除，就返回 true，“可选”项
boolean removeAll(Collection)	删除参数里包含的所有元素。如果进行了一次删除，就返回 true，“可选”项
boolean retainAll(Collection)	只保留那些包含在一个参数里的元素（亦即集合理论中的一个“交集”）。如果进行了这样的改变，就返回 true，“可选”项
int size()	返回容器内的元素数量
Object[] toArray()	返回包含了容器内所有元素的一个数组
Object[] toArray(Object[]a)	返回包含了容器内所有元素的一个数组，数组的类型必须和数组 a 一样，而不应该是一个普通的 Object（当然，必须将数组强制转型正确的类型）

注 意

集合必须只有对象，集合中的元素不能是基本数据类型。

Collection 接口支持如添加和除去等基本操作。设法除去一个元素时，如果这个元素存在，除去的仅仅是集合中此元素的一个实例。

（1）boolean add(Object element)

（2）boolean remove(Object element)

Collection 接口还支持查询操作：

（1）intsize()

（2）boolean isEmpty()

（3）boolean contains(Object element)

（4）Iterator iterator()

组操作：Collection 接口支持的其他操作，要么是作用于元素组的任务，要么是同时作用于整个集合的任务。

（1）boolean containsAll(Collection collection)：查找当前集合是否包含了另一个集合的所有元素，即另一个集合是否是当前集合的子集。其余方法是可选的，因为特定的集合可能不支持集合更改。

（2）boolean addAll(Collection collection)：确保另一个集合中的所有元素都被添加到当前的集合中，通常称为并。

（3）void clear()：从当前集合中除去所有元素。

（4）void removeAll(Collection collection)：类似于 clear()，但只除去元素的一子集。

（5）void retainAll(Collection collection)：类似于 removeAll()方法，不过它所做的与前面 addAll 正好相反：它从当前集合中除去不属于另一个集合的元素，即交。

【例 9-1】集合类的使用。

```
1    import java.util.*;
2    public class CollectionToArray {
3    public static void main (String [] args) {
4        Collection collection1=new ArrayList();//创建一个集合对象
5        collection1.add("000");//添加对象到 Collection 集合中
6        collection1.add("111");
```

```
7        collection1.add("222");
8        System.out.println("集合 collection1 的大小："+collection1.size());
9        System.out.println("集合 collection1 的内容："+collection1);
10       collection1.remove("000");//从集合 collection1 中移除掉 "000"对象
11       System.out.println("集合 collection1 移除 000 后的内容："+collection1);
12       System.out.println("集合 collection1 中是否包含 000 ："+collection1.contains("000"));
13       System.out.println("集合 collection1 中是否包含 111 ："+collection1.contains("111"));
14       Collection collection2=new ArrayList ();
15       collection2.addAll(collection1);//将 collection1 集合中的元素全部都加到 collection2 中
16       System.out.println("集合 collection2 的内容："+collection2);
17       collection2.clear();//清空集合 collection1 中的元素
18       System.out.println("集合 collection2 是否为空 ："+collection2.isEmpty());
19       //将集合 collection1 转化为数组
20       Object s[]= collection1.toArray();
21       for(int i=0;i<s.length;i++){
22       System.out.println(s[i]);
23       }
24     }
25   }
```

【运行结果】

例 9-1 运行结果如图 9-2 所示。

图 9-2 例 9-1 运行结果

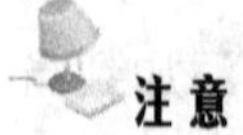

注意

Collection 它仅仅只是一个接口，使用时应创建该接口的一个实现类。作为集合的接口，它定义了所有属于集合的类应该具有的一些方法。

9.2.2 迭代器

迭代器（Iterator）本就是一个对象，如图 9-3 所示，它的工作就是遍历并选择集合序列中的对象。

利用 Collection 接口的 iterator()方法返回一个 Iterator。使用 Iterator 接口方法，可以从头至尾遍历集合，并安全地从底层 Collection 中除去元素。

Iterator
+hasNext() : boolean +next() : Object +remove() : void

图 9-3 迭代器常用方法

【例 9-2】迭代器的使用方法。

```
1   import java.util.ArrayList;
2   import java.util.Collection;
3   import java.util.Iterator;
4   public class IteratorDemo {
5    public static void main(String[] args) {
6    Collection collection = new ArrayList ();
7    collection.add("s1");
8    collection.add("s2");
9    collection.add("s3");
10   Iterator iterator = collection.iterator();//得到一个迭代器
11   while (iterator.hasNext()) {//遍历
12          Object element = iterator.next();
13          System.out.println("iterator = " + element);
14  }
15  if(collection.isEmpty())
16        System.out.println("collection is Empty!");
17  else
18        System.out.println("collection is not Empty! size="+collection.size());
19  Iterator iterator2 = collection.iterator();
20  while (iterator2.hasNext()) {//移除元素
21        Object element = iterator2.next();
22        System.out.println("remove: "+element);
23        iterator2.remove();          }
24  Iterator iterator3 = collection.iterator();
25  if (!iterator3.hasNext()) {//查看是否还有元素
26        System.out.println("还有元素");        }
27  if(collection.isEmpty())
28  System.out.println("collection is Empty!");
29  //使用 collection.isEmpty()方法来判断
30  }
31 }
```

【运行结果】

例 9-2 运行结果如图 9-4 所示。

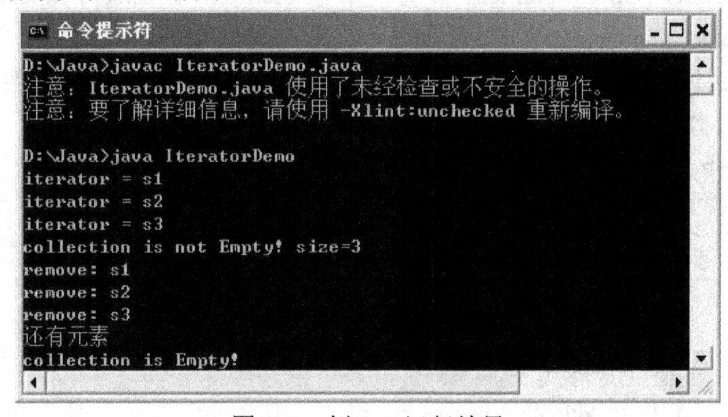

图 9-4 例 9-2 运行结果

【程序分析】

从例 9-2 可以看到，Java 的 Iterator 迭代器的作用：

第 10 句：使用 Collection 对象的 Iterator()方法返回一个 Iterator。第一次调用 Iterator 的 next()方法，返回集合序列的第一个元素。

第 11 句：使用 hasNext()检查序列中是否还有元素。

第 12 句：使用 next()获得集合序列的中的下一个元素。

第 23 句：使用 remove()将迭代器新返回的元素删除。

注意

remove()方法删除由 next 方法返回的最后一个元素。在每次调用 next 时，remove 方法只能被调用一次。

9.3 List

List 继承了 Collection 接口，并对其进行了扩展。当存储的数据不知道有多少时，可以使用 List 来完成数据存储。List 的最大的特点就是能够根据插入的数据量自动地改变容器的大小。

9.3.1 List 常用方法

List 作为 Collection 接口的一种，可以定义一个允许有重复项的有序集合。该接口不但能够对列表的一部分进行处理，还添加了面向位置的操作。List 按对象的进入顺序保存对象，而不做排序或编辑操作。它除了拥有 Collection 接口的所有的方法外，还拥有一些其他的方法。

（1）void add(int index，Object element)：添加对象 element 到位置 index 上。

（2）boolean addAll(int index，Collection collection)：在 index 位置后添加容器 collection 中所有的元素。

（3）Object get(int index)：取出下标为 index 的位置的元素。

（4）int indexOf(Object element)：查找对象 element 在 List 中第一次出现的位置。

（5）int lastIndexOf(Object element)：查找对象 element 在 List 中最后出现的位置。

（6）Object remove(int index)：删除 index 位置上的元素。

（7）Object set(int index，Object element)：将 index 位置上的对象替换为 element。

【例 9-3】 List 类的使用方法

```
1   import java.util.*;
2   public class ListIteratorTest {
3       public static void main(String[] args) {
4       List list = new ArrayList();
5       list.add("aaa");
6       list.add("bbb");
7       list.add("ccc");
8       list.add("ddd");
9           System.out.println("下标 0 开始："+list.listIterator(0).next());//next()
10          System.out.println("下标 1 开始:"+list.listIterator(1).next());
11          System.out.println("子 List 1-3:"+list.subList(1,3));//子列表
```

```
12        ListIterator it = list.listIterator();//默认从下标 0 开始
13          //隐式光标属性 add 操作 ,插入到当前的下标的前面
14        it.add("sss");
15        while(it.hasNext()){
16          System.out.println("next Index="+it.nextIndex()+",Object="+it.next());
17              }          //set 属性
18          ListIterator it1 = list.listIterator();
19          it1.next();
20          it1.set("ooo");
21          ListIterator it2 = list.listIterator(list.size());//下标
22          while(it2.hasPrevious()){
23            System.out.println("previous Index="+it2.previousIndex()+",Object="+it2.previous());
24              }
25      }
26  }
```

【运行结果】

例 9-3 运行结果如图 9-5 所示。

图 9-5　例 9-3 运行结果

【程序分析】

从上例可以看到，Java 的 Collection 集合中 list 类的作用：

第 5～8 句：使用 add()添加对象。

第 9～10 句：使用 next() 光标往下移动一个位置。

第 15 句：使用 hasNext()检查序列中是否还有元素。

9.3.2　实现原理

List 的明显特征是它的元素都有一个确定的顺序。在“集合框架”中有 ArrayList 和 LinkedList 两种常规的 List 实现。使用哪一种 List 实现取决于实际需要。如果要支持随机访问，而不必在除尾部的任何位置插入或除去元素，ArrayList 提供了可选的集合。如果要频繁地从列表的中间位置添加和除去元素，而只要求顺序地访问列表元素，LinkedList 实现起来更好。总地来说：

（1）ArrayList，以数组为数据结构，可变长的数组，即用于缩放数组维护集合。

（2）LinkedList，采用链表数据结构实现，便于元素的插入和删除。

【例 9-4】ArrayList 的使用。

```
1   import java.util.*;
2   public class ArrayListDemo {
3       public static void main(String[] argv) {
4           ArrayList al = new ArrayList();
5           // ArrayList 对象添加元素
6           al.add(new Integer(11));
7           al.add(new Integer(12));
8           al.add(new Integer(13));
9           al.add(new String("hello"));
10          // 输出各元素
11          System.out.println("Retrieving by index:");
12          for (int i = 0; i<al.size(); i++) {
13              System.out.println("Element " + i + " = " + al.get(i));
14          }
15      }
16  }
```

【运行结果】

例 9-4 运行结果如图 9-6 所示。

图 9-6　例 9-4 运行结果

【程序分析】

从上例可以看到，Java 集合框架中的 ArrayList 类的使用方法继承了 list 类，使用方法和 list 类似，在实际应用中 ArrayList 以数组为数据结构，可变长的数组，即用于缩放数组维护集合。

9.4　Map

数学中的映射关系在 Java 中是通过 Map 来实现的。它表示里面存储的元素是一对。通过一个对象，可以在这个映射关系中找到和这个对象相关的其他信息。

9.4.1　常用方法

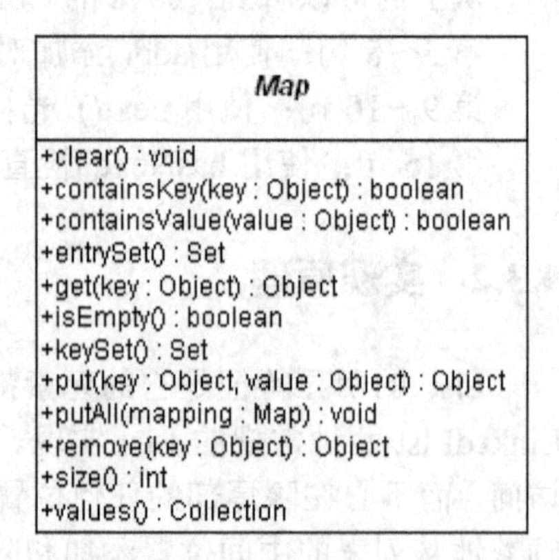

图 9-7　Map 接口常用方法

Map 接口不是 Collection 接口的继承，而是从自己的用于维护键-值关联的接口层次结构入手。按定义，该接口描述了从不重复的键到值的映射，如图 9-7 所示。

可以把这个接口方法分成三组操作：改变、查询和提供可选视图。

改变操作：允许用户从映射中添加和除去键-值对。键和值都可以为 null。

（1）Object put(Object key，Object value)：用来存放一个键-值对到 Map 中。

（2）Object remove(Object key)：根据 key(键)，移除一个键-值对，并将值返回。

（3）void putAll(Map mapping)：将另外一个 Map 中的元素存入当前的 Map 中。
（4）void clear()：清空当前 Map 中的元素。
查询操作：允许用户检查映射内容：
（1）Object get(Object key)：根据 key(键)取得对应的值。
（2）boolean containsKey(Object key)：判断 Map 中是否存在某键（key）。
（3）boolean containsValue(Object value)：判断 Map 中是否存在某值(value) 。
（4）int size()：返回 Map 中键-值对的个数。
（5）boolean isEmpty()：判断当前 Map 是否为空。
最后一组方法允许用户把键或值的组作为集合来处理。
（1）public Set keySet()：返回所有的键（key），并使用 Set 容器存放。
（2）public Collection values()：返回所有的值（Value），并使用 Collection 存放。
（3）public Set entrySet()：返回一个实现 Map.Entry 接口的元素 Set。
因为映射中键的集合是唯一的，所以使用 Set 来支持。因为映射中值的集合可能不唯一，所以使用 Collection 来支持。最后一个方法返回一个实现 Map.Entry 接口的元素 Set。

【例 9-5】Map 类的使用方法。

```
1    import java.util.*;
2    public class MapTest {
3    public static void main(String[] args) {
4       Map map1 = new HashMap();
5       Map map2 = new HashMap();
6       map1.put("1","aaa1");
7       map1.put("2","bbb2");
8       map2.put("10","aaaa10");
9       map2.put("11","bbbb11");
10   //根据键 "1" 取得值："aaa1"
11      System.out.println("map1.get(\"1\")="+map1.get("1"));
12   // 根据键 "1" 移除键值对"1"-"aaa1"
13      System.out.println("map1.remove(\"1\")="+map1.remove("1"));
14      System.out.println("map1.get(\"1\")="+map1.get("1"));
15      map1.putAll(map2);//将 map2 全部元素放入 map1 中
16      map2.clear();//清空 map2
17      System.out.println("map1 IsEmpty?="+map1.isEmpty());
18      System.out.println("map2 IsEmpty?="+map2.isEmpty());
19      System.out.println("map1 中的键值对的个数 size = "+map1.size());
20      System.out.println("KeySet="+map1.keySet());//set
21      System.out.println("values="+map1.values());//Collection
22      System.out.println("entrySet="+map1.entrySet());
23      System.out.println("map1 是否包含键：11 = "+map1.containsKey("11"));
24      System.out.println("map1 是否包含值：aaa1 = "+map1.containsValue("aaa1"));
25      }
26   }
```

【运行结果】

例 9-5 运行结果如图 9-8 所示。

```
D:\Java>java MapTest
map1.get("1")=aaa1
map1.remove("1")=aaa1
map1.get("1")=null
map1 IsEmpty?=false
map2 IsEmpty?=true
map1 中的键值对的个数size = 3
KeySet=[2, 10, 11]
values=[bbb2, aaaa10, bbbb11]
entrySet=[2=bbb2, 10=aaaa10, 11=bbbb11]
map1 是否包含键: 11 = true
map1 是否包含值: aaa1 = false
```

图 9-8　例 9-5 运行结果

【程序分析】

该程序使用 Map 类实现对数据的操作。

第 4～5 行：分别获得 Map 对象。

第 6～9 行：将指定值依次存入对象的键中。

9.4.2　实现原理

Map 的常用实现类有以下三种，见表 9-2：

表 9-2　Map 常用实现类的比较

实　现	操作特性	成员要求
HashMap	能满足用户对 Map 的通用需求	键成员可为任意 Object 子类的对象，但如果覆盖了 equals 方法，应同时注意修改 hashCode 方法
TreeMap	支持对键有序地遍历，使用时建议先用 HashMap 增加和删除成员，最后从 HashMap 生成 TreeMap；附加实现了 SortedMap 接口，支持子 Map 等要求顺序的操作	键成员要求实现 Comparable 接口，或者使用 Comparator 构造 TreeMap 键成员一般为同一类型
LinkedHashMap	保留键的插入顺序，用 equals 方法检查键和值的相等性	成员可为任意 Object 子类的对象，但如果覆盖了 equals 方法，应同时注意修改 hashCode 方法

（1）HashMap

1）以哈希表为内核实现 Map 接口。

2）key-value 对的顺序和放入的顺序无关。

3）Key 无重复。

（2）TreeMap

1）以二叉树为内核实现 Map 接口。

2）key-value pairs 的顺序是按照 key 的升序进行排列。

3）Key 无重复。

（3）LinkedHashMap

1）以哈希表和链表为内核实现 Map 接口。

2）key-value pairs 的顺序为放入的顺序。

3）Key 无重复。

【例 9-6】HashMap 的使用。

```
1	import java.util.*;
2	public class HashMapDemo {
3	    public static void main(String[] argv) {
4	        HashMap h = new HashMap();
5	        // The hash maps from company name to address.
6	        h.put("Adobe", "Mountain View, CA");
7	        h.put("IBM", "White Plains, NY");
8	        h.put("Sun", "Mountain View, CA");
9	        String queryString = "Adobe";
10	        String resultString = (String)h.get(queryString);
11	        System.out.println("They are located in: " +    resultString);
12	    }
13	}
```

【运行结果】

例 9-6 运行结果如图 9-9 所示。

图 9-9　例 9-6 运行结果

【程序分析】

本程序利用 HashMap 类实现数据的操作，利用 key-value 的方式存入数据。注意，具体键值的顺序和放入的顺序无关。

9.5　Set 常用方法

Java 中的 Set 与数学上直观的集概念相似。Set 最大的特性就是不允许在其中存放重复的元素。根据这个特点，Set 可以被用来过滤在其他集合中存放的元素，从而得到一个没有包含重复元素的新的集合。

Set 接口继承 Collection 接口，它不允许集合中存在重复项。Set 接口中的方法都是现成的，没有引入新方法。具体的 Set 实现类依赖添加的对象的 equals()方法来检查等同性。

Set 接口的方法包括：

（1）public int size()：返回 set 中元素的数目，如果 set 包含的元素数大于 Integer MAX_VALUE，则返回 Integer.MAX_VALUE。

（2）public boolean isEmpty()：如果 set 中不含元素，则返回 true。

（3）public boolean contains(Object o)：如果 set 包含指定元素，则返回 true。

（4）public Iterator iterator()。

（5）public Object[] toArray()：返回包含 set 中所有元素的数组。

（6）public Object[] toArray(Object[] a)：返回包含 set 中所有元素的数组，返回数组的运行时类型是指定数组的运行时类型。

（7）public boolean add(Object o)：如果 set 中不存在指定元素，则向 set 加入。

（8）public boolean remove(Object o)：如果 set 中存在指定元素，则从 set 中删除。

（9）public boolean removeAll(Collection c)：如果 set 包含指定集合，则从 set 中删除指定集合的所有元素。

（10）public boolean containsAll(Collection c)：如果 set 包含指定集合的所有元素，返回 true。如果指定集合也是一个 set，且为当前 set 的子集，则方法返回 true。

（11）public boolean addAll(Collection c)：如果 set 中不存在指定集合的元素，则向 set 中加入所有元素。

（12）public boolean retainAll(Collection c)：只保留 set 中所含的指定集合的元素（可选操作）。换言之，从 set 中删除所有指定集合不包含的元素。如果指定集合也是一个 set，那么该操作修改 set 的效果是使它的值为两个 set 的交集。

（13）public boolean removeAll(Collection c)：如果 set 包含指定集合，则从 set 中删除指定集合的所有元素。

（14）public void clear()：从 set 中删除所有元素。

Java"集合框架"支持 Set 接口的 HashSet 和 TreeSet 两种。Set 的常用实现类见表 9-3。

表 9-3　Set 的常用实现类

	简　述	实　现	操作特性	成员要求
Set	成员不能重复	HashSet	外部无序地遍历成员	可为任意 Object 子类的对象，但如果覆盖了 equals 方法，同时注意修改 hashCode 方法
		TreeSet	外部有序地遍历成员；附加实现了 SortedSet，支持子集等，要求顺序地操作	要求实现 Comparable 接口，或者使用 Comparator 构造 TreeSet。成员一般为同一类型
		LinkedHashSet	外部按成员的插入顺序遍历成员	与 HashSet 成员类似

在更多情况下，会选择使用 HashSet 存储重复自由的集合。同时 HashSet 中也是采用 Hash 算法进行存取对象元素的，所以添加到 HashSet 的对象对应的类需要采用恰当方式来实现 hashCode()方法。虽然大多数系统类覆盖了 Object 中默认的 hashCode()实现，但用户自己创建 HashSet 类时，必须覆盖 hashCode()方法。

【例 9-7】Set 接口的使用。

```
1   import java.util.*;
2   public class HashSetDemo {
3       public static void main(String[] args) {
4           Set set1 = new HashSet();
5           if (set1.add("a")) {//添加成功
6               System.out.println("1 add true");
7           }
8           if (set1.add("a")) {//添加失败
9               System.out.println("2 add true");
10          }
```

```
11              set1.add("000");//添加对象到 Set 集合中
12              set1.add("111");
13              set1.add("222");
14              System.out.println("集合 set1 的大小："+set1.size());
15              System.out.println("集合 set1 的内容："+set1);
16              set1.remove("000");//从集合 set1 中移除掉 "000" 这个对象
17              System.out.println("集合 set1 移除 000 后的内容："+set1);
18              System.out.println("集合 set1 中是否包含 000 ："+set1.contains("000"));
19              System.out.println("集合 set1 中是否包含 111 ："+set1.contains("111"));
20              Set set2=new HashSet();
21              set2.add("111");
22              set2.addAll(set1);//将 set1 集合中的元素全部都加到 set2 中
23              System.out.println("集合 set2 的内容："+set2);
24              set2.clear();//清空集合 set1 中的元素
25              System.out.println("集合 set2 是否为空 ："+set2.isEmpty());
26              Iterator iterator = set1.iterator();//得到一个迭代器
27              while (iterator.hasNext()) {//遍历
28                  Object element = iterator.next();
29                  System.out.println("iterator = " + element);
30          }
31          //将集合 set1 转化为数组
32          Object s[]= set1.toArray();
33          for(int i=0;i<s.length;i++){
34              System.out.println(s[i]);
35          }
36      }
37  }
```

【运行结果】

例 9-7 运行结果如图 9-10 所示。

图 9-10　例 9-7 运行结果

【程序分析】

从上例中可以发现，Set 中的方法与直接使用 Collection 中的方法一样。唯一需要注意的是，Set 中存放的元素不能重复。

9.6 本章小结

通过本章的学习，掌握简单的Java集合框架。Set接口继承Collection，但不允许重复。List接口继承Collection，允许重复，并引入位置下标。Map接口既不继承Set也不继承Collection，存取的是键-值对。Set、List和Map可以看做集合的三大类。

List集合是有序集合，集合中的元素可以重复，访问集合中的元素可以根据元素的索引。

Set集合是无序集合，集合中的元素不可以重复，访问集合中的元素只能根据元素本身来访问（这也是Set集合里元素不允许重复的原因）。

Map集合中保存Key-value对形式的元素，访问时只能根据每项元素的Key来访问其value。

对于Set、List和Map三种集合，最常用的实现类分别是HashSet、ArrayList和HashMap。

9.7 知识测试

9-1 填空题

（1）Collection接口的特点是：元素是__________。

（2）List接口的特点是元素________（有|无）顺序，_______（可以|不可以）重复。

（3）Set接口的特点是元素________（有|无）顺序，_______（可以|不可以）重复。

（4）Map接口的特点是：元素是________，其中________可以重复，________不可以重复。

（5）Map接口中put方法表示放入一个键值对，如果键已存在，则_______；如果键不存在则_______。remove方法接受________个参数，表示____________。get方法表示____________，get方法的参数表示_______，返回值表示_______。

（6）要想获得Map中所有的键，应该使用方法_______，该方法返回值类型为_______。

（7）要想获得Map中所有的值，应该使用方法_______，该方法返回值类型为_______。

（8）要想获得Map中所有的键值对的集合，应该使用______方法，该方法返回一个_______类型所组成的Set。

9-2 选择题

（1）

```
import java.util.*;
public class TestListSet{
    public static void main(String args[]){
        List list = new ArrayList();
        list.add("Hello");
        list.add("Learn");
        list.add("Hello");
        list.add("Welcome");
```

```
        Set set = new HashSet();
        set.addAll(list);
        System.out.println(set.size());
        }
}
```

上述程序经过运行后，可得到（ ）。

A．编译不通过

B．编译通过，运行时异常

C．编译运行都正常，输出 3

D．编译运行都正常，输出 4

（2）（Set，HashSet，空指针）有下面代码。

```
import java.util.*;
class Student {
int age;
String name;
public Student(){}
public Student(String name, int age){
  this.name = name;
  this.age = age;
}
public int hashCode(){
return name.hashCode() + age;
}
public boolean equals(Object o){
  if (o == null) return false;
  if (o == this) return true;
  if (o.getClass() != this.getClass()) return false;
  Student stu = (Student) o;
  if (stu.name.equals(name) && stu.age == age) return true;
  else return false;
  }
}
public class TestHashSet{
public static void main(String args[]){
Set set = new HashSet();
Student stu1 = new Student();
Student stu2 = new Student("Tom", 18);
Student stu3 = new Student("Tom", 18);
set.add(stu1);
set.add(stu2);
set.add(stu3);
System.out.println(set.size());
}
}
```

下列说法正确的是（ ）。

A．编译错误

B．编译正确，运行时异常

C．编译运行都正确，输出结果为 3

D. 编译运行都正确，输出结果为 2

9-3 程序编程题

（Map）已知某学校的教学课程内容安排如下：

教　师	课　程
张三	Java
李四	C++
王五	Oracle
周六	JSP

完成下列要求：

（1）使用一个 Map，以教师的名字作为键，以教师教授的课程名作为值，表示上述课程安排。

（2）增加一位新老师“钱八”，该教师教数据结构。

（3）“李四”改为教“编译原理”。

（4）遍历 Map，输出所有的教师及其所教授的课程。

第 10 章　访问数据库

学习目标

- ◆ 掌握：JDBC 应用程序接口的使用。
- ◆ 理解：JDBC 技术访问数据库的方法。
- ◆ 了解：JDBC 技术。

重点

- ◆ 掌握：建立数据库连接的方法。

难点

- ◆ 理解：JDBC 的工作原理。

数据库技术是计算机科学技术中发展最快、应用最广的技术之一，它已成为计算机信息系统的核心技术和重要基础。Java 具有健壮性、易用性和支持从网络上自动下载等特性，使其成为一门较好的数据库应用的编程语言。

10.1 概述

软件的开发经常会需要访问数据库。数据库的标准是多样的，ODBC（开放式数据库连接）是一个编程接口，它允许程序使用 SQL（结构化查询语言）访问 DBMS（数据库管理系统）中的数据。Sun 公司认为 ODBC 难以掌握，使用复杂并且在安全性方面存在问题，因此 Java 语言使用 JDBC 技术进行数据库的访问。

10.1.1 JDBC 简介

JDBC 是 Java 数据库连接（Java Data Base Connectivity）技术的简称，是 Java 同数据连接的一种标准，是一种用于执行 SQL 语句的 Java API，它由一组用 Java 编程语言编写的类和接口组成。JDBC 为数据库开发人员提供了一组标准的 API，使他们能够用纯 Java API 来编写数据库应用程序。

Java 使用 JDBC 技术进行数据库访问的过程，如图 10-1 所示。使用 JDBC 技术进行数据库访问时，Java 应用程序通过 JDBC API 和 JDBC 驱动程序管理器之间进行通信。例如，Java 应用程序可以通过 JDBC API 向 JDBC 驱动程序管理器发送一个 SQL 查询语句。JDBC 驱动程序管理器可以用两种方式和最终的数据库进行通信：一种是使用 JDBC/ODBC 桥接驱动程序的间接方式；另一种是使用 JDBC 驱动程序的直接方式。

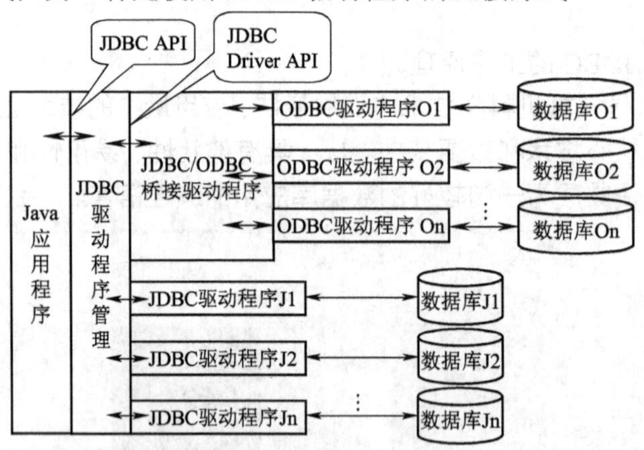

图 10-1　Java 使用 JDBC 进行数据库访问的过程

JDBC 所采用的这种数据库访问机制使得 JDBC 驱动程序管理器以及底层的数据库驱动程序对于开发人员来说是透明的：访问不同类型的数据库时使用的是同一套 JDBC API。

有了 JDBC，无论访问什么类型的关系数据库，只需用 JDBC API 写一个程序，就可以向相应的数据库发送 SQL 语句。使用 Java 编写的应用程序，不需要为不同的平台编写不同的应用程序。一次编程，就可以在任何平台上运行。

1．数据库驱动程序

（1）JDBC/ODBC 桥接驱动程序。

正确安装完 JDK 后，即已自动获得了 Sun 公司提供的 JDBC/ODBC 桥接驱动程序，并且不需要进行任何特殊的配置。

（2）ODBC 驱动程序。

如果机器上还没有安装 ODBC，请根据 ODBC 驱动程序供应商提供的信息安装并配置 ODBC 驱动程序。

（3）访问特定数据库的 JDBC 驱动程序。

例如，如果需要访问 MS SQL Server 2000 上的数据库，那么应该下载并安装 MS SQL Server 2000 的 JDBC 驱动程序。

2．DBMS（数据库管理系统）

用户可以根据需要，选择性地安装 DBMS。例如，如果需要和一个运行在 MS SQL Server 2005 上的数据库建立连接，那么首先就需要在本机或是其他机器上安装一个 MS SQL Server 2005 的 DBMS。

注意

ODBC 和 DBMS 的安装和配置本身是技术性很强的工作。如果在安装和配置过程中存在困难，最好参考相关的技术文档或是求助这方面的专家。

10.1.2　JDBC 的用途

JDBC 可以直接调用 SQL 命令。ODBC 不适合直接在 Java 中使用，因为它使用 C 语言接口。从 Java 调用本地 C 代码在安全性、实现性、坚固性和程序的自动移植性方面都有许多缺点。JDBC API 对于基本的 SQL 抽象和概念是一种自然的 Java 接口。它建立在 ODBC 上，保留了 ODBC 的基本设计特征，更易于使用。

10.2　JDBC 应用程序接口

JDBC 应用程序接口是实现 JDBC 标准，支持数据库操作的类与方法的集合。JDBC API 是通过 java.sql 包实现的，这个包中包含了所有的 JDBC 类和接口，其中比较重要的接口有：

（1）java.sql.DriverManager，用来装载驱动程序并为创建新数据库连接提供支持。

（2）java.sql.Connection，完成对某一个指定数据的连接功能。

（3）java.sql.Statement，在一个给定的连接中作为 SQL 执行声明的容器。

（4）java.sql.ResultSet，用来控制对一个特定记录集数据的存取。

10.2.1　数据库连接

Java 数据库操作基本流程：与数据库建立连接→执行 SQL 语句→处理执行结果→释放数据库连接。

建立一个数据库连接分两步：载入驱动程序和建立连接。

1．载入驱动程序

```
一般形式为： Class.forName(“驱动程序名称”);
```

例如，如果使用 JDBC/ODBC 桥接驱动程序，该驱动程序的名称为 sun.jdbc.odbc.JdbcOdbcDriver，则使用下面的语句载入该驱动程序：

```
Class.forName("sun.jdbc.odbc.JdbcOdbcDriver");
```

2．建立连接

Connection 对象代表与数据库的连接。连接过程包括所执行的 SQL 语句和在该连接上所返回的结果。一个应用程序可与单个数据库有一个或多个连接，或者可与许多数据库有连接。

驱动程序管理器（DriverManager）负责管理驱动程序，作用于用户和驱动程序之间，在数据库和相应驱动程序之间建立连接。DriverManager.getConnection 方法将建立与数据库的连接，其一般形式为：

```
Connection con=DriverManager.getConnection(url，"用户名","密码");
```

参数 url 由三部分组成，各部分用冒号分隔，如：

jdbc：<子协议>：<子名称>

<子协议>：驱动程序名或数据库连接机制的名称。子协议名的典型示例是"odbc"。

<子名称>：是本地数据资源。标识数据库的方法。

不同的驱动程序，所使用的驱动程序名称以及子协议名称不一样。

例如：

```
Connection con=DriverManager. getConnection("jddc:odbc:Book","admin","123");
```

10.2.2 执行 SQL 语句

Statement 接口用于将 SQL 语句发送到数据库。数据库连接一旦建立，就可用来向它所涉及的数据库传送 SQL 语句。

1．创建 Statement 对象

建立了到特定数据库的连接后，就可向数据库发送 SQL 语句，Statement 对象用 Connection 的方法 createStatement 创建，代码如下：

```
Statement student=con. CreateStatement();
```

2．使用 Statement 对象执行语句

JDBC 提供了 3 种执行 SQL 语句的方法：executeQuery、executeUpdate 和 execute。使用哪一个方法由 SQL 语句所产生的内容决定。

（1）executeQuery 方法。

用于执行产生单个结果集的语句。如 select。

（2）executeUpdate 方法。

用于执行 insert、update、delete、SQL（数据定义）语句。executeUpdate 的返回值是一个整数，用于表示受影响的行数。当执行 SQL DLL 语句，如 create table 时，由于它不操作行，所以返回值将总为 0。

（3）execute 方法

用于执行返回多个结果集、多个更新计数或二者组合的语句。

10.2.3 数据结果集

ResultSet 接口用于获取执行 SQL 语句返回的结果，结果集是一个表，它包含了符合 SQL 语句条件的所有行。常用方法如下：

记录定义方法包括：first()、next()、previous()、last()、getXX()方法。

（1）first()：使记录指针指向第一行。

（2）next()：使记录指针下移一行。

（3）previous()：使记录指针上移一行。

（4）last()：使记录指针指向最后一行。

（5）getXX()：用于获取结果集中指定列的值。

10.2.4 关闭数据库连接

对数据库操作完成后，应该将与数据库的连接关闭。关闭连接使用的语句是 close()。一般形式为：连接变量 close()。

例如：要关闭前面建立的连接 con，使用以下语句：

con.close()

10.3 配置 ODBC 数据源

在使用 ODBC 管理数据库时，首先需要做的工作是在 ODBC 管理器中对数据库进行登记注册和连接测试，该项工作就是配置 ODBC 数据源，数据源即数据库的位置、数据库的类型以及 ODBC 驱动程序等信息的集合。

10.3.1 建立数据库

本节以 Windows 2000 操作系统和 Microsoft Access 2000 数据库管理系统为例，说明数据库的配置方法。

1．建立数据库

数据源是连接数据库的接口，要建立数据源应首先建立数据库的方法。在 Access 2000 中建立数据库 myDB.mdb，其操作步骤如下：

（1）单击“开始”按钮，选择“程序→Microsoft Access”菜单项，进入 Access 窗口。

（2）单击“文件”→“新建”命令，出现“新建”对话框中，如图 10-2 所示。

（3）单击“常用”选项卡，选择“数据库”项，再单击“确定”按钮，出现“文件新建数据库”对话框。

（4）在“保存位置”的下拉列表框中选择数据库的存放位置，如“d:\java”；在“文件名”文本框中输入：myDB。

（5）单击“创建”按钮，出现数据库窗口，如图 10-3 所示。

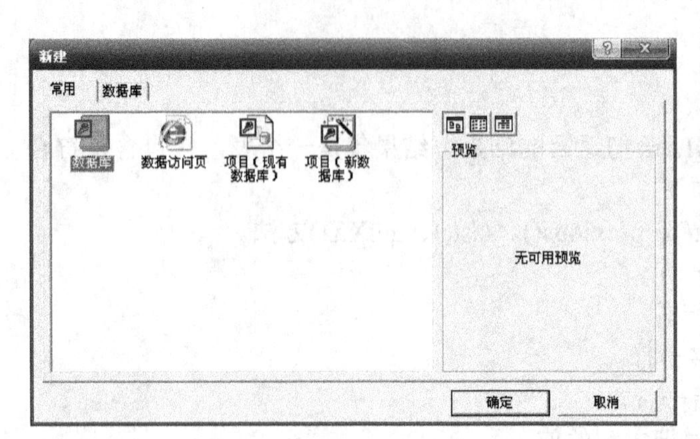

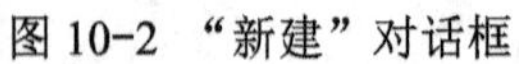
图 10-2 “新建”对话框

图 10-3 数据库窗口

2．建立表的结构

表由结构和记录两部分组成。结构指明表中每列的名称、数据类型和宽度。记录是表中所包含的行的数据。

（1）在数据库窗口中，选择“表”和使用“使用设计器创建表”，并单击“新建”按钮，出现“新建表”对话框，如图 10-4 所示。选择“设计视图”并单击“确定”按钮，打开表窗口，如图 10-5 所示。

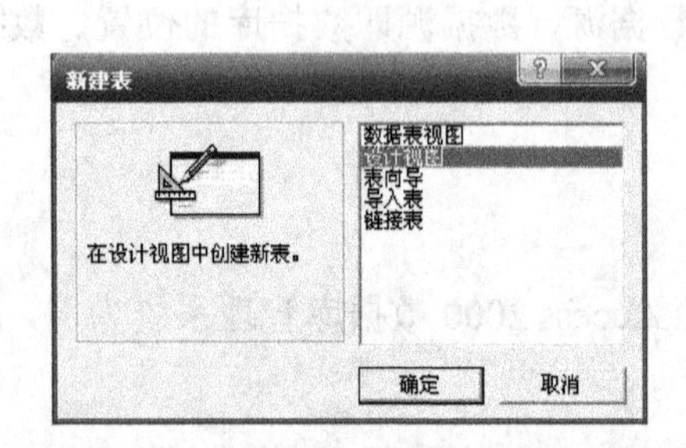

图 10-4 “新建表”对话框

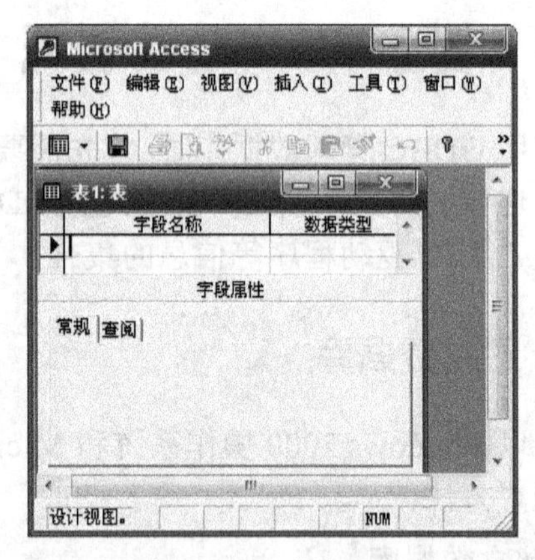

图 10-5 表窗口

（2）输入字段名、类型、长度，单击“文件”→“保存”命令，出现“另存为”对话框，如图 10-6 所示。表名为：student。

（3）单击“确定”按钮，回到数据库窗口，出现所建立的表 student 条目。

图 10-6 “新建表”对话框

3．输入记录

在数据库窗口中，选择表名，单击“打开”按钮，出现表窗口，输入 3 条记录如图 10-7 所示。输入完毕后，单击“保存”按钮。

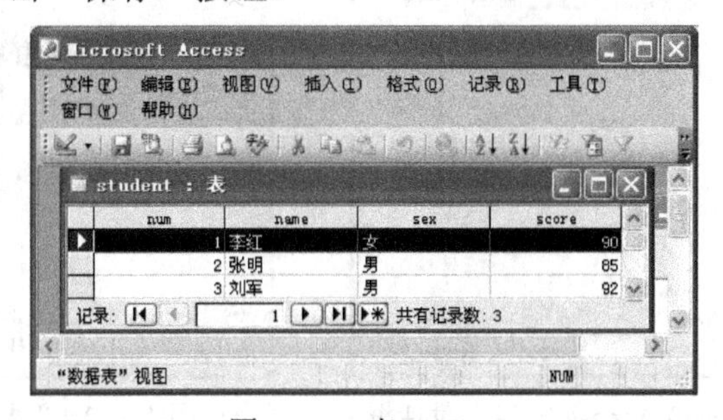

图 10-7　表 student

10.3.2　建立数据源

现在已经有一个数据库名为 myDB.mdb，存在 d:\java 目录下。为数据库 myDB.mdb 在 ODBC 管理器中配置数据源的步骤如下：

（1）打开 Windows 中的控制面板。

（2）双击“管理工具”图标，出现管理工具窗口。在该窗口中双击“数据源（ODBC）”图标，出现“ODBC 数据源管理器”对话框，如图 10-8 所示。

（3）选择“系统 DSN”选项卡，单击“添加”按钮，出现“创建新数据源”对话框，如图 10-9 所示。

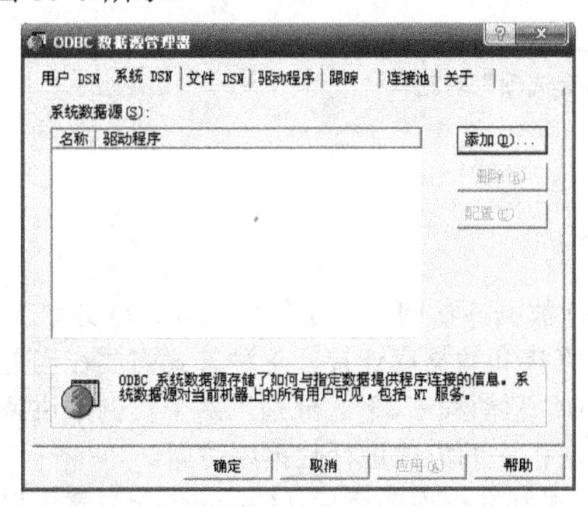

图 10-8　“ODBC 数据源管理器”对话框

图 10-9　“创建新数据源”对话框

（4）选择 Microsoft Access Driver（*.mdb），单击“完成”按钮。

（5）在“ODBC Microsoft Access 安装”对话框中，在“数据源名”文本框中输入：myDB；“说明”文本框中输入：学生数据库，如图 10-10 所示。

（6）单击“选择”按钮，出现如图 10-11 所示“选择数据库”对话框，目录选择 d :\java，数据库选择 myDB.mdb。单击“确定”按钮，回到“ODBC Microsoft Access 安装”对话框。

（7）如果设置数据库的用户名和密码，可单击“高级”按钮，出现如图 10-12 所示“设置高级选项”对话框。如设置登录名称为 ma，密码为 123。

（8）单击“确定”按钮，完成数据源的建立。最后，关闭控制面板。

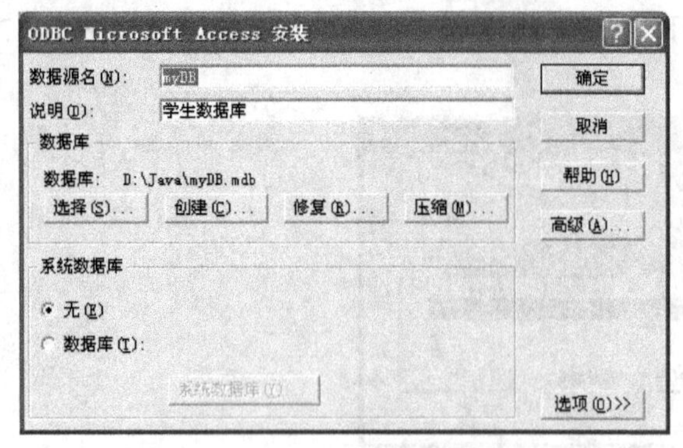

图 10-10 “ODBC Microsoft Access 安装”对话框

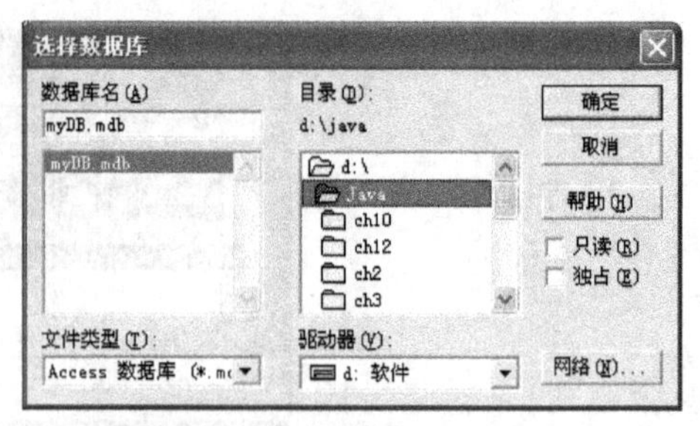

图 10-11 “选择数据库”对话框

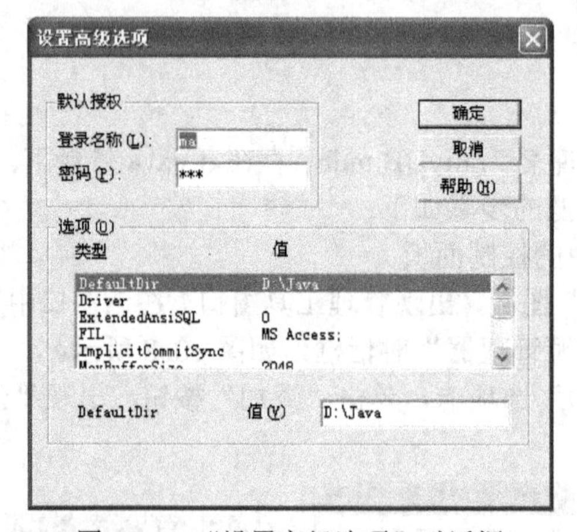

图 10-12 “设置高级选项”对话框

10.4 数据库编程实例

JDBC 驱动程序管理器可以以两种方式进行数据库访问：一是使用 JDBC/ODBC 桥接驱动程序；另一种方式是使用 JDBC 驱动程序直接和数据库连接，这种方式需要在当前程序所在项目的 lib 目录中加载相应数据库的 JDBC 驱动程序。下面分别以两个实例来讲解如何使用 JDBC/ODBC 桥接驱动程序和 JDBC 驱动程序的方式进行数据库访问。

如果把数据库（database）看做一个仓库，那到数据库的连接（Connection）就可以看做一条通往仓库的道路，会话（Statement）就可以看做跑在这条路上的一辆货车，用户对数据库进行的不同的操作（SQL 语句），就是对这辆货车发出不同的指令（update、delete、query 等），执行的结果就是从数据库中返回操作结果，这个结果类似于从仓库拉回不同的货物。

【例 10-1】源程序 Query.java，利用 JDBC/ODBC 桥驱动程序，访问 Access 数据库 myDB.mdb，显示表中所有职员的编号、姓名、性别、成绩。

```
1    import java.sql.*;
2    class Query
```

```
3    {
4       public static void main(String args[])
5       {
6         try
7         {
8          //加载数据库驱动程序
9          Class.forName("sun.jdbc.Odbc.JdbcodbcDriver");
10         }
11         catch(ClassNotFoundException ce)  {
12         System.out.println("SQLExceptiOn: "+ce.getMessage());
13         }
14         Try   { //与数据库建立连接
15         Connection con=DriverManager.getConnection("jdbc:odbc:myDB");
16         Statement stmt=con.createStatement();  //创建 Statement 对象
17         //发送 SQL 语言 select * from student，生成学生记录
18          ResultSet rs=stmt.executeQuery("select * from student");
19         while(rs.next())
20         {       System.out.println("编号"+rs.getString("num")
21                 +"\t 姓名"+rs.getString("name")
22                 +"\t 性别"+rs.getString("sex")
23                 +"\t 成绩"+rs.getString("score"));
24         }
25         rs.close();  //关闭数据库
26         stmt.close();
27         }
28         catch (SQLException e)  {
29         System.out.println("SQLException:"+e.getMessage());
30         }
31      }
32   }
```

【运行结果】

例 10-1 运行结果如图 10-13 所示。

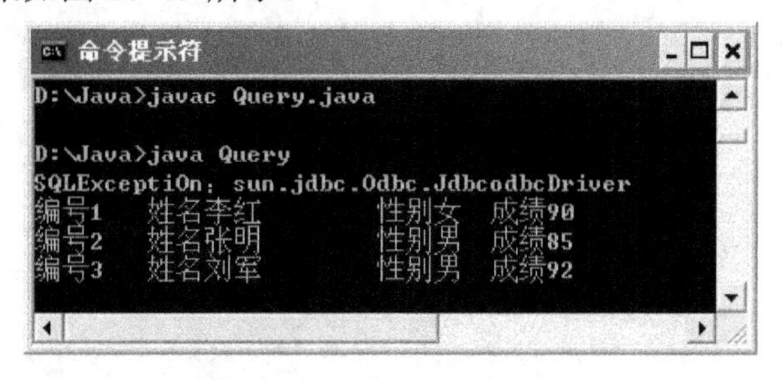

图 10-13　例 10-1 运行结果

【程序分析】

运行该程序，首先利用 Access2003 设计数据库，并建立一数据表，表名为 student，含有数据项 num，name，sex，score。其次才能运行本程序。

第 1 行：引入包 java.sql 中的所有类。

第 9 行：加载 JDBC/ODBC 桥驱动程序。

第 15 行：连接数据库 myDB。

第 16 行：stmt 为 SQL 语句变量。

第 18 行：对表 student 中所有职员进行查询，结果存放在对象 rs 中。

10.5 知识测试

10-1 判断题

1. JDBC 是 Java Data Base Connectivity 的简称，是 Java 同许多数据库之间连接的一种标准。（　　）
2. DriverManager 类是 JDBC 的管理层，它提供了管理 JDBC 驱动程序所需要的基本服务。（　　）
3. Statement 对象代表与数据库的连接。（　　）
4. ResultSet 接口用于获取执行 SQL 语句返回的结果。（　　）

10-2 选择题

1. JDBC 的作用不包括（　　）。
   A. 与一个数据库建立连接　　B. 向数据库发送 SQL 语句
   C. 处理数据库返回的结果　　D. 创建数据库
2. JDBC 应用程序接口不包括（　　）。
   A. DriverManager　　B. Connection
   C. Exception　　D. Statement

10-3 简答题

1. 简述 JDBC 常用的类 DriverManager 的作用。
2. 简述在 Java 程序设计中，通过 JDBC 使用数据库的应用程序需要哪几个步骤。
3. 简述 JDBC 的 Connection 接口的功能。

第 11 章　网络编程

➘ 学习目标

- ◆ 掌握：Java 语言网络编程的原理与方法。
- ◆ 理解：传输层两个协议的工作原理。
- ◆ 了解：网络编程的原理与发展。

➘ 重点

- ◆ 熟练掌握：Java 语言网络编程的基本过程。

➘ 难点

- ◆ Java 语言网络编程的方法。

Java 语言的产生与计算机网络是密不可分的。Java 最初的目标就决定了 Java 必然支持 Internet 和 WWW 服务，因此，Java 在网络编程方面比其他的传统语言具有先天的优势。事实也证明，使用 Java 进行网络编程是很容易完成的，这也是 Java 风行世界的原因之一。

11.1 网络编程的基本概念

网络编程的目的就是直接或间接地通过网络协议与其他计算机进行通信，确切地说是两台计算机上的应用程序之间进行通信。因此网络编程中有两个主要的问题，一个是如何准确地定位网络上一台或多台主机及在主机上运行的应用程序，另一个就是在找到主机及应用程序后，如何可靠、高效地进行数据传输。

11.1.1 Java 与网络编程

在 TCP/IP 体系结构中网络层主要负责网络主机的定位和数据传输的路由，由 IP 地址可以唯一地确定 Internet 上的一台主机。而传输层则提供面向应用的可靠的或非可靠的数据传输机制，来保证应用程序的正常运行。先了解以下几个概念：

IP 地址：即给每个连接在 Internet 上的主机分配一个在全世界范围内唯一的 32 位地址。IP 地址的结构使在 Internet 上寻址很方便。IP 地址通常用更直观的、以圆点分隔的 4 个十进制数字表示，每一个十进制数字对应一个 8 位二进制数。

端口号（Port Number）：网络通信时同一机器上的不同进程的标识，其中 1～1024 为系统保留的端口号。每一项标准的 Internet 服务都有自己独特的端口号，该端口在所有的计算机上均相同。例如，FTP 默认端口为 21，HTTP 默认端口为 80。

服务类型（Service）：网络的各种服务。例如：超文本传输协议（HTTP），文件传输协议（FTP），远程登录（Telnet），简单邮件传输协议（SMTP）。

套接字（Socket）：当一台主机上有多个进程同时进行通信时，如何区别从网络中传递来的数据是一个问题。解决的方法就是在传输层提供向上服务的端口号，端口号其实标识了运行在某台计算机上的某个进程，所以一个在 Internet 上运行的应用程序可以用 IP 地址和端口号进行标识，这就是套接字（Socket）。

11.1.2 处理主机名称及 IP 地址的 InetAddress 类

InetAddress 类用于获得目标主机的 IP 地址，这对于传输层的连接有着重要的意义。该类提供了通过 IP 主机名获得 IP 主机地址的方法，而主机名对于使用者远比 IP 地址来得方便。该类中相关的方法如下。

（1）GetHostName（）：返回该地址的主机名。如果主机名为 null，那么，当前地址指向当地机器的任一可得网络地址。返回值类型为 string。

（2）GetAddress（）：以网络地址顺序来返回 IP 地址。返回值存在于 byte[]型的字节数组中，其中，最高字节位于标值为 0 的元素中。

（3）GetHostAddress（）：以“%d%d%d%d”的形式返回 IP 地址串。返回值类型为 string。

（4）HashCode（）：返回该 InetAddress 对象的散列码。返回值类型为 int。

（5）Equals（Object obj）：将当前对象与指定对象进行比较。返回值为 true 表示相同，false 表示不相同。

（6）ToString（）：将该 InetAddress 对象以字符串的形式表示出来。返回值类型为 string 的实体对象。

（7）GetByName(string host)：该方法用于返回指定主机的网络地址。如果主机名为 null，则返回当地机器的默认地址。参数 host 表示指定的主机，返回值类型为 InetAddress。

（8）GetAllByName（string host)：返回指定主机名的所有 InetAddress 对象。参数 host 表示指定的主机。返回值存放于 InetAddress[]数组中。

（9）GetLocalHost（）：用于返回当地主机的 InetAddress 对象。如果无法决定主机名，则会发生 unknowHostException 例外。

由于 InetAddress 类没有构造函数，所以创建 InetAddress 类不用构造函数（即不用 new）。它的实例对象需要通过方法 getByName（）、getLocalHost（）及 getAllByName（）来建立。

【例 11-1】 源程序名 GetLocalHostIP.java，获取本机的 IP 地址。

```
1    import java.net.*;
2    public class GetLocalHostIP{
3       public static void main(String args[]){
4          InetAddress localHost=null;
5          try {
6             //通过类方法 getLocalHost 产生实例对象
7             localHost=InetAddress.getLocalHost();
8          } catch(UnknownHostException ex){}
9          System.out.println(localHost); //输出结果
10      }
11   }
```

【运行结果】

例 11-1 运行结果如图 11-1 所示。

图 11-1　例 11-1 运行结果

【程序分析】

第 7 句通过创建 InetAddress 类的 getLocalHost（）方法来达到获取主机 IP 的目的。

11.2　传输层协议 TCP 和 UDP

传输层以实现计算机系统端到端的通信为目的，该层提供了两种实现端到端通信的方法，即面向连接方法和无连接方法。这两种方法对应着两个主要协议，一个是 TCP（Tranfer Control Protocol），另一个是 UDP（User Datagram Protocol）。

TCP 是一种面向连接的保证可靠传输的协议。TCP 实现的传输是一个顺序的无差错的数据流。发送方和接收方的成对 Socket 之间必须建立连接，以便在 TCP 的基础上进行通信，当一个 Socket（通常是 Server Socket）等待建立连接时，另一个 Socket 可以要求进行连接，一旦这两个 Socket 连接起来，它们就可以进行双向数据传输，双方都可以进行发送或接收操作。

UDP 是一种无连接的协议，每个数据报都是一个独立的信息，包括完整的源地址和目的地址，它通过网络上任何可能的路径传往目的地，因此能否到达目的地，到达目的地的时间以及内容的正确性都是不能被保证的，即 UDP 是不可靠的。

使用 UDP 时，每个数据报中都给出了完整的地址信息，因此无需要建立发送方和接收方的连接。对于 TCP，由于它是一个面向连接的协议，在 Socket 之间进行数据传输之前必然要建立连接，所以在 TCP 中多了一个连接建立的时间。

使用 UDP 传输数据时是有大小限制的，每个被传输的数据报必须限定在 64KB 之内。而 TCP 没有这方面的限制，一旦连接建立起来，双方的 Socket 就可以按统一的格式传输大量的数据。UDP 是一个不可靠的协议，发送方所发送的数据报并不一定以相同的次序到达接收方。而 TCP 是一个可靠的协议，它确保接收方完全正确地获取发送方所发送的全部数据。

总之，TCP 在网络通信上有极强的生命力。例如，远程连接（Telnet）和文件传输（FTP）都需要不定长度的数据被可靠地传输。相比之下，UDP 操作简单，仅需要较少的监护，因此通常用于局域网高可靠性的分散系统中 Client/Server 应用程序。

可靠的传输是要付出代价的，对数据内容正确性的检验必然占用计算机的处理时间和网络的带宽，因此在多次少量的非紧要数据的传输中 TCP 传输的效率不如 UDP 高。在许多应用中并不需要保证严格的传输可靠性，比如视频会议系统，并不要求音频、视频数据绝对正确，只要保证连贯性就可以了，这种情况下显然使用 UDP 会更合理。

11.3 Java 与统一资源定位符（URL）

URL（Uniform Resource Locator）是统一资源定位符的简称。人们使用现代 Internet 主要是浏览 Web 服务器上的网页，Web 是一个由 Web 浏览器、协议和文件构成的松散集合，Web 中最重要的一个元素就是 URL，它定义了一个将 Internet 上所有资源统一定位的可靠的方法。通过 URL 可以访问 Internet 上的各种网络资源，如最常见的 WWW、FTP 站点。浏览器通过解析给定的 URL 可以在网络上查找相应的文件或其他资源。Java 语言也提供了处理 URL 的相关类。

11.3.1 URL 基础知识

URL 是一个规范的格式，以新浪为例，其网址 http://www.sina.com.cn 就符合 URL 的规范。URL 的规范格式以四个元素为基础，第一个元素就是用到的应用层协议，如 HTTP，FTP 等，然后用“://”将其与其他部分分隔开，由于 WWW 服务的应用非常广泛，而 WWW 服务使用的协议就是 http，所以通常即便不输入 http，浏览器也知道要使用的协议是 http。第二个元素是主机名或主机的 IP 地址，如 www.sina.com 就是新浪网的主机名。第三个元素是端口号，这个部分是可选项，由于很多服务都有固定的端口号，如 HTTP 的端口号就是 80，浏览器可以根据使用的协议自动识别出对应的端口号，所以通常可以不写。其实新浪网的 URL 又可以写成 http://www.sina.com:80/index.html，其中的 index.html 是第四个元素，即实际的文件路径。为了帮助理解，下面是几个 URL 的例子。

```
http://www.sun.com/     协议名://主机名
http://home.netscape.com/home/welcome.html     协议名:// 主机名＋文件名
http://www.gamelan.com:80/Gamelan/network.html＃BOTTOM     协议名:// 主机名＋端口号＋文件名
＋内部引用
```

总之，URL 是最为直观的一种网络定位方法。使用 URL 符合人们的语言习惯，容易记忆，所以应用十分广泛，而且采用 URL 还可以获得域名解析服务。使用 URL 进行网络编程，不需要对协议本身有太多的了解，功能也比较弱，相对而言是比较简单的。

11.3.2　在 Java 中实现 URL

URL 类是一个公有最终类，由该类派生的 URL 对象可用于从 URL 指定的网页下载数据。URL 类是一个相对简单的下载信息机制，如果要更好地控制通信信道，则需要使用 URLConnection 类派生的 URLConnection 对象。

URL 类中有四个构造方法，可以通过下面的构造方法来初始化一个 URL 对象：

（1）public URL (String spec)。

通过一个与浏览器中 URL 地址相同的字符串构造一个 URL 对象。如：

```
URL urlBase=new URL("http://www. 263.net/")
```

（2）public URL(URL context, String spec)。

通过基 URL 和相对 URL 构造一个 URL 对象。如：

```
URL net263=new URL ("http://www.263.net/");
URL index263=new URL(net263, "index.html")
```

（3）public URL(String protocol, String host, String file)。

通过将 URL 字符串分解成它的两个组成部分来构造一个 URL 对象。如：

```
new URL("http", "www.gamelan.com", "/pages/Gamelan.net. html");
```

（4）public URL(String protocol, String host, int port, String file)。

通过将 URL 字符串分解成它的四个组成部分来构造一个 URL 对象，如：

```
URL gamelan=new URL("http", "www.gamelan.com", 80, "Pages/Gamelan.network.html");
```

注意

类 URL 的构造方法都能引发抛出非运行时例外（MalformedURLException），因此生成 URL 对象时，必须要对这一例外进行处理，通常是用 try-catch 语句进行捕获。格式如下：

```
try{
URL myURL= new URL(…)
}catch (MalformedURLException e){
//此处编写例外处理编码
}
```

1. 获取 URL 对象属性

一个 URL 对象生成后，其属性是不能被改变的，但是我们可以通过类 URL 所提供的方法来获取这些属性：

```
public String getProtocol()      获取该 URL 的协议名。
public String getHost()          获取该 URL 的主机名。
public int getPort()             获取该 URL 的端口号，如果没有设置端口，返回-1。
public String getFile()          获取该 URL 的文件名。
public String getRef()           获取该 URL 在文件中的相对位置。
public String getQuery()         获取该 URL 的查询信息。
public String getPath()          获取该 URL 的路径。
```

```
public String getAuthority()        获取该 URL 的权限信息。
public String getUserInfo()         获得使用者的信息。
public String getRef()              获得该 URL 的锚。
```

【例 11-2】源程序名 GetURL.java，生成一个 URL 对象，并获取它的各个属性。

```
1   import java.net.*;
2   import java.io.*;
3   public class GetURL{
4   public static void main (String [] args) throws Exception{
5       //声明抛出所有例外
6       URL myURL=new URL("http://www.163.com/");
7       URL mto=new URL(myURL,"tutorial.intro.html#DOWNLOADING");
8       System.out.println("protocol="+ mto.getProtocol());
9       //输出该 URL 对象所连接的主机名称
10      System.out.println("host ="+ mto.getHost());
11      //输出该 URL 对象使用的端口号
12      System.out.println("port="+ mto.getPort());
13      //输出该 URL 的获取文件的路径
14      System.out.println("path="+mto.getPath());
15      //输出该 URL 对象所连接主机中对应的文件
16      System.out.println("filename="+ mto.getFile());
17      //输出该 URL 在文件中的相对位置
18      System.out.println("ref="+mto.getRef());
19      //输出该 URL 的查询信息
20      System.out.println("query="+mto.getQuery());
21      //输出使用者的信息
22      System.out.println("UserInfo="+mto.getUserInfo());
23      System.out.println("Authority="+mto.getAuthority());
24    }
25  }
```

【运行结果】

例 11-2 运行结果如图 11-2 所示。

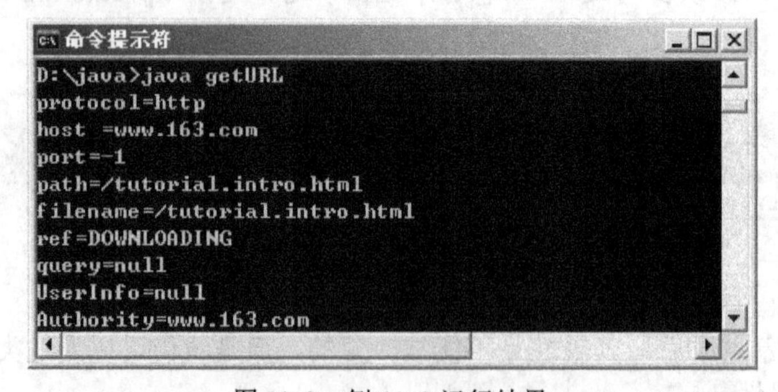

图 11-2　例 11-2 运行结果

【程序分析】

第 6 句：构建访问 163 网站的 URL 对象；

第 7 句：通过基 URL 和相对 URL 构建访问对象；

第 8 句：输出该 URL 对象所使用的协议；

第 23 句：输出 URL 的锚。

2．使用 openStream()读取 WWW 资源

当得到一个 URL 对象后，就可以通过它读取指定的 WWW 资源。这时将使用 URL 的方法 openStream()，其定义为：InputStream openStream();

方法 openSteam()与指定的 URL 建立连接并返回 InputStream 类的对象，以从这一连接中读取数据。

【例 11-3】源程序名 ReadURL.java，从指定的网站获取该网站首页的 HTML 文本。

```
1   import java.net.*;
2   import java.io.*;
3   public class ReadURL {
4   public static void main(String[] args) throws Exception {
     //声明抛出所有例外
5      //构建一 URL 对象
6       URL objURL = new URL("http://www.baidu.com.cn");
7       BufferedReader inURL = new BufferedReader(new
                InputStreamReader(objURL.openStream()));
8         String htmlLine;
9         while ((htmlLine = inURL.readLine()) != null)
10        System.out.println(htmlLine); //把数据打印到屏幕上
11            inURL.close();//关闭输入流
12     }
13   }
```

【运行结果】

例 11-3 运行结果如图 11-3 所示。

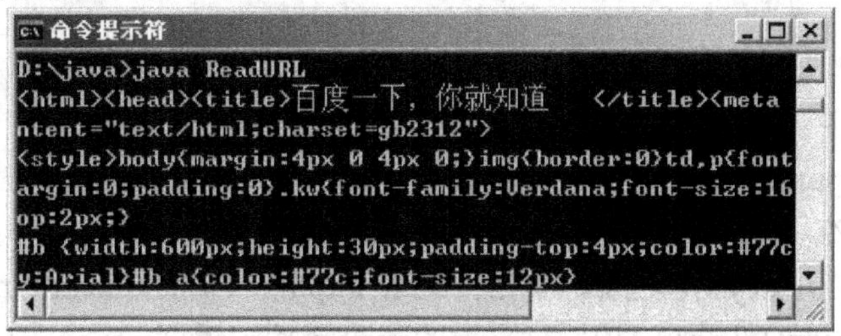

图 11-3　例 11-3 运行结果

【程序分析】

第 7 句：使用 openStream 得到输入流并由此构造一个 BufferedReader 对象；

第 9～10 句：从输入流读数据，直到读完为止。

3．使用 URLConnection 读写 URL 资源

通过 URL 的方法 openStream()，只能从网络上读取数据，如果同时还想输出数据，例如向服务器端的 CGI 程序发送一些数据，则必须先与 URL 建立连接，然后才能对其进行读写，这时就要用到类 URLConnection 了。CGI 是公共网关接口（Common Gateway Interface）的简称，它是用户浏览器和服务器端的应用程序进行连接的接口。有关 CGI 程序设计，请读者参考有关书籍。

类 URLConnection 是一个抽象公有类，表示 Java 程序和 URL 在网络上的通信连接。该类不能被直接实例化，可以通过调用 URL 对象上的方法 openConnection()生成对应的实例对象。类 URLConnection 可以从互联网地址中下载信息，支持比 URL 类更大的方法集来设置或获取连接参数。程序设计时最常使用的是 getInputStream()和 getOutputStream()，其定义为：

```
InputSteram getInputSteram();
OutputSteram getOutputStream();
```

通过返回的输入/输出流可以进行远程对象之间的通信。使用 URLConnection 类来访问 Web 页面的步骤如下：

（1）调用 URL 类的 openConnection()方法得到一个 URLConnection 类的实例。

```
URLConnection conn = url.openConnection();
```

（2）调用以下方法，设置所有相关属性。

```
setAllowUserInteraction()
setDoInput()
setDoOutput()
setIfModifiedSince()
setUseCaches()
setRequestProperty()
```

（3）调用 connect()方法连接远程资源。

```
conn.connect();
```

connect()方法除了创建一个连接指定服务器的套接字连接外，还可以查询服务器以获取相应头信息（header information）。

（4）连接服务器以后，使用 getHeaderFieldKey()和 getHeaderField()方法来枚举出头信息的所有域。此外，也可以使用如下的方法来查询标准域的内容：

```
getContentEncoding()
getContentLength()
getContentType()
getDate()
getExpiration()
getLastModified()
```

（5）使用 getInputStream()方法访问资源数据。用 getInputStream()方法将返回一个输入流，此输入流和 URL 类的 openStream()方法返回的输入流是相同的。

例如，下面的程序段首先生成一个指向地址 http://www.baidu.com/index.html 的对象，然后用 openConnection()打开该 URL 对象上的一个连接，返回一个 URLConnection 对象，然后用它来检查文件的属性，如果连接过程失败，将产生 IOException。

【例 11-4】源程序名 URLCtest.java，使用 URLConnection 类实现获取网站页面信息与 HTML 文本。

```
1    import java.net.*;
2    import java.io.*;
3    import java.util.Date;
4    class URLCtest{
5    public static void main(String args[]) throws Exception{
6         int c;
7         //创建一 URL 对象
8         URL urlobj = new URL("http://www.baidu.com/index.html");
9         URLConnection urlCon = urlobj.openConnection();
10        System.out.println("Date:" + new Date(urlCon.getDate()));
11        System.out.println("Content-Type:" + urlCon.getContentType());
12        System.out.println("Expires:" + urlCon.getExpiration());
13        System.out.println("Last-Modified:" + new
```

```
                    Date(urlCon.getLastModified()));
14          int len = urlCon.getContentLength();
15          System.out.println("Content-Length:" + len);
16          if (len>0) {
17              System.out.println("===网页内容===");
18              InputStream input = urlCon.getInputStream();
19              int i = len;
20              while (((c = input.read()) != -1) && (--i>0)){
21                System.out.print((char) c);
22              }//输出完毕，关闭输入流
23              input.close();
24          } else{//如果连接失败，输出对象不存在
25                  System.out.println("No Content Available");
26              }
27      }
28  }
```

【运行结果】

例 11-4 运行结果如图 11-4 所示。

图 11-4　例 11-4 运行结果

【程序分析】

第 8 句：由 URL 对象获取 URLConnection 对象。

第 10～13 句：输出文件的属性。

第 14～22 句：读取 URL 对象 urlCon 的内容，并输出。

基于 URL 的网络编程在底层其实是基于下面要讲的 Socket 接口的，WWW、FTP 等标准化的网络服务都是基于 TCP 的，所以本质上讲 URL 编程也是基于 TCP 的一种应用。

11.4 Java 与 Socket 编程

Socket 编程是网络编程的核心内容，最早的关于网络编程的应用程序接口是 20 世纪 80 年代美国加州大学伯克利分校为支持 UNIX 操作系统上的 TCP/IP 应用而开发的。之后的网络编程接口都是在此基础上改进得到的。

11.4.1 Socket 原理

网络上的两个程序通过一个双向的通信连接实现数据的交换，这个双向链路的一端称为一个套接字（Socket）。套接字通常用来实现客户方和服务方的连接。

Socket 可理解为一种用于表达两台机器之间连接“终端”的软件抽象。对于一个给定的连接，在每台机器上都有一个 Socket。可以想象一个虚拟的“电缆”工作在两台机器之

间，“电缆”插在两台机器的 Socket 上。当然，物理硬件和两台机器之间的“电缆”这些连接装置都是未知的，抽象的所有目的就是为了让我们不必了解更多的细节。

简单地说，一台计算机上的 Socket 同另一台计算机通话创建一个通信信道，程序员可以用这个信道在两台机器之间发送数据。在 Java 环境下，套接字编程主要是指基于 TCP/IP 的网络编程。一个套接字由一个 IP 地址和一个端口号唯一确定。

1. Java 中面向连接的流式 Socket 的通信机制

无论一个 Socket 的通信功能多么齐全，程序多么复杂，其基本结构都是一样的，具体流程如图 11-5 所示。Server 端首先在某个端口创建一个监听 Client 请求的监听服务并处于监听状态，当 Client 向 Server 端的这个端口提出连接请求时，Server 端和 Client 端就建立了一个连接和一条传输数据的通道。通信结束后，这个连接通道将被拆除。

具体来说，所有的客户端程序都必须遵守下面的基本的步骤：

（1）建立客户端 Socket 连接。

（2）得到 Socket 的读和写的流。

（3）利用流。

（4）关闭流。

（5）关闭 Socket。

所有的服务器都要有以下的基本步骤：

（1）建立一个服务器 Socket 并开始监听。

（2）使用 accept()方法取得新的连接。

（3）建立输入和输出流。

（4）在已有的协议上产生会话。

（5）关闭客户端流和 Socket。

（6）回到第（2）步或者到第（7）步。

（7）关闭服务器 Socket。

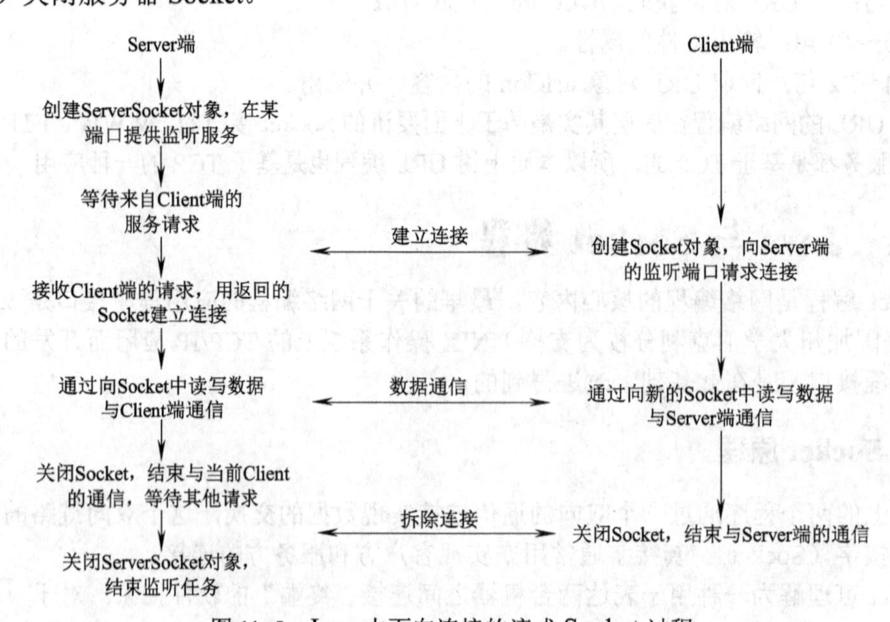

图 11-5 Java 中面向连接的流式 Socket 过程

2. Socket 类和 ServerSocket 类

在表 11-1 中有两个不同的对象：Socket 对象和 ServerSocket 对象。这两个对象就是从 java.net 中提供的两个类 Socket 和 ServerSocket 派生出来的。类 Socket 和类 ServerSocket 是两个封装得非常好的类，是用 Java 实现流式 Socket 通信的主要工具。创建一个 Socket 对象就建立了一个 Client 和 Server 之间的连接，创建一个 ServerSocket 对象就创建了一个监听服务。下面具体介绍这两个类。

表 11-1 Socket 类和 ServerSocket 类的构造方法

构 造 方 法	功 能 说 明
Socket(InetAddress address, int port)	使用指定地址和端口创建一个 Socket 对象
Socket(InetAddress address, int port, boolean stream)	使用指定地址和端口创建一个 Socket 对象（若布尔数值为真，则采用流式通信方式）
Socket(String host, int port)	使用指定主机和端口创建一个 Socket 对象
Socket(String host, int port, boolean stream)	使用指定主机和端口创建一个 Socket 对象（若布尔数值为真，则采用流式通信方式）
ServerSocket(int port)	指定的端口创建一个 ServerSocket 对象
ServerSocket(int port, int maxqueue)	指定的端口创建一个 ServerSocket 对象并说明了最大链接数
ServerSocket(int port, int maxqueue, InetAddress localAddr)	显式指定服务器要绑定的 IP 地址，该构造方法适用于具有多个 IP 地址的主机

构造函数中的 port 是用来连接的端口号。maxqueue 是队列长度，该参数告诉系统有多少与之连接的客户在系统拒绝连接之前可以挂起，默认值是 50。在一个多地址主机上，localAddr 用来指定该套接字约束的 IP 地址。

（1）Socket 类

在 Java 中，一个 Socket 就代表了一个 TCP 连接。当客户端要与服务器端连接时，首先要创建一个 Socket 对象，服务器端按照上文所述过程产生另一个 Socket 对象与其建立一个基于流的通信信道。Socket 对象创建后会自动与指定的主机和端口进行连接，这一过程若发生异常，则系统会抛出一个 IOException。

当 Client 端需要与 Server 端连接，以获取信息或服务时，需要创建一个 Socket 对象。通常的写法如下：

```
Socket cliSocket = new Socket("此处写服务器主机名", 4000);
```

注意

引号中应写服务器主机的名称或地址，第二个参数是服务器端进行监听服务的端口号，端口号通常应大于 1023，以防止与常用服务的端口冲突。

Socket 对象创建后与服务器端进行连接，如果成功就建立了一个通信通道，就可以进行数据通信。如果要进行数据交换，还需要使用一些方法。Socket 类提供了 getInputStream() 和 getOutStream()方法来得到对应的输入/输出流以进行读/写操作，这两个方法分别返回 InputStream 和 OutputSteam 类对象。

通信结束，可以调用 Socket 对象的 close 方法关闭。其写法如下：

```
cliSocket.close();
```

（2）ServerSocket 类

当创建一个 ServerSocket 类时，它会在系统注册自己对客户连接感兴趣。通常我们可以使用最简单的构造方法产生一个 ServerSocket 对象。ServerSocket 类的构造方法如下：

```
ServerSocket listener = new ServerSocket(4000);
```

这里指定的监听服务端口是 4000。用户在一台计算机上可以同时建立多个 ServerSocket 对象，并分配不同的端口号，实现不同的服务。这样，Client 连接到哪个端口，就可以接受哪种服务。

ServerSocket 对象建立后还需要与 Client 建立连接，这时需要执行如下语句：

```
Socket linkSocket = listener.accept();
```

accept()是 ServeSocket 类的一个方法，用来捕捉来自客户端的连接请求，并建立一个与客户端通信的 Socket 类对象 linkSocket，负责与客户端连接。今后，Server 端程序只需要向这个 Socket 对象读写数据，就可以实现向远端的 Client 读写数据。

结束监听需要执行如下语句关闭 ServerSocket 对象，释放其占用的资源。

```
Listener.close();
```

下面以服务器端为例，具体描述一下 Socket 类和 ServerSocket 类在服务器端程序编写的步骤：

（1）打开 Socket，创建 ServerSocket 对象。

```
ServerSockets    s = new ServerSocket(端口号) ;
```

（2）等待客户机的连接。

```
Socket sc = s.accept();
```

通过 ServerSocket 对象的 accept()方法可以接收客户机程序的连接请求，其返回值是一个 Socket 类型的对象。程序运行到这里将处于等待状态。

（3）生成输入输出流。

通过 ServerSocket 对象的 getOutputStream()和 getInputStream()方法可以分别获得输出、输入流。例如：

```
PrintStream os = new PrintStream(new BufferedOutputStreem(socket.getOutputStream()));
DataInputStream is = new DataInputStream(socket.getInputStream( ));
PrintWriter out = new PrintWriter(socket.getOutStream(),true);
BufferedReader in = new ButfferedReader(new
 InputSteramReader(Socket.getInputStream()));
```

输入输出流是网络编程的实质性部分，具体如何构造所需要的过滤流，要根据需要而定。

（4）处理输入/输出流。

通过输入流可以读取客户机程序发来的信息；通过输出流可以向客户机程序发信息。具体编程时要考虑的是何时读取信息以及何时发送信息。

类 Socket 提供了方法 getInputStream()和 getOutStream()来得到对应的输入/输出流以进行读/写操作，这两个方法分别返回 InputStream 和 OutputSteam 类对象。为了便于读/写数据，可以在返回的输入/输出流对象上建立过滤流，如 DataInputStream、DataOutputStream 或 PrintStream 类对象，对于文本方式流对象，可以采用 InputStreamReader 和 OutputStreamWriter、PrintWirter 等处理。例如：

```
PrintStream bos=new PrintStream(new BufferedOutputStreem(
socket.getOutputStream()));
DataInputStream gis=new DataInputStream(socket.getInputStream());
PrintWriter out=new PrintWriter(socket.getOutStream(),true);
BufferedReader in=new ButfferedReader(new InputSteramReader(
Socket.getInputStream()));
```

（5）关闭 Socket。

每一个 Socket 存在时，都将占用一定的资源，在 Socket 对象使用完毕后，要将其关闭。关闭 Socket 可以调用 Socket 的 close()方法。在关闭 Socket 之前，应将与 Socket 相关的所有的输入/输出流全部关闭，以释放所有的资源，而且要注意关闭的顺序，首先关闭与 Socket 相关的所有的输入/输出，然后再关闭 Socket。

```
out.close();
in.close();
socket.close();
```

尽管 Java 有自动回收机制，网络资源最终是会被释放的，但是为了有效地利用资源，建议按照合理的顺序主动释放资源。

11.4.2　Java 与 Socket 实现

下面是一个用 Java 编写的完整的客户端程序，它从标准输入（键盘）获取客户的输入，发送给服务器端，并将服务器端返回的信息显示到标准输出（屏幕）上。

【例 11-5】Socket 简单应用，客户端与服务器的通信。

（1）客户端程序 chatClient.java

```
1   import java.io.*;
2   import java.net.*;
3   public class ChatClient {
4     public static void main(String args[]) {
5       try{
6         Socket socket=new Socket("127.0.0.1",4000);
7         System.out.println("输入你要说的话,如果要退出输入 bye");
          //由系统标准输入设备构造 BufferedReader 对象
8         BufferedReader sin=new BufferedReader(new
9         InputStreamReader(System.in));
          //由 Socket 对象得到输出流，并构造 PrintWriter 对象
10        PrintWriter os=new PrintWriter(socket.getOutputStream());
11        BufferedReader is=new BufferedReader(new
                  InputStreamReader(socket.getInputStream()));
12        String readline;
13        readline=sin.readLine(); //从系统标准输入读入一字符串
14        while(!readline.equals("bye"))
                 //将从系统标准输入读入的字符串输出到 Server
15            os.println(readline);
16            os.flush(); //刷新输出流，使服务器端马上收到该字符串
                  //输出上打印读入的字符串
17            System.out.println("Client:"+readline);
                  //从服务器端读入一字符串，并打印到显示器上
18            System.out.println("Server:"+is.readLine());
19            readline=sin.readLine(); //从系统标准输入读入一字符串
20          } //循环结束
21          os.close(); //关闭 Socket 输出流
22          is.close(); //关闭 Socket 输入流
23            socket.close(); //关闭 Socket
24      }catch(Exception e) {
```

```
25                  System.out.println("Error"+e); //出错，则打印出错信息
26              }
27          }
28      }
```

（2）服务器端程序 chatServer.java

```
1       import java.io.*;
2       import java.net.*;
3       import java.applet.Applet;
4       public class ChatServer{
5           public static void main(String args[]) {
6               try{
7                   ServerSocket server=null;
8                   try{
9                       server=new ServerSocket(4000);
10                      System.out.println("准备好了.等候客户端输入后，退出输入 bye");
11                  }catch(Exception e) {//出错，打印出错信息
12                      System.out.println("can not listen to:"+e);
13                  }
14                  Socket socket=null;
15                  try{
16                      socket=server.accept();
17                  }catch(Exception e) {
18                      System.out.println("Error."+e); //出错，打印出错信息
19                  }
20                  String line;
21                  //由 Socket 对象得到输入流，并构造相应的 BufferedReader 对象
22                  BufferedReader is = new BufferedReader(new
23                              InputStreamReader(socket.getInputStream()));
24                  //由 Socket 对象得到输出流，并构造 PrintWriter 对象
25                  PrintWriter os = new PrintWriter(socket.getOutputStream());
26                  //由系统标准输入设备构造 BufferedReader 对象
27                  BufferedReader sin=new BufferedReader(new
28                                          InputStreamReader(System.in));
29                  //在标准输出上打印从客户端读入的字符串
30                  System.out.println("Client:"+is.readLine());
31                  line=sin.readLine(); //从标准输入读入一字符串
32                  while(!line.equals("bye")){ //如果该字符串为 "bye"，则停止循环
33                      os.println(line); //向客户端输出该字符串
34                      os.flush(); //刷新输出流，使 Client 马上收到该字符串
35                      //在系统标准输出上打印读入的字符串
36                      System.out.println("Server:"+line);
37                      //从 Client 读入一字符串，并打印到标准输出上
38                      System.out.println("Client:"+is.readLine());
39                      line=sin.readLine(); //从系统标准输入读入一字符串
40                  } //继续循环
41                  os.close(); //关闭 Socket 输出流
42                  is.close(); //关闭 Socket 输入流
43                  socket.close(); //关闭 Socket
44                  server.close(); //关闭 ServerSocket
45              }catch(Exception e){
```

```
46                     System.out.println("Error:"+e); //出错，打印出错信息
47               }
48         }
49   }
```

【运行结果】

例 11-5 运行结果如图 11-6 所示。

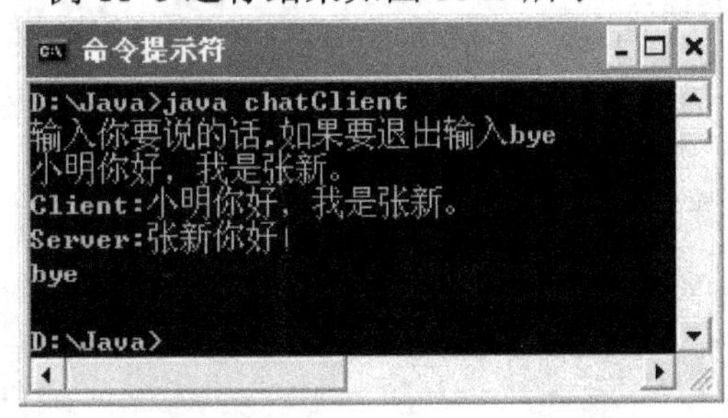

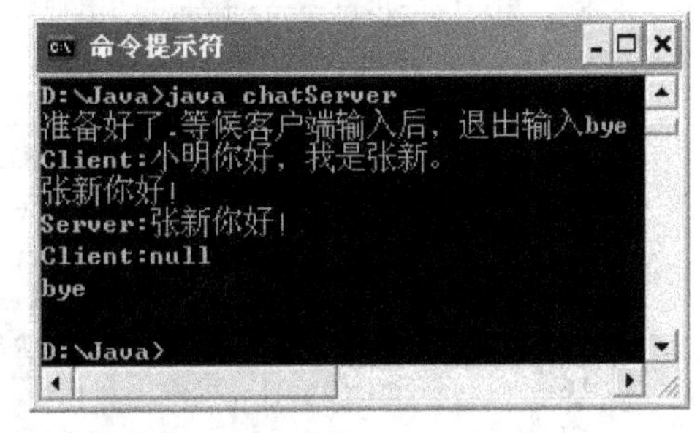

图 11-6　例 11-5 运行结果

【程序分析】

本程序由两部分组成，一部分是服务器端程序，另一部分是客户端程序。编译服务器端和客户端程序时可以不分先后顺序，但在再运行服务器端和客户端程序时，应首先启动 Server 端，然后启动 Client 端。在 Client 端输入字符后，在 Server 端可以显示，在 Server 端输入信息后，在 Client 端也可以显示。为结束通信，先在 Client 端输入"bye"，再在 Server 端输入"bye"。要注意：在同一台计算机上演示本程序时，先打开一个 DOS 窗口，运行服务器端程序，不要关闭。再另外打开一个 DOS 窗口，运行客户端程序。这时屏幕会出现运行结果所示的窗体。运行时，按照提示输入内容即可。

客户端程序：

第 6 句：向本机的 4000 端口发出客户请求；

第 8～9 句：由 Socket 对象得到输入流，并构造相应的 BufferedReader 对象；

第 14 句：若从标准输入读入的字符串为 "bye"则停止循环。

服务器端程序：

第 9 句：创建一个 ServerSocket 在端口 4000 监听客户请求；

第 16 句：使用 accept()阻塞等待客户请求，有客户请求到来则产生一个 Socket 对象，并继续执行。

以上程序是 Server 的典型工作模式，只不过在这里 Server 只能接收一个请求，接受完后 Server 就退出了。实际的应用中总是让它不停地循环接收，一旦有客户请求，Server 总会创建一个服务线程来服务新来的客户，而自己继续监听。程序中 accept()是一个阻塞函数，所谓阻塞性方法就是说该方法被调用后，将等待客户的请求，直到有一个客户启动并请求连接到相同的端口，然后 accept( )返回一个对应于客户的 Socket。这时，客户方和服务方都建立了用于通信的 Socket，接下来就由各个 Socket 分别打开各自的输入/输出流。

【例 11-6】采用多线程实现的服务器端程序。注：该例启动服务器程序后，可用 telnet machine port 命令连接，其中 machine 为本机名或地址，port 为程序中指定的端口。也可以编写特定的客户机软件通过 TCP 的 Socket 套接字建立连接。

（1）源程序名 TelnetServer.java,类 telnetServer

```
1     import java.io.*;
```

```
2    import java.util.*;
3    import java.net.*;
4    public classTelnetServer{
5      final int RECEIVE_PORT=9090;
6      public TelnetServer() { //TelnetServer 的构造器
7          ServerSocket rServer=null; //ServerSocket 的实例
8          Socket request=null; //用户请求的套接字
9          Thread receiveThread=null;
10       try{
11         rServer=new ServerSocket(RECEIVE_PORT); //初始化 ServerSocket
12         System.out.println("Welcome to the server!");
13         System.out.println(new Date());
14         System.out.println("The server is ready!");
15         System.out.println("Port: "+RECEIVE_PORT);
16         while(true){ //等待用户请求
17              request=rServer.accept();
18              receiveThread=new serverThread(request);
19              receiveThread.start();
20           }
21       }catch(IOException e){
22           System.out.println(e.getMessage());}
23     }
24     public static void main(String args[]){
25       new telnetServer();
26     } //main 结束
27   }
```

（2）源程序名 ServerThread.java，类 serverThread

```
1    import java.io.*;
2    import java.net.*;
3    class ServerThread extends Thread {
4    Socket clientRequest; //用户连接的通信套接字
5    BufferedReader input; //输入流
6      PrintWriter output; //输出流
7      public ServerThread(Socket s){//ServerThread 的构造器
8       this.clientRequest=s;
9       InputStreamReader reader;
10      OutputStreamWriter writer;
11      try{ //初始化输入、输出流
12      reader=new InputStreamReader(clientRequest.getInputStream());
13      writer=new OutputStreamWriter(clientRequest.getOutputStream());
14            input=new BufferedReader(reader);
15            output=new PrintWriter(writer,true);
16            }catch(IOException e){
17         System.out.println(e.getMessage());
18            }
19       output.println("Welcome to the server!"); //客户机连接欢迎词
20       output.println("Now is:"+new java.util.Date()+"
                        "+"Port:"+clientRequest.getLocalPort());
21       output.println("What can I do for you?");
22     }
```

```
23      public void run(){ //线程的执行方法
24         String command=null; //用户指令
25         String str=null;
26         boolean done=false;
27         while(!done){
28         try{
29          str=input.readLine(); //接收客户机指令
30           }catch(IOException e){
31                System.out.println(e.getMessage());
32             }
33         command=str.trim().toUpperCase();
34         if(str == null || command.equals("QUIT"))
35              done=true;
36         else if(command.equals("HELP")){
37                   output.println("query");
38                   output.println("quit");
39                   output.println("help");
40                 }
41          else if(command.startsWith("QUERY")){//命令 query
42                         output.println("OK to query something!");
43               }
44          elseif(!command.startsWith("HELP")&&!command.startsWith
                  ("QUIT")&& !command.startsWith("QUERY")){
45          output.println("Command not Found! Please refer to the HELP!");
46                }
47          }// while 结束
48          try{
49               clientRequest.close(); //关闭套接字
50          }catch(IOException e){
51           System.out.println(e.getMessage());
52       }
53     command=null;
54      }//run 结束
55    }
```

【运行结果】

例 11-6 运行结果如图 11-7 所示。

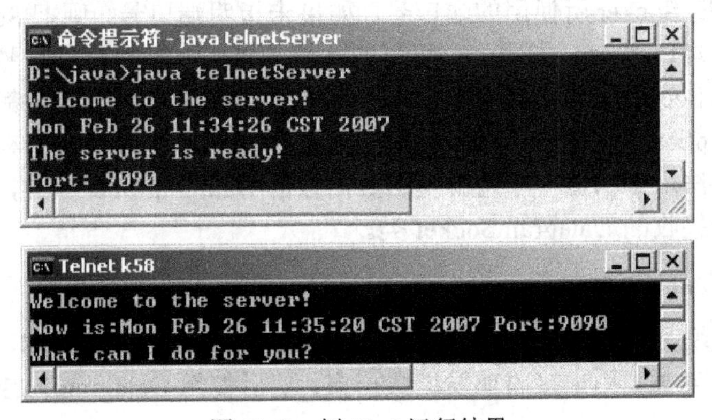

图 11-7　例 11-6 运行结果

【程序分析】

TelnetServer.java：

第 5 句：设置该服务器的端口号。

第 17 句：接收客户机连接请求。

第 18 句：生成 serverThread 的实例。

第 19 句：启动 serverThread 线程。

Server Thread.java：

第 8 句：接收 telnetServer 传来的套接字。

第 34 句：命令 QUIT 结束本次连接。

第 36 句：命令 HELP 查询本服务器可接受的命令。

上述程序展示了网络应用中典型的 C/S 结构，通过以上的学习，读者应该对 Java 的面向流的网络编程有了一个比较全面的认识。这些都是基于 TCP 的应用，后面我们将介绍基于 UDP 的 Socket 编程。

11.4.3 Java 与 UDP 上 Socket 的实现

前面在介绍 TCP/IP 的时候已经提到，在 TCP/IP 的传输层除了 TCP 之外还有一个 UDP。相比而言，UDP 的应用不如 TCP 广泛，几个标准的应用层协议 HTTP，FTP，SMTP 使用的都是 TCP。但是，随着计算机网络的发展，UDP 协议正越来越多地显示出其威力，尤其是在需要很强的实时交互性的场合，如网络游戏，视频会议等。下面我们就介绍一下 Java 环境下如何实现 UDP 网络传输。

包 java.net 中提供了两个类 DatagramSocket 和 DatagramPacket 来支持数据报通信，DatagramSocket 用于在程序之间建立传送数据报的通信连接，DatagramPacket 则用来表示一个数据报。

1．DatagramSocket 类

构造方法：

```
DatagramSocket（）;
DatagramSocket（int port）;
DatagramSocket(int port, InetAddress laddr);
```

其中，port 指明 Socket 所使用的端口号，如果未指明端口号，则把 Socket 连接到本地主机上一个可用的端口。laddr 指明一个可用的本地地址。给出端口号时要保证不发生端口冲突，否则会生成 SocketException 类例外。注意：上述的两个构造方法都声明抛弃非运行时例外 SocketException，程序中必须进行处理，或者捕获，或者声明抛弃。

第一个构造方法用来构造一个用于发送数据报的 DatagramSocket 类，后两种构造方法用来构造一个用于接收的 DatagramSocket 类。

2．DatagramPacket 类

用数据报方式编写 client/server 程序时，无论在客户端还是服务器端，首先都要建立一个 DatagramSocket 对象，用来接收或发送数据报，然后使用 DatagramPacket 类对象作为传输数据的载体。

构造方法：

```
DatagramPacket（byte buf[],int length）;
DatagramPacket(byte buf[], int length, InetAddress addr, int port);
DatagramPacket(byte[] buf, int offset, int length);
DatagramPacket(byte[] buf, int offset, int length, InetAddress address, int port);
```

其中，buf 中存放数据报数据，length 为数据报中数据的长度，addr 和 port 指明目的地址，offset 指明了数据报的位移量。

在接收数据前，应该采用上面的第一种方法生成一个 DatagramPacket 对象，给出接收数据的缓冲区及其长度，然后调用 DatagramSocket 的 receive()方法等待数据报的到来，receive()将一直等待，直到收到一个数据报为止。

```
DatagramPacket packet=new DatagramPacket(buf, 256);
Socket.receive (packet);
```

发送数据前，也要先生成一个新的 DatagramPacket 对象，这时要使用上面的第二种构造方法，在给出存放发送数据的缓冲区的同时，还要给出完整的目的地址，包括 IP 地址和端口号。发送数据是通过 DatagramSocket 的 send()方法实现的，send()根据数据报的目的地址来寻径，以传递数据报。

```
DatagramPacket packet=new DatagramPacket(buf, length, address, port);
Socket.send(packet);
```

在构造数据报时，要给出 InetAddress 类参数。类 InetAddress 在包 java.net 中定义，用来表示一个 Internet 地址。用户可以通过它提供的类方法 getByName()从一个表示主机名的字符串获取该主机的 IP 地址，然后再获取相应的地址信息。

下面的例子说明了 UDP 客户端与服务器端通信的实现方法，其中的服务器端采用了多线程技术，能够同时与多个客户端通信。在这个例子中客户端采用数据报的方式与服务器端通信，以获取位于服务器端“d:\java\one-liners.txt”路径下的文件内容，每次连接返回一行。读者在运行时，应首先运行服务器端，再运行客户端。运行客户端时，命令后要输入服务器的名称。服务器的名称应以实际运行环境为准。文本文件的内容读者可以自己输入。

【例 11-7】 UDP 客户端与服务器端通信。

（1）客户方源程序 FileClient.java

```
1    import java.io.*;
2    import java.net.*;
3    import java.util.*;
4
5    public class FileClient {
6        public static void main(String[] args) throws IOException {
7        if(args.length!=1) {
8        System.out.println("Usage:java fileClient <hostname>");
          //打印出错信息
9          return; //返回
10         }
11        DatagramSocket udpSocket=new DatagramSocket(); //创建数据报套接字
12        byte buf[]=new byte[256]; //创建缓冲区
13        InetAddress address=InetAddress.getByName(args [0]);
14        DatagramPacket packet = new
                        DatagramPacket(buf,buf.length,address,4000);
15          //创建 DatagramPacket 对象
```

```
16          udpSocket.send(packet); //发送
17          packet = new DatagramPacket(buf,buf.length);
18          //创建新的 DatagramPacket 对象，用来接收数据报
19          udpSocket.receive(packet); //接收
20          String received=new String(packet.getData());
21          System.out.println("文件内容:"+received ); //打印生成的字符串
22          udpSocket.close(); //关闭套接口
23      }
24  }
```

（2）服务器方源程序:FileServer.java

```
1   public class FileServer{
2   public static void main(String args[]) throws java.io.IOException {
3       new fileServerThread().start();
4     }
5   }
```

（3）服务器方线程:FileServerThread.java

```
1   import java.io.*;
2   import java.net.*;
3   import java.util.*;
4   public class FileServerThread extends Thread{ //服务器线程
5     protected DatagramSocket socket=null;
6     protected BufferedReader in=null; //用来读文件的一个 Reader
7     protected boolean moreline=true; //标志变量，是否继续操作
8     public FileServerThread() throws IOException { //无参数的构造函数
9       this("fileServerThread");
10    }
11    public FileServerThread(String name) throws IOException {
12      super(name); //调用父类的构造函数
13      socket=new DatagramSocket(4000); //在端口 4000 创建数据报套接字
14      try{//打开一个文件，注意应以读者自己的文件所在路径为准
15          in = new BufferedReader(new FileReader("d:/java/test.txt"));
16      }catch(FileNotFoundException e) { //异常处理
17      System.err.println("Could not open file. Serving time instead.");
18          //打印出错信息
19        }
20    }
21    public void run(){//线程主体
22      while(moreline) {
23        try{
24            byte[] buf=new byte[256]; //创建缓冲区
25            //由缓冲区构造 DatagramPacket 对象
26            DatagramPacket packet=new DatagramPacket(buf,buf.length);
27            socket.receive(packet); //接收数据报
28            String dString=null;
29            if(in == null) dString=new Date().toString();
30            else dString = getNextline(); //调用成员函数从文件中读出字符串
31            buf = dString.getBytes(); //把 String 转换成字节数组，以便传送
32            InetAddress address=packet.getAddress();
33            int port=packet.getPort(); //和端口号
34            //根据客户端信息构建 DatagramPacket
```

```
35                packet=new DatagramPacket(buf,buf.length,address,port);
36                socket.send(packet); //发送数据报
37            }catch(IOException e) { //异常处理
38                 e.printStackTrace(); //打印错误栈
39                 moreline=false; //标志变量置 false，以结束循环
40             }
41        }
42        socket.close(); //关闭数据报套接字
43    }
44    protected String getNextline(){ //成员函数，从文件中读数据
45        String returnValue=null;
46        try {
47             if((returnValue=in.readLine()) == null)
48                { //从文件中读一行，如果读到了文件尾
49                  in.close( ); //关闭输入流
50                  moreline=false; //标志变量置 false，以结束循环
51                  returnValue="No more line. Goodbye."; //置返回值
52                } //否则返回字符串即为从文件读出的字符串
53        }catch(IOException e) { //异常处理
54             returnValue="IOException occurred in server"; //置异常返回值
55          }
56        return returnValue; //返回字符串
57    }
58 }
```

【运行结果】

例 11-7 运行结果如图 11-8 所示。

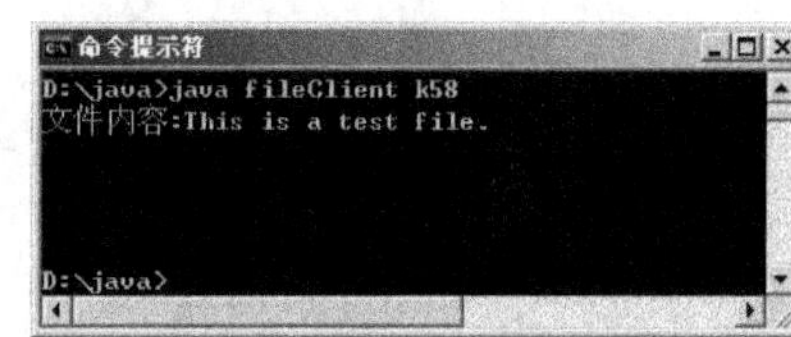

图 11-8　例 11-7 运行结果

【程序分析】

程序 1：客户方源程序

第 7 句：判断启动的时候有没有给出 Server 的名字。

第 13 句：给出的第一个参数默认为 Server 的名字，通过它得到 Server 的 IP 信息。

第 20 句：根据接收到的字节数组生成相应的字符串。

程序 2：服务器方源程序

第 3 句：启动一个 fileServerThread 线程。

程序 3：服务器方线程

第 5 句：记录和本对象相关联的 DatagramSocket 对象。

第 8 句：以 fileServerThread 为默认值调用带参数的构造函数。

第 29 句：如果初始化的时候打开文件失败，则使用日期作为要传送的字符串。

第 32 句：从 Client 端传来的 Packet 中得到 Client 地址。

从上例子可以看出，使用 UDP 和使用 TCP，在编程实现上还是有很大的区别的。一

个比较明显的区别是，UDP 的 Socket 编程是不提供监听功能的，也就是说通信双方更为平等，面对的接口是完全一样的。

11.5 本章小结

本章主要讲解了 Java 环境下的网络编程。由于 Java 网络编程的基础知识包括 TCP/IP、流和 Java.net 包，本章开篇重点介绍了以上内容的一些基本概念，其中对 TCP/IP 的理解对今后的网络编程能力有着重要的影响。

后续的内容分为两大块，一块是以 URL 为主线，讲解如何通过 URL 类和 URLConnection 类访问 WWW 网络资源。另一块是以 Socket 接口和 C/S 网络编程模型为主线，依次讲解了如何用 Java 实现基于 TCP 的 C/S 结构，以及如何用 Java 实现基于 UDP 的 C/S 结构。

11.6 知识测试

11-1 判断题

1. 已建立的 URL 对象不能被改变。（ ）
2. UDP 是面向连接的协议。（ ）
3. 数据报传输是可靠的，包按顺序先后达到。（ ）
4. 构成 World Wide Web 基础的关键协议是 TCP/IP。（ ）
5. 所有的文件输入/输出流都继承于 InputStream 类/OutputStream 类。（ ）

11-2 选择题

1. 如果在关闭 Socket 时发生一个 I/O 错误，会抛出（ ）。

   A. IOException　B. UnknownHostException
   C. SocketException　D. MalformedURLExceptin

2. 使用（ ）类建立一个 Socket，用于不可靠的数据报的传输。

   A. Applet　B. Datagramsocket　C. InetAddress　D. AppletContext

3. （ ）类的对象中包含有 Internet 地址。

   A. Applet　B. Datagramsocket　C. InetAddress　D. AppletContext

4. InetAddress 类的 getLocalHost 方法返回一个（ ）对象，它包含了运行该程序的计算机的主机名。

   A. Applet　B. Datagramsocket　C. InetAddress　D. AppletContext

5. （ ）对象管理基于流的连接。

   A. ServeSocket　B. Socket　C. Vector　D. DatagramSocket

11-3 编程题

1. 为一个网站的主页创建一个 URL，然后检查它的属性。
2. 编程获取一个 Socket 的信息。

第 12 章　游戏

■12.1 打字游戏介绍

打字游戏的源程序仅有一个文件 MyPanel.java。编译后运行游戏界面如图 12-1 所示。在屏幕上单击鼠标右键开始游戏，由上至下飘落字母符号，参加游戏者需要敲击键盘上对应的字母，游戏自动统计正确的字母数、错误的字母数、漏掉的字母数及正确率。在游戏执行过程中参加游戏者可以通过单击鼠标右键弹出的快捷菜单结束游戏、增加字母数字、加快下落速度、减少字母数字、减缓下落速度等。

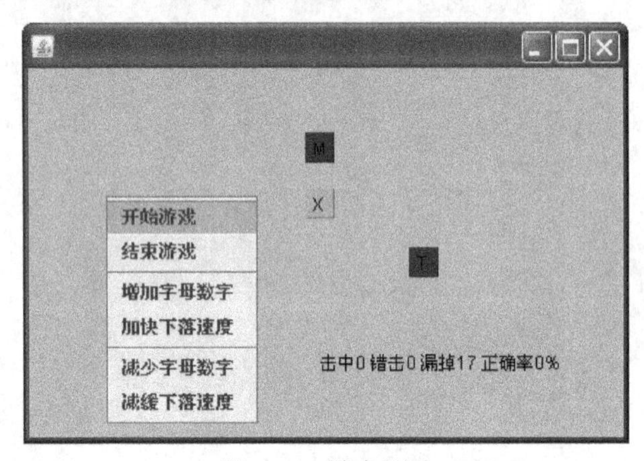

图 12-1 游戏界面

■12.2 游戏实现

//注意：启动后，在窗口中单击鼠标右键，在弹出的快捷菜单中选择“开始游戏”命令。

```
1    import java.sql.*;
2    import java.awt.*;
3    import java.awt.event.*;
4    import java.util.*;
5    import javax.swing.*;
6    public class MyPanel extends JFrame
7    {    public int FPS;
8         public Thread newthread;
9         public static boolean swit;
10        MouseListener ml=new C();
11        KeyListener kl=new D();
12        JPopupMenu jmp;
13        JMenuItem jmi;
14        letter myletter;
15        Random r;
16        int isTypedSum;
17        int isOmittedSum;
18        int isWrongTypedSum;
19        int width,height;
20        float percent;
21        Toolkit KT;
```

```
22          public static void main(String args[]) {
23                new MyPanel();
24          }
25          public MyPanel()
26          {     KT=this.getToolkit();
27                width=KT.getScreenSize().width/2;
28                height=KT.getScreenSize().height/2;
29                this.setSize(new Dimension(width,height));
30                this.setContentPane(new A());
31                this.show();
32                FPS=100;
33                isTypedSum=isOmittedSum=isWrongTypedSum=0;
34                percent=0f;
35                r=new Random();
36          }
37          class A extends JPanel implements Runnable
38          {     public A()
39                {
40                this.setBackground(Color.pink);
41                addComponents();
42                sta();
43                }
44          public void sta()
45          {     newthread=new Thread(this);
46                newthread.start();
47                myletter=new letter(MyPanel.this);
48                myletter.randomLetters();
49          }
50          public void run()
51          {
52             while(newthread!=null)
53             {
54                this.repaint();
55                try {
56                      Thread.sleep(FPS);
57                }catch(InterruptedException e) {
58                      System.out.println(e.toString());
59                }
60             }
61          }
62          public void addComponents()
63          {     MyPanel.this.addKeyListener(kl);
64                jmp=new JPopupMenu();
65                jmi=new JMenuItem("开始游戏");
66                jmi.addActionListener(new ActionListener()
67                {
68                      public void actionPerformed(ActionEvent e)
69                      {
70                            isTypedSum=isOmittedSum=isWrongTypedSum=0;
71                            swit=true;
```

```
72                          sta();
73                      }
74                  });
75          jmp.add(jmi);
76          jmi=new JMenuItem("结束游戏");
77          jmi.addActionListener(new ActionListener()
78          {
79                  public void actionPerformed(ActionEvent e)
80                  {
81                          stop();
82                          swit=false;
83                  }
84          });
85          jmp.add(jmi);
86          jmp.addSeparator();
87          jmi=new JMenuItem("增加字母数字");
88          jmi.addActionListener(new ActionListener()
89          {
90                  public void actionPerformed(ActionEvent e)
91                {
92                          if(myletter.exist_letter_num==9);
93                          else
94                          myletter.exist_letter_num++;
95                          myletter.randomLetters();
96                  }
97          });
98          jmp.add(jmi);
99          jmi=new JMenuItem("加快下落速度");
100         jmi.addActionListener(new ActionListener()
101         {
102                 public void actionPerformed(ActionEvent e)
103                 {
104                         for(int i=0;i<myletter.exist_letter_num;i++)
105                                 myletter.speed[i]++;
106                 }
107         });
108         jmp.add(jmi);
109         jmp.addSeparator();
110         jmi=new JMenuItem("减少字母数字");
111         jmi.addActionListener(new ActionListener()
112         {
113                 public void actionPerformed(ActionEvent e)
114                 {
115                         if(myletter.exist_letter_num==1);
116                         else
117                                 myletter.exist_letter_num--;
118                                 myletter.randomLetters();
119                 }
120           });
121         jmp.add(jmi);
```

```
122         jmi=new JMenuItem("减缓下落速度");
123         jmi.addActionListener(new ActionListener()
124         {
125             public void actionPerformed(ActionEvent e)
126             {
127                 for(int i=0;i<myletter.exist_letter_num;i++)
128                 {
129                     if(myletter.speed[i]>1)
130                     myletter.speed[i]--;
131                 }
132             }
133         });
134         jmp.add(jmi);
135         MyPanel.this.addMouseListener(ml);
136         }
137         public void paintComponent(Graphics g)
138         {   super.paintComponent(g);
139             int sum;
140             int showPercent=0;
141             if(swit)
142             {
143                 myletter.paintLetters(g);
144                 sum=isTypedSum+isWrongTypedSum+isOmittedSum;
145                 if(sum==0) { percent=0f; showPercent=0;}
146             else
147             {
148                 percent=(float)isTypedSum/sum;
149                 showPercent=(int)(percent*100);
150             }
151             g.drawString("击中"+isTypedSum+"  错击"+isWrongTypedSum+"
                    漏掉"+isOmittedSum+"  正确率"+showPercent+"%",200,200);
152             }
153             else
154             {
155             g.drawString("击中"+isTypedSum+"  错击"+isWrongTypedSum+"
                     漏掉"+isOmittedSum+"  正确率"+showPercent+"%",200,200);
156            }
157         }
158     }
159
160 class C extends MouseAdapter
161 {
162         public void mousePressed(MouseEvent e) {
163             showPopup(e);
164         }
165         public void mouseReleased(MouseEvent e) {
166             showPopup(e);
167         }
168         public void showPopup(MouseEvent e) {
169             if(e.isPopupTrigger())
```

```
170                 jmp.show(e.getComponent(),e.getX(),e.getY());
171         }
172   }
173
174   class D extends KeyAdapter
175   {
176         public void keyPressed(KeyEvent e) {
177         char key=e.getKeyChar();
178         if(isTyped(key))
179               { }
180         else
181               { }
182         }
183         public boolean isTyped(char key)
184         {
185               for(int i=0;i<myletter.exist_letter_num;i++)
186               {
187                   if((char)(key-32)==myletter.cc[i].charAt(0))
188                   {
189                         isTypedSum++;
190                         myletter.reStart(i);
191                         return true;
192                   }
193               }
194               isWrongTypedSum++;
195               return false;
196           }
197         }
198
199         public void stop()   {
200               newthread=null;
201         }
202   }
203
204   class letter
205   {     MyPanel game;
206         final int Max;
207         boolean let[];
208         int X[];
209         int Y[];
210         int speed[];
211         int exist_letter_num;
212         int XY[];
213         int ini;
214         StringBuffer c[];
215         String cc[];
216         Random ran=new Random();
217         Color mycolor[]={Color.red,Color.green};
218         int aa[];
219         public letter(MyPanel game)
```

```
220        {    Max=9; //将字母最多设置为 9 个。此数为不可改变的。
221             this.game=game;
222             let=new boolean[Max];
223             XY=new int[Max];
224             ini=50;
225             initArray();
226             exist_letter_num=3; //初始化，刚开始落下字母的个数。
227        }
228        public void initArray()
229        {
230             for(int i=0;i<Max;i++)
231             {
232                  let[i]=false;
233                  XY[i]=ini;
234                  ini+=70;
235             }
236        }
237        public void randomLetters() //随机产生 n 个不同数字的值。
238        {    X=new int[exist_letter_num];
239             Y=new int[exist_letter_num];
240             speed=new int[exist_letter_num];
241             aa=new int[100];
242             for(int i=0,n=0;i<exist_letter_num;i++)//通过 9 个不同的位置来随机产生字母出现的坐
                标位置。
243             {    aa[n]=ran.nextInt(9);
244                  if(i!=0)
245                  {
246                       while(check(aa,n))
247                       {
248                            aa[n]=ran.nextInt(9);
249                       }
250                  }
251             X[i]=XY[aa[n]];
252             Y[i]=ran.nextInt(11)-10;
253             speed[i]=ran.nextInt(8)+1;
254             let[aa[n]]=true; //保存下放字母的位置。
255             n++;        }
256        randomStrings();
257        }
258        public void randomStrings()
259        {    c=new StringBuffer[exist_letter_num];
260             cc=new String[exist_letter_num];
261             while(true)
262            {
263             for(int i=0;i<exist_letter_num;i++)
264             {    c[i]=new StringBuffer();
265                  cc[i]=new String();
266                  c[i].setLength(1);
267                  c[i].setCharAt(0,(char)(ran.nextInt(26)+65));
268                  cc[i]=""+c[i];
```

```
269                 }
270                 if(checkChar(c))
271                 break;
272             }
273         }
274         public boolean checkChar(StringBuffer c[])
275         {   if(exist_letter_num==1) return true;
276             for(int i=0;i<exist_letter_num-1;i++)
277             for(int j=i+1;j<exist_letter_num;j++)
278             {
279                 if(c[i].equals(c[j])) return false;
280             }
281         return true;
282 }
283 public boolean check(int aa[],int n)
284 {
285         for(int i=0;i<n;i++)
286         for(int j=i+1;j<=n;j++)
287         {
288             if(aa[i]==aa[j]) return true;
289         }
290         return false;
291 }
292 public void paintLetters(Graphics g)
293 {
294         for(int temp=0;temp<exist_letter_num;temp++)
295         {
296             g.setColor(mycolor[ran.nextInt(2)]);
297             g.fill3DRect(X[temp],Y[temp],20,20,true);
298             g.setColor(Color.blue);
299             g.drawString(cc[temp],X[temp]+5,Y[temp]+15);
300             Y[temp]+=speed[temp];
301             if(Y[temp]>game.height) //当字母消失后，重新给初始位置和速度。
302             {
303             game.isOmittedSum++;
304             reStart(temp);
305             }
306         }
307 }
308 public void reStart(int temp)
309 {       Y[temp]=ran.nextInt(11)-10;
310         speed[temp]=ran.nextInt(8)+1;
311         reStartX(temp);
312         reStartStr(temp);
313 }
314 public void reStartX(int temp)
315 {       int cause;
316         Label:while(true)
317         {
318             cause=ran.nextInt(9);
```

```
319             for(int i=0;(i<exist_letter_num)&(i!=temp);i++)
320             {
321                 if(cause==aa[i])
322                 continue Label;
323             }
324             break;
325         }
326         X[temp]=XY[cause];
327         aa[temp]=cause;
328         }
329 public void reStartStr(int temp)
330 {
331         StringBuffer sb;
332         String s;
333         Label2:while(true)
334         {
335             sb=new StringBuffer();
336             sb.setLength(1);
337             s="";
338             sb.setCharAt(0,(char)(ran.nextInt(26)+65));
339             s+=sb;
340             for(int i=0;i<exist_letter_num&i!=temp;i++)
341             {
342                 if(s.equals(cc[i]))
343                 continue Label2;
344             }
345         break;
346         }
347         cc[temp]=s;
348     }
349 }
```

附录　实验

实验 1 熟悉 Java 编程环境和 Java 程序结构

一、实验目的

1．掌握下载 JDK 软件包的方法。
2．熟悉 JDK 开发环境、掌握设置 Java 程序运行环境的方法。
3．掌握 Java Application 的程序结构和开发过程。

二、实验内容

1．下载、安装并设置 JDK 软件包。
2．在 JDK 环境下，编写简单的 Java Application 程序。

三、实验要求

1．自己动手下载、安装并设置 JDK 软件包。
2．编写一个简单的 Java Application 程序。
3．输出一条简单的问候信息。
4．写出实验报告，要求对程序结构做出详细的解释。

四、实验步骤

1．JDK 的下载与安装

（1）机器要求

硬件要求：CPU PII 以上，64M 内存，100M 硬盘空间即可。

软件要求：Windows98/Me/XP/NT/2000，IE 5.0 以上。

（2）下载 JDK

为了建立基于 JDK 的 Java 运行环境，需要先下载 Sun 的免费 JDK 软件包。JDK 包含了一整套开发工具，其中包含对编程最有用的 Java 编译器、Applet 查看器和 Java 解释器。在浏览器中输入 http://www.oracle.com/technetwork/java/index.html，在此网站上即可下载最新的 JDK 软件。

（3）安装 JDK

运行下载的“jdk-6-windows-i586.exe”软件包，可安装 SDK，在安装过程中可以设置安装路径及选择组件，系统默认的安装路径为 D:\ j2sdk1.6.0（这里选择 D 盘），默认的组件选择全部安装。

2．JDK 开发环境

（1）JDK1.4.2 开发环境安装在“D:\JDK1.6.0\”目录下。

（2）设置环境变量 PATH 和 CLASSPATH（如果在 autoexec.bat 中没有进行设置）。

进入命令行（MS-DOS）方式，进行如下设置：

```
SET PATH=C:\JDK1.6.0\BIN;%PATH%;
```

```
SET CLASSPATH=.；%CLASSPATH%;
```

3．掌握 Java Application 程序开发过程

（1）打开记事本。

（2）键入如下程序：

```
import java.io.*;
public class Hello
 {
  public static void main(String args[])
  {
    System.out.println("Hello Java!");
  }
}
```

（3）检查无误后（注意大小写）保存文件，可将文件保存在“D:\Java\”目录中。注意文件名为 Hello.java。

（4）进入命令行（MS-DOS）方式，设定当前目录为“D:\Java\”，运行 Java 编译器：

```
D:\Java>javac Hello.java
```

（5）如果输出错误信息，则根据错误信息提示的错误所在行返回记事本进行修改。常见错误如：类名与文件名不一致、当前目录中没有所需源程序、标点符号全角等。

如果没有输出任何信息或者出现“deprecation”警告，则认为编译成功，此时会在当前目录中生成 Hello.class 文件。

（6）利用 Java 解释器运行这个 Java Application 程序，并查看运行结果。

```
D:\ Java>java Hello
```

五、问题讨论

1．什么是 Java 虚拟机？它的作用是什么？

2．请各位同学收集错误代码与提示信息，分析产生错误的原因。

实验 2　Applet 程序设计

一、实验目的

1．掌握 Applet 程序的程序结构和开发过程。

2．掌握 Applet 的生命周期。

二、实验内容

编写 Java Applet 程序，并使它在浏览器中显示。

三、实验要求

1．掌握 Java Applet 的程序结构和开发过程。

2．编写的 Java Applet 程序要用到 Applet 生命周期的方法。
3．写出实验报告。

四、实验步骤

1．打开记事本。
2．键入如下程序：

```
import java.awt.*;
public class Hello1 extends java.applet.Applet
{
   public void paint(Graphics g)
   {
      g.drawstring("Hello java!",50,50);
   }
}
```

3．进行编译。
4．编写 HTML 文件 Hello1.html：

```
<HTML>
<APPLET CODE="Hello1.class" WIDTH=200 HEIGHT=100>
</APPLET>
</HTML>
```

5．运行 Applet 小程序，查看结果。

```
D:\Java>appletviewer Hello1.html
```

6．使用浏览器打开 Hello1.html。
7．仿造本章实例编写程序 appletcx. java，检查和调试程序。

五、问题讨论

1．Java Applet 程序的运行和 Java Application 的运行有什么不同？
2．Java Applet 程序的生命周期中的方法有哪些？

实验 3　Java 基本语法

一、实验目的

1．掌握标识符的定义规则。
2．掌握表达式的组成。
3．掌握各种数据类型及其使用方法。
4．理解变量的作用，掌握定义变量的方法。
5．掌握各种运算符的使用及其优先级控制。
6．掌握 if、switch 语句的使用。
7．掌握使用 while、for 语句实现循环的方法。
8．理解 continue 语句和 break 语句的区别。
9．了解一维数组的概念、定义和使用。

10．了解二维数组的概念、定义和使用。

二、实验内容

1．编写 Java 程序，输出 1800 年到 2006 年之间的所有闰年。

2．输入学生的学习成绩的等级，给出相应的成绩范围。程序要点：设 A 级为 85 分以上（包括 85 分）；B 级为 70 分以上（包括 70 分）；C 级为 60 分以上（包括 60 分）；D 级为 60 分以下。

3．编程实现求 Fibonacci 数列的前 10 个数字。Fibonacci 数列的定义为：

```
F1=1,
F2=1,
…
Fn=Fn-1+Fn-2      (n>=3)
```

4．编程采用冒泡法实现对数组元素由小到大排序。

三、实验要求

1．正确使用 Java 语言的控制结构。

2．从屏幕输出 1800 年到 2006 年之间的所有闰年。

3．输入一个学生的成绩，可以判断他所在等级。

4．从屏幕上输出 Fibonacci 数列的前 10 个数字。

5．实现数组元素从小到大排序。

6．写出实验报告。

四、实验步骤

1．进入 Java 编程环境。

2．新建一个 Java 文件，命名为 runYear.java。

3．定义主方法，查找 1800 到 2006 年之间的闰年，并输出它们。

4．编译运行程序，观察输出结果是否正确。

5．按照上面的步骤分别新建 stuGrade.java,shulie.java,paixu.java 文件，分别定义主方法，编译并运行程序，观察输出结果。

五、问题讨论

1．使用 if 语句和 switch 语句都可以实现多分支，它们之间的区别是什么？

2．使用 while、do-while 和 for 语句实现循环的区别是什么？

实验 4　面向对象基础

一、实验目的

熟悉 Java 类的结构，掌握类的定义、方法和属性的定义以及对象的实现，掌握类的继承。

二、实验内容

1. 定义一个“人”类，该类的数据成员包括：性别 sex 及出生日期 date；方法成员有：获取人的性别和出生日期及构造方法。要求构造方法、可以设置性别和出生日期的初始值。

2. 定义“人”类的子类——学生类，使它具有除人的所有属性外，还具有姓名 name、学号 stuno，入学成绩 grade，籍贯 native 属性，定义获取这些属性值的方法及设置属性值的构造函数。

3. 编写完整的程序实现上述两个类的对象，并且分别调用各种方法，对比这些方法的执行结果，完成一个具有班级学生信息存取功能的程序，并据此写出详细的实验报告。

三、实验要求

1. 实现两个类的继承关系。
2. 用多种方法实现两个类的对象。
3. 程序应包括各个被调用方法的执行结果的显示。
4. 写出实验报告。

四、实验步骤

1. 进入 Java 编程环境。
2. 新建一个 Java 文件，命名为 People. java。
3. 定义父类 people，按实验内容 1 定义它的属性和方法。
4. 定义子类 student，按实验内容 2 定义它的属性和方法。
5. 定义主类和主方法，构建上述两个类的对象 peopleObject 和 studentObject，并通过这两个对象调用它们的属性和方法，输出方法执行结果。

五、问题讨论

1. 构造方法的特点是什么？
2. 什么是类的继承与多态？
3. 子类重新定义与父类方法的方法头完全相同的方法，这种情况称为什么？
4. 同名的不同方法共存的情况称为什么？

实验 5 异常处理

一、实验目的

掌握异常的概念以及如何定义、抛出和捕捉处理异常。

二、实验内容

1. 调试并运行一段 Java 程序，在被调用方法中抛出一个异常对象，并将异常交给调用它的方法来处理。

2. 调试并运行一段 Java 程序，创建一个自定义异常类，并在一个方法中抛出自定义异常对象，在该方法的 catch 处理程序中捕获它并重新抛出，让调用它的方法来处理。

三、实验要求

1. 首先分析程序功能，再通过上机运行验证自己的分析，从而掌握系统异常处理的机制和创建自定义异常的方法。
2. 对程序进行详细的解释分析。
3. 写出实验报告。

四、实验步骤

1. 进入 Java 编程环境。
2. 新建一个 Java 文件，命名为 ExceptionTest. java。
3. 输入以下程序代码，理解异常的抛出、捕捉与处理：

```
import java.io.*;
public class ExceptionTest
{
  public static void main(String args[])
  {
    for(int i = 0; i < 4;i++)
  {
        int k;
         try {
          switch( i ) {
                    case 0:      //divided by zero
                         int zero = 0;
                         k = 911 / zero;
                         break;
                    case 1:      //null pointer
                         int b[ ] = null;
                         k = b[0];
                         break;
                    case 2:      //array index out of bound
                         int c[ ] = new int[2];
                         k = c[9];
                         break;
                    case 3:      //string index out of bound
                         char ch = "abc".charAt(99);
                         break;
               }
```

```
                }catch(Exception e) {
                    System.out.println("\nTestcase #" + i + "\n");
                    System.out.println(e);
                }
            }
        }
    }
```

4．运行 ExceptionTest. java，检查和调试程序。

5．按照上面的步骤创建文件 Test.java 输入以下代码，然后编译并运行，理解异常类的常用方法的使用。

```
import java.io.*;
public class TryTest
{
  public TryTest()
{
     try{
            int a[] = new int[2];
            a[4] = 3;
            System.out.println("After handling exception return here?");
           }
catch(IndexOutOfBoundsException e){
                System.err.println("exception msg:" + e.getMessage());
                System.err.println("exception string:" + e.toString());
                e.printStackTrace();
           }
finally{
                System.out.println("-------------------");
                System.out.println("finally");
             }
           System.out.println("No exception?");
     }
     public static void main(String args[])
{
           new TryTest();
     }
}
```

五、问题讨论

1．异常是如何抛出、捕捉和处理的？

2．finally 程序块的作用是什么？

实验 6　图形用户界面

一、实验目的

1．掌握 Java 图形组件的使用方法。

2．掌握 Java 布局管理器的使用方法。

3．掌握 Java 事件处理机制。

二、实验内容

用图形界面工具，结合事件处理机制，编写 Java Application 程序，实现一个可视化的计算器。

三、实验要求

1．采用一种布局管理器和一种合适的事件处理器。

2．使用标签、按钮、文本框绘制一个计算器。

3．写出实验报告。

四、实验步骤

1．新建一个 Java 文件，命名为 Computer. java。

2．运用一种或多种布局管理器，绘制出一个简单计算器，如附图所示。

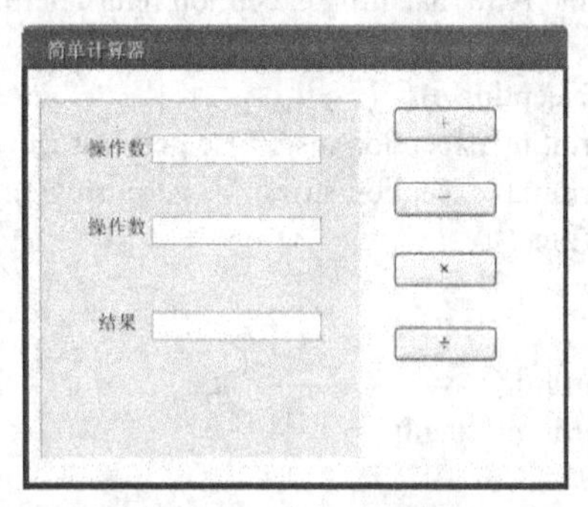

附图　简单计算器界面

3．为按键添加事件处理，使其响应鼠标单击动作，并在显示区域同步显示当前输入或运算结果。

4．编译运行程序，检查计算器的正确性。

5．写出实验报告。

五、问题讨论

1．Java 的布局管理器如何使用？

2．Java 的事件处理机制是什么？

实验 7　输入/输出

一、实验目的

掌握输入/输出的处理、字节流的处理、字符流的处理。

二、实验内容

1．用 FileInputStream 类将键盘输入的字符串写入文件。
2．用 FileOutputStream 类读出文件，在屏幕上显示文件内容。

三、实验要求

1．通过实验掌握文件输入/输出流的使用方法。
2．程序必须能够从键盘接收字符串并保存在文件中。
3．程序必须能够读出文件内容并显示在屏幕上。
4．写出实验报告。

四、实验步骤

1．进入 Java 编程环境。
2．新建一个 Java 文件，命名为 file.java。
3．编写主方法 main()，其中实现接收键盘输入功能、文件操作功能和文件内容输出功能。
4．创建文件对象：File myfile=new File("fileDir","filename.dat")。
5．创建文件输出流对象：FileOutputStream Fout=new FileOutputStream(myfile)。
6．创建文件输入流对象：FileInputStream Fin=new FileInputStream(myfile)。
7．调试运行程序，观察输出结果。

五、问题讨论

1．什么叫流？流式输入/输出有什么特点？
2．File 类有哪些构造函数和常用方法？

实验 8　多线程

一、实验目的

1．了解线程的概念、线程的生命周期。
2．掌握多线程的编程：继承 Thread 类与使用 Runnable 接口。
3．理解线程的同步。

二、实验内容

1．调试并运行一段 Java 程序，用 Thread 类和 Runnable 接口来实现多线程。

2．编写程序实现线程的同步。假设一个银行的 ATM 机，它允许用户既可以存款也可以取款。现在一个账户上有存款 200 元，用户 A 和用户 B 都拥有在这个账户上存款和取款的权利。用户 A 将存入 100 元，而用户 B 将取出 50 元，那么最后账户的存款应是 250 元。（自选题，参看本章例题）

三、实验要求

1．首先分析程序功能，再通过上机运行验证自己的分析，从而掌握通过 Thread 类建立多线程的方法。

2．通过将扩展 Thread 类建立多线程的方法改为利用 Runnable 接口的方法，掌握通过 Runnable 接口建立多线程的方法。

3．将 A 的存款操作和 B 的取款操作用线程来实现。

4．写出实验报告。

四、实验步骤

1．进入 Java 编程环境。

2．新建一个 Java 文件，命名为 MyThread. java。

3．输入以下程序代码，理解用 Thread 类来实现线程的创建：

```
class MyThread extends Thread
{
  public MyThread(String str)
   {
      super(str);
   }
   public void run( )
   {
      for (int i = 0; i < 10; i++)
      {
          System.out.println(i + " " + getName());
          try {
              sleep((int)(Math.random() * 1000));
              }
catch (InterruptedException e) {}
      }
      System.out.println("DONE! " + getName());
   }
}
public class ThreadsTest
{
  public static void main (String[] args)
  {
      new MyThread("Go to Beijing??").start();
      new MyThread("Stay here!!").start();
  }
}
```

4．运行 ExceptionTest. java，检查和调试程序。

5．按照上述步骤将上列程序利用 Runnable 接口改写，并上机检验。

6．按照上述步骤，编写实现线程同步的程序 tongbu.java 并上机检验。

五、问题讨论

1．简述并区分程序、进程和线程三个概念。
2．线程的同步是如何实现的？

实验 9 图形、动画与多媒体

一、实验目的

1．掌握基本图形的绘制方法。
2．掌握在容器中输入图像、播放音乐的方法。
3．理解计算机动画的原理。
4．能够使用 Applet 实现动画。

二、实验内容

1．编写一段 Java Applet 程序，实现基本图形的绘制。
2．编写一段 Java Applet 程序，在浏览器中显示一张图片。
3．编写一段 Java Applet 程序，在浏览器中实现声音的播放。
4．编写一段 Java Applet 程序，在浏览器中实现一个简单动画。

三、实验要求

1．必须编写成 Java Applet 程序。
2．至少实现三种图形的绘制，并可以显示不同的颜色。
3．在浏览器中显示图像。
4．在浏览器中实现简单的动画。
5．写出实验报告。

四、实验步骤

1．进入 Java 编程环境。
2．新建一个 Java 文件，命名为 drawing.java 文件。
3．编写 paint()方法，使用 Graphics 类来绘制图形。
4．运行 drawing.java，检查和调试程序。

5．按照上面的步骤编写程序 Picture. java，可输入以下程序代码，通过 getImage()方法来实现对图像的载入，编译此程序并运行查看结果。

```
package firstapplet;
import java.awt.*;
import java.applet.*;
public class Picture extends Applet {
  Image mycar;
```

```
    public Picture(){
    }
    //Initialize the applet
    public void init() {
      setBackground(Color.red );
      mycar =getImage(getCodeBase()," car.jpg");
    }
    //draw the image
    public void paint(Graphics screen){
      screen.drawImage(mycar,10,10,this);
    }}
```

6．按照上述步骤编写程序 Void.java，输入下面的代码，使用 AudioClip 对象的 play 方法将音频播放一次，使用 loop 方法重复播放背景音乐，使用 stop 方法停止声音的播放，编译此程序并运行查看结果。

```
package firstapplet;
import java.awt.*;
import java.applet.*;
public class C12_2 extends Applet {
  AudioClip audioClip;
  public void init() {
    audioClip=getAudioClip(getCodeBase(),"backSound.au");
    audioClip.play();  //只播放一遍
    audioClip.loop(); //循环播放
}
  public void stop(){
    audioClip.stop();                //Stop
  }
  public void paint(Graphics screen){  //paint
    screen.setColor(Color.green );
    screen.fillRect(0,0,200,100);
    screen.setColor(Color.red );
    screen.drawString("Playing sounds...",40,50);
  }}
```

7．按照上述步骤，仿照本章实例编写程序实现一个简单的动画。

五、问题讨论

1．在浏览器中显示图像和播放声音有哪些方法？
2．实现动画的方法有哪些？

实验 10　数据库

一、实验目的

1．学会编写加载数据库驱动和连接数据库的 Java 程序。
2．应用 Java.sql 包中的类和接口编写操作数据库的应用程序。

二、实验内容

建立一个数据库，在此基础上通过编程实现以下功能：

（1）在数据库中建立一个表，表名为学生，其结构为：学号、姓名、性别、年龄、成绩、籍贯。

（2）在表中输入多条记录。

（3）将每条记录按照年龄由大到小的顺序显示在屏幕上，删除年龄超过 30 岁的学生记录。

三、实验要求

1．使用的数据库系统不受限制。

2．使用的 JDBC 不受限制，可以使用 JSDK 中提供的 JDBC-ODBC 桥，也可以使用其他数据库专用的 JDBC。

3．在每项操作前后，分别显示相应信息，以验证操作是否正确完成。

4．写出实验报告。

四、实验步骤

1．进入 Java 编程环境。

2．新建一个 Java 文件，命名为 stuSystem. java。

3．实现上述功能。

4．运行 stuSystem. java，检查和调试程序。

五、问题讨论

1．编写加载数据库驱动和连接数据库的 Java 程序的方法。

2．应用 Java.sql 包中的类和接口编写操作数据库的应用程序的方法。

实验 11　网络编程

一、实验目的

1．掌握 InetAddress 类的使用。

2．掌握 URL 类的使用：URL 的概念和编程。

3．掌握 TCP 与 UDP 编程：Socket 与 Datagram 的概念和编程方法。

二、实验要求

1．掌握获取 URL 信息的一些方法。

2．掌握利用 URL 类获取网络资源的方法。

3．掌握流式 Socket 实现的方法。

4．掌握数据报 Socket 实现的方法。

三、实验内容和步骤

1．练习 URL 资源的访问方法，运行并理解如下程序：

（1）阅读下列程序，分析并上机检验其功能，掌握获取 URL 信息的一些方法。

```
import java.net.*;
import java.io.*;
public class URLTest {
    public static void main(String[] args){
            URL url=null;
            InputStream is;
            try{
                url=new URL("http://localhost/index.html");
                is=url.openStream();
                int c;
                try{
              while((c=is.read())!=-1)
                        System.out.print((char)c);
                }catch(IOException e){
 }finally{
                        is.close();
 }
            }catch(MalformedURLException e){
  e.printStackTrace();
 }catch(IOException e){
     e.printStackTrace();
 }
        System.out.println("文件名:"+url.getFile());
        System.out.println("主机名:"+url.getHost());
        System.out.println("端口号:"+url.getPort());
        System.out.println("协议名:"+url.getProtocol());
       }
 }
```

（2）阅读下列程序，分析并上机检验其功能，掌握利用 URL 类获取网络资源的方法。

```
import java.net.*;
import java.io.*;
public class URLReader
{
public static void main(String[] agrs) throws Exception
{
URL web = new URL("http://166.111.7.250:2222/");
BufferedReader in =new BufferedReader(new InputStreamReader(web.openStream()));
String inputLine;
while ((inputLine =in.readLine())!=null)System.out.println(inputLine);
in.close;();
}
}
```

2．分别用流式 Socket 和数据报 Socket 编写简单的 Client/Server 程序，满足如下要求：

（1）服务器能够处理多个客户端的连接请求，并向每个请求成功的客户端发送一句话。

（2）客户端能够读取服务器端一个文本文件的信息，并显示到屏幕上。

（3）本程序中使用的端口号应大于 1024。

四、思考与练习

1．一个 URL 地址由哪些部分组成？

2．简述流式 Socket 的通信机制。它的最大特点是什么？

参 考 文 献

[1] 朱喜福，等. Java 程序设计[M]. 北京：人民邮电出版社，2009.

[2] 张智勇. Java 语言程序设计实用教程[M]. 北京：清华大学出版社，2011.

[3] 欧阳桂秀. Java 语言程序设计[M]. 北京：高等教育出版社，2008.

[4] 邹林达，陈国君. Java2 程序设计基础实验指导[M]. 北京：清华大学出版社，2009.

[5] 邵丽萍，邵光亚. Java 语言程序设计[M]. 北京：清华大学出版社，2004.

[6] 蔡勇，姜磊. Java2 程序设计基础教程[M]. 北京：清华大学出版社，2005.

[7] 张艳霞，邵晓光. Java 语言程序设计实用教程[M]. 北京：清华大学出版社，2010.

[8] 陆迟. Java 语言程序设计[M]. 2 版. 北京：电子工业出版社，2005.

[9] 刘兆宏，等. Java 程序设计案例教程[M]. 北京：清华大学出版社，2008.

[10] 郑莉，刘兆宏. Java 语言程序设计案例教程[M]. 北京：清华大学出版社，2007.